W0109161

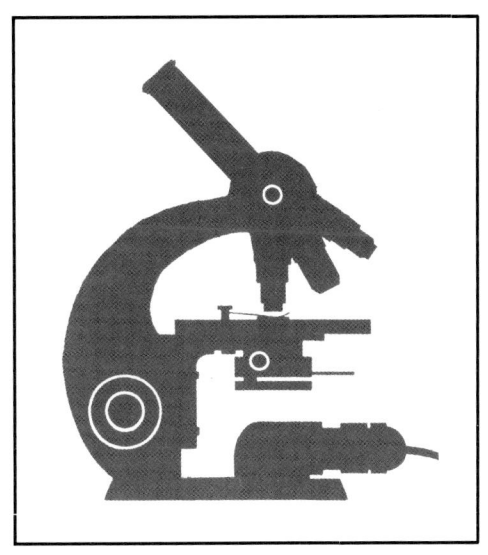

*Mikroskopieren
– ganz einfach*

Dieter Gerlach

Mikroskopieren – ganz einfach

*Das
Mikroskop -
seine
Handhabung -
Objekte aus
dem Alltag*

*Kosmos
Gesellschaft der Naturfreunde
Franckh'sche Verlagshandlung · Stuttgart*

Mit 48 Farbfotos von D. Gerlach (27) und
J. Lieder (21),
73 Schwarzweißfotos von D. Gerlach (71),
Fa. Will (1) und Fa. Kaps (1), 17 Zeichnungen von
H.-H. Kropf (13), L. Schnellbächer (3) und aus
dem Archiv (1)

Umschlag von Kaselow-Design, München, unter
Verwendung einer Aufnahme von
H. Schneider. Das Bild zeigt kugelige Kolonien
der Grünalge Volvox aureus.

CIP-Kurztitelaufnahme der Deutschen
Bibliothek

Gerlach, Dieter:
Mikroskopieren – ganz einfach: d. Mikroskop –
seine Handhabung – Objekte aus d. Alltag /
Dieter Gerlach. – Stuttgart: Franckh, 1987. –
  ISBN 3-440-05803-4

Franckh'sche Verlagshandlung, W. Keller & Co.,
Stuttgart / 1987
Das Werk einschließlich aller seiner Teile ist urhe-
berrechtlich geschützt. Jede Verwertung außerhalb der engen Grenzen des Urheberrechtgeset-
zes ist ohne Zustimmung des Verlages unzuläs-
sig und strafbar. Das gilt insbesondere für Ver-
vielfältigungen, Übersetzung, Mikroverfilmungen
und die Einspeicherung und Verarbeitung in
elektronischen Systemen.
© 1987, Franckh'sche Verlagshandlung,
W. Keller & Co., Stuttgart
Printed in Germany / Imprimé en Allemagne
LH 12 Ste / ISBN 3-440-05803-4
Gesamtherstellung: Wilhelm Röck, Weinsberg

Mikroskopieren – ganz einfach

Seiten mit Erläuterungen zur Optik des Mikroskops sind oben rechts mit  gekenn-zeichnet.

Bei der Abfassung dieses Buches wurde ich von vielen Seiten tatkräftig unterstützt. So erhielt ich zahlreiche Anregungen von Teilnehmern der Mikroskopierkurse, die ich für die Volkshochschule, für Biologie-Lehrer sowie für Studenten des Faches Biologie gehalten habe. Herr Dr. H. ETZOLD stellte mir freundlicherweise zwei Präparate von Schimmelpilzen zur Anfertigung von Mikrofotos zur Verfügung. Frau CH. HELMERS hat verschiedene Methoden auf ihre Durchführbarkeit unter häuslichen Bedingungen ausprobiert und gab mir außerdem Hinweise zur Stoffauswahl. Ihnen allen danke ich ebenso wie meinen beiden Töchtern Brigitte und Gabriele für ihre Mithilfe. Weiterhin gilt mein Dank meiner Frau DR. D. GERLACH für zahlreiche Diskussionen sowie für Mitwirkung beim Lesen der Korrekturen. Schließlich danke ich den Mitarbeitern der Franckh'schen Verlagshandlung in Stuttgart für die stets angenehme Zusammenarbeit.

Mikroskopieren – ein schönes Hobby

Jedermann weiß, daß das Mikroskop von Ärzten, Naturwissenschaftlern und Technikern zu Hilfe genommen wird, wenn winzige Strukturen untersucht werden müssen, die mit bloßem Auge nicht mehr zu sehen sind. So lassen sich z. B. alle Bakterien, aber auch der feinere Bau von Tieren und Pflanzen oder die integrierten Schaltungen eines modernen Halbleiterbauelementes nur mit dem Mikroskop erkennen. Das Instrument ist geradezu zum Symbol der Wissenschaft geworden.

Die weitverbreitete Meinung, mit einem Mikroskop könne einzig und allein ein gut ausgebildeter Fachmann arbeiten, ist aber falsch. Vielmehr kann das Mikroskopieren zu einer sehr schönen Freizeitbeschäftigung für jedermann werden, wenn man sich auf Arbeiten konzentriert, die ohne großen Aufwand erledigt werden können.

Ein Mikroskop, das für diesen Zweck zu gebrauchen ist, kostet nicht mehr als eine gute Spiegelreflexkamera und läßt sich meist noch einfacher bedienen.

Und was kostet der Spaß? Abgesehen vom Mikroskop sind zumindest am Anfang nur noch einige wenige Kleinteile erforderlich, die zusammen etwa den Preis von zwei bis drei Monatsabonnements einer Tageszeitung ausmachen. Das Mikroskopieren ist also für weite Kreise der Bevölkerung durchaus erschwinglich und hat z. B. für Schüler mit schmalem Taschengeld den Vorteil, daß die Folgekosten höchst gering gestaltet werden können. Während man beim Fotografieren immerhin das Geld für die Filme und für Entwicklung und Papierbilder einkalkulieren muß, kann der Mikroskopiker sein Hobby so gestalten, daß ihm kaum noch weitere Ausgaben entstehen, wenn er erst einmal das Mikroskop samt Zubehör beschafft hat. An das Zimmer, in dem man mikroskopiert, sind keine besonderen Ansprüche zu stellen.

Der Platzbedarf läßt sich in bescheidenen Grenzen halten, so daß selbst in einem winzigen Einzimmer-Appartement eines Hochhauses mit dem Mikroskop gearbeitet werden kann. Dabei ist man nicht an bestimmte Tageszeiten gebunden, sondern kann die Arbeit beliebig oft unterbrechen und wieder aufnehmen.

Die Mikroskopie als Hobby wird unter ganz verschiedenen Gesichtspunkten betrieben. Man kann einzig und allein zur Unterhaltung und zum Zeitvertreib mikroskopieren. Das Mikroskop dient dann als Mittel zur Entspannung von all den Belastungen des Alltags. So zeigen viele winzig kleine Pflanzen und Tiere bei stärkerer Vergrößerung überraschend schöne Strukturen, an denen man sich auch ohne wissenschaftliches Interesse erfreuen kann. Reizvoll ist die Untersuchung von Kristallen im polarisierten Licht, wobei häufig prachtvolle Farberscheinungen auftreten. Andere interessieren sich für die Mikroskopie, weil sie durch eigene Untersuchungen erfahren wollen, wie der Feinbau von Pflanzen und Tieren aussieht oder wie die winzig kleinen Lebewesen gestaltet sind, die unsere Gewässer bevölkern. Schüler können so das im Biologie-Unterricht Gelernte vertiefen. Und letztlich kann sich der fortgeschrittene Amateur auch in ein kleines Spezialgebiet der Biologie so einarbeiten, daß er wertvolle Beiträge für die Wissenschaft leisten kann. Natürlich steigen dann die Ansprüche an Zeit und Geld ebenso wie der Platzbedarf. Es gibt in der Biologie eine ganze Reihe von Erkenntnissen, die wir der Tätigkeit von Amateuren verdanken.

Das Arbeiten mit dem Mikroskop ist ein Steckenpferd, das eigentlich noch viel mehr Menschen reiten könnten! Einige Schwierigkeiten sind zu überwinden, wenn man mit diesem Hobby anfangen will. Zunächst einmal ist es oft nicht einfach, an ein preiswertes, aber trotzdem gutes Mikroskop zu gelangen. Weiterhin müssen die Objekte, die untersucht werden sollen, vorher sachgerecht bearbeitet werden. Und schließlich ist es nicht immer leicht, das zu verstehen, was im Mikroskop zu sehen ist. Man benötigt also eine gewisse Anleitung.

Hier bietet sich das vorliegende Buch als Hilfe an. Es gibt zunächst dem einige Ratschläge, der sich ein Mikroskop kaufen will. Dann schildert es, wie die Objekte, die man untersuchen will, zu bearbeiten sind. Schließlich erfährt der Leser, was im Mikroskop zu sehen ist. Das Buch soll also eine Starthilfe für alle sein, die es in der begrenzten Freizeit einmal mit dem Mikroskopieren probieren wollen. Dabei werden nur solche Untersuchungsobjekte besprochen, die man entweder in der eigenen Wohnung bzw. ihrer näheren Umgebung vorfindet oder wenigstens in der nächsten Filiale einer Ladenkette kaufen kann.

Spezielle optische Verfahren wie Dunkelfeld, Mikroskopie im polarisierten Licht, Phasenkontrast werden jeweils am Beispiel besonders gut geeigneter Objekte besprochen. Sie sind daher nicht zu einem besonderen Kapitel zusammengefaßt. Das Buch ist ein in sich geschlossener Lehrgang, der ansteigend von den einfachsten zu etwas schwierigeren Verfahren führt und dabei den Leser Schritt um Schritt mit der mikroskopischen Optik vertraut macht.

Dunkelfeld- und Polarisationsmikroskopie wurden bereits früher von erfahrenen Amateuren benutzt, weil die dazu erforderlichen Zubehörteile entweder verhältnismäßig billig sind oder leicht selbst hergestellt werden können. Beide Verfahren lassen sich aber auch mit gutem Erfolg von Anfängern handhaben. Das gilt gleichermaßen für die Phasenkontrastmikroskopie. Nur kosteten die dazu notwendigen Einrichtungen noch bis vor wenigen Jahren sehr viel Geld. Heute aber gibt es verschiedene Phasenkontrasteinrichtungen, die sich auch ein Normalverdiener leisten kann.

Welchen Vorteil bieten nun diese Spezialverfahren? Es wurde bereits gesagt, daß man die Objekte vor der Untersuchung in der Regel in bestimmter Weise bearbeiten muß, damit hinterher im Mikroskop überhaupt etwas zu sehen ist. Wenn die genannten Spezialverfahren zur Verfügung stehen, vereinfachen und verkürzen sich diese vorbereitenden Arbeiten bei dafür geeigneten Objekten. Diese Methoden bieten aber noch einen weiteren Vorteil. Sie machen nämlich in bestimmten Präparaten Strukturen sichtbar, die auf anderen Wegen entweder überhaupt nicht oder nur schlecht zu erkennen sind. Weil sie dem Amateur so viele Entdeckungsmöglichkeiten erschließen, sind die Spezialverfahren bei der Besprechung der verschiedenen Beobachtungen, die mit dem Mikroskop angestellt werden können, überall dort mit einbezogen worden, wo sich ihre Anwendung als vorteilhaft erwiesen hat.

Aufbau eines Mikroskops

Die meisten modernen Mikroskope, die für Hobby-Mikroskopiker in Frage kommen, ähneln mehr oder weniger dem in Abb. 1 dargestellten Gerät. Es steht je nach Fabrikat mit einer ovalen, rechteckigen oder trapezförmigen Grundplatte auf dem Arbeitstisch, die als Fuß bezeichnet wird. An dem einen Ende des Fußes ist eine kurze Säule angeschraubt, die oben in den meist geneigten Tubusträger übergeht. Man ergreift das Mikroskop am Tubusträger, wenn man es im Zimmer herumtragen oder auf dem Tisch verschieben muß. Der Tubusträger hält seinerseits ein Rohr, das schräg nach oben verläuft: den Tubus. An der Säule ist außerdem eine mit einem großen Loch versehene Metallplatte so befestigt, daß sie nach oben oder unten bewegt werden kann. Das ist der Objekttisch, auf den die Objekte gelegt werden, die mit dem Mikroskop untersucht werden sollen. Der Objekttisch läßt sich nach oben und unten bewegen, womit man das, was im Mikroskop zu sehen ist, scharf einstellen kann. Diese Bewegung wird in Gang gesetzt, wenn man an den Triebknöpfen dreht, die sich ebenfalls an der Säule befinden. Es gibt Mikroskope mit nur einem Triebknopf an jeder Seite der Säule, in anderen Fällen sind jeweils zwei verschieden große vorhanden. Dann betreibt der große

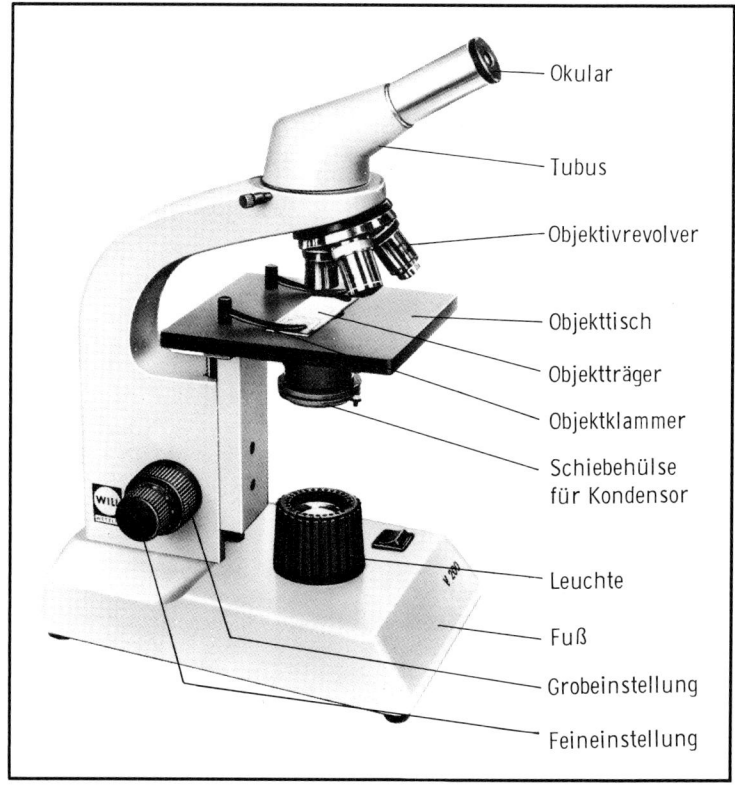

Okular
Tubus
Objektivrevolver
Objekttisch
Objektträger
Objektklammer
Schiebehülse für Kondensor
Leuchte
Fuß
Grobeinstellung
Feineinstellung

Abb. 1: Mikroskop vom neueren Typ (Werkfoto Will).

Triebknopf den Grobtrieb, der kleine den Feintrieb. Mit dem Grobtrieb kann der Objekttisch ziemlich schnell einige Zentimeter nach oben und unten verstellt werden, während der Feintrieb eine wesentlich langsamere Höhenverstellung bewirkt. Der Mechanismus für den Feintrieb ist im Triebkasten untergebracht. Er ist sehr empfindlich und kann bei unsachgemäßer Handhabung leicht beschädigt werden. Man sollte deshalb das Mikroskop nie am Triebkasten halten, wenn man es tragen oder auf dem Arbeitstisch verschieben muß. Es gibt Mikroskope,

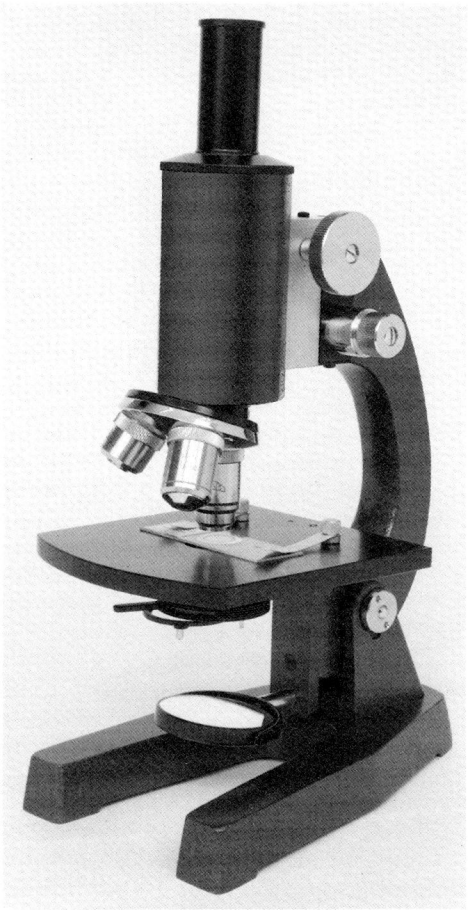

Abb. 2: Mikroskop vom Hufeisenstativtyp (Werkfoto Kaps. Diese Firma produziert natürlich auch Mikroskope des neueren Typs).

bei denen der Grobtrieb nicht den Objekttisch, sondern den Tubusträger auf- und abbewegt.

Alle Bestandteile des Mikroskops, die bis jetzt genannt wurden, faßt man unter der Bezeichnung Stativ zusammen. Am Stativ sind die optischen Teile befestigt, mit denen das Präparat beleuchtet und vergrößert wird und die man in ihrer Gesamtheit als Optik bezeichnet. Dazu gehören einmal das Okular, das oben lose im Tubus steckt und durch das man ins Mikroskop blickt. Weitere Bestandteile der Optik sind die Objektive, die über dem Objekt angeordnet sind, das man untersuchen will, sowie das unter dem Objekttisch befindliche Linsensystem – der Kondensor. Damit die Objektive möglichst schnell gewechselt werden können, werden sie an den Revolver geschraubt, der zum Mikroskopstativ gehört. Zur Optik müßte man eigentlich noch die Lichtquelle hinzurechnen.

Neben dem in Abb. 1 gezeigten Mikroskopstativ gibt es noch einen weiteren Typ, der früher weit verbreitet war, heute jedoch nur noch selten angeboten wird (Abb. 2). Bei diesen Geräten ist der Fuß meist hufeisenförmig gestaltet, weshalb man sie auch als „Hufeisenstative" bezeichnet. Auf der Biegung des Hufeisenfußes befindet sich eine kurze Säule. Daran ist ein bügelförmiges Metallstück gelenkig befestigt, so daß man es senkrecht stellen oder beliebig neigen kann. Der Bügel trägt den Objekttisch und den Tubus. Die Scharfeinstellung wird ebenfalls mit Triebrädern vorgenommen, erfolgt jedoch durch Auf- und Abbewegung des Tubus. Hufeisenstative sind meist etwas billiger als Vertreter des in Abb. 1 gezeigten Typs. Dafür lassen sie sich nicht ganz so bequem handhaben. Das fällt jedoch in der Hobby-Mikroskopie meist weniger ins Gewicht.

Zur Beleuchtung der Objekte, die untersucht werden sollen, kann man einen Spiegel benutzen und damit Tageslicht oder das Licht einer Tischlampe ins Mikroskop schicken. Ein derartiger Spiegel läßt sich aber fast immer gegen eine Ansteckleuchte austauschen, die ihr Licht direkt in den Kondensor strahlt. Das erleichtert die Arbeit am Mikroskop ganz wesentlich. Bei den meisten neueren Mikroskopen ist die Lichtquelle von vornherein fest im Mikroskopfuß eingebaut.

Bei den meisten Mikroskopen durchstrahlt das Licht zunächst den Kondensor und danach das Objekt, das untersucht wird; dann gelangt es zum Objektiv. Man bezeichnet diese Art der Beleuchtung als Durchlicht-Hellfeldbeleuchtung oder vereinfacht auch als Hellfeldbeleuchtung. Die meisten Objekte werden auf diesem Wege untersucht. Hellfeld ist die wichtigste, grundlegende mikroskopische Beleuchtung, die Basis aller anderen Verfahren. Der Anwendungsbereich eines Mikroskops erweitert sich jedoch beträchtlich, wenn darüber hinaus die schon erwähnten Spezialverfahren zur Verfügung stehen.

Wirkungsweise des Mikroskops

Im Mikroskop sieht man bekanntlich kleine Einzelheiten größer als mit bloßem Auge. Wie kommt es zu dieser Vergrößerung? Wir müssen ja auch im Alltag gelegentlich kleine Objekte vergrößern, wenn bestimmte Einzelheiten deutlicher in Erscheinung treten sollen. Das gilt z. B. für unsere Kleinbild-Diapositive, die bekanntlich auf verschiedenen Wegen vergrößert werden können. Einmal besteht die Möglichkeit, sie durch eine Lupe zu betrachten. Zum andern kann man sie mit Hilfe eines Projektionsapparates auf einer Projektionswand abbilden. In beiden Fällen sehen die auf dem Dia dargestellten Einzelheiten größer aus als bei der Betrachtung mit unbewaffnetem Auge.

Nun kann man sich vorstellen, daß ein Dia mit einem Projektor nicht auf eine gewöhnliche Projektionswand, sondern auf eine durchscheinende Fläche, etwa ein Stück Schreibmaschinen-Durchschlagpapier oder eine farblose Kunststofffolie projiziert wird. Dann ist das dort vergrößerte Bild auch für Personen sichtbar, die sich hinter der Projektionswand aufhalten. Sie können, wenn sie wollen, das durchschimmernde Bild nicht nur mit bloßem Auge, sondern auch mit Hilfe einer Lupe betrachten. Dabei kommt es zu einer zweimaligen Vergrößerung. Die erste der beiden wird durch den Projektionsapparat bewirkt und führt zu dem auf der transparenten Projektionswand befindlichen vergrößerten Bild. Die zweite Vergrößerung kommt durch die Lupe zustande, wobei das an sich schon vergrößerte Bild nochmals vergrößert wird.

Nach dem gleichen Prinzip arbeiten unsere Mikroskope. Sie enthalten also einmal eine Art Projektor, der von dem Objekt, das man untersucht, ein vergrößertes Bild entwirft. Dieses wird anschließend durch eine Lupe betrachtet, wobei es zu der zweiten Vergrößerung kommt.

Das Mikroskopobjektiv übernimmt die Rolle des Projektionsobjektivs. Jedoch entsteht das dabei projizierte Bild nicht, wie sonst üblich, auf einer Projektionswand, sondern es schwebt frei in der Luft. Damit vermeidet man, daß sich die Eigenstruktur einer Projektionswand mit dem vom Mikroskopobjektiv projizierten Bild überlagert, was stören würde. Das projizierte Bild wird als Zwischenbild bezeichnet. Allerdings fällt seine Existenz gewöhnlich nicht auf, denn man betrachtet es durch das Okular, das im Grunde genommen wie eine Lupe wirkt und für die zweite Vergrößerung sorgt. So kommt letztlich das Bild zustande, das im Mikroskop zu sehen ist. Es handelt sich dabei um das „Endbild". Die Größe eines Bildes, das von einem Projektionsapparat geliefert wird, hängt von zwei Faktoren ab, nämlich vom Projektionsobjektiv (genauer: von seiner Brennweite) und von dem Abstand zwischen dem Projektor und dem projizierten Bild. Beim Mikroskop ist die Entfernung zwischen dem Mikroskopobjektiv und dem Zwischenbild fast immer gleich. Die Größe des Zwischenbildes läßt sich daher nur verändern, indem man das Mikroskopobjektiv gegen ein anderes austauscht. Auf allen neueren Mikroskopobjektiven ist die Maßstabszahl (oft auch etwas ungenau als „Vergrößerung" bezeichnet) verzeichnet. Die Maßstabszahl wird entweder als Division angegeben, also etwa 10:1 oder 40:1, oder man findet nur die erste Zahl der Division (den Dividend) wie·z. B. 10 oder 40. Diese erste Zahl der Division gibt uns an, um wieviel länger die Objekte, die man mit dem Mikroskop untersucht, im Zwischenbild erscheinen. Ein Objektiv mit der Maßstabszahl 10:1 (oder vereinfacht nur als 10 angegeben) liefert demnach ein Zwischenbild, in dem alle Einzelheiten des untersuchten Objekts 10mal länger zu sehen sind, während sie mit einem Objektiv der Maßstabszahl 40:1 40mal länger erscheinen würden.

Außerdem läßt sich die Vergrößerung im Mikroskop verändern, indem man das Okular gegen ein anderes austauscht. Eine auf dem Okular angebrachte Zahl gibt an, wie stark es vergrößert. Die Zahl 10× besagt also z. B., daß das Zwischenbild durch ein derartiges Okular nochmals 10mal vergrößert wird.

Wir benötigen die Maßstabszahl des Objektivs und die Vergrößerung des Okulars, wenn wir wissen wollen, wie stark das Mikroskop insgesamt vergrößert. Zu diesem Zweck muß man nur die beiden Zahlen miteinander multiplizieren. Mit einem Objektiv der Maßstabszahl 10:1 und einem Okular der Vergrößerung 10× ergibt sich demnach ein Endbild, das 10 × 10, also 100mal vergrößert ist, während ein Objektiv der Maßstabszahl 40:1 und ein 5mal vergrößerndes Okular zusammen eine Vergrößerung von 40 × 5, also 200mal liefern.

Allerdings sagt die Vergrößerung, die mit einem Mikroskop zu erzielen ist, noch lange nichts über die wirkliche Qualität des Gerätes aus. Viel wichtiger ist nämlich ein ganz anderes Kriterium, und zwar die sogenannte Auflösung. Wir werden gleich sehen, was man darunter zu verstehen hat.

Kauf eines Mikroskops

In den Optik-Abteilungen von Kaufhäusern, ja sogar in Optik-Fachgeschäften findet man fast stets einige ziemlich kleine Mikroskope, die erfreulich wenig kosten und erstaunlich hohe Vergrößerungen versprechen. Man kann meist sicher sein, daß die Vergrößerungsangaben einigermaßen stimmen.

Trotzdem ist vom Kauf eines solchen Mikroskops dringend abzuraten. Die Gesamtvergrößerung eines Mikroskops allein sagt noch gar nichts über die wirkliche Leistungsfähigkeit aus; dafür ist die sogenannte Auflösung von entscheidender Bedeutung. Was man darunter versteht, veranschaulichen die Abbildungen 3a und 3b, die beide zwar gleich stark, nämlich etwa 400fach vergrößert sind, aber trotzdem eine sehr unterschiedliche Qualität aufweisen. Abb. 3a zeigt ein kleines Stückchen Fleisch (sogenannte „quergestreifte Muskulatur") unter einem der gerade erwähnten kleinen Mikroskope. Dagegen wurde Abb. 3b mit einem Mikroskop aufgenommen, das für den Hobby-Mikroskopiker gut geeignet ist. Man erkennt, daß das Fleisch aus Fasern besteht, die auf beiden Bildern gleich groß dargestellt sind, in Abb. 3a jedoch sehr unscharf erscheinen. Noch wichtiger ist, daß Abb. 3b wesentlich mehr

Einzelheiten zeigt als Abb. 3a. Auf den Fleischfasern verlaufen nämlich feine Querstreifen (daher bezeichnet der Biologe das Fleisch als „quergestreifte Muskulatur"). Diese Querstreifung kann man nur in Abb. 3b erkennen, während sie in Abb. 3a zu einer einheitlichen grauen Fläche verschmolzen ist.

Wenn man Einzelheiten auf einem Bild als deutlich voneinander getrennte Gebilde erkennen kann, bezeichnet man sie als aufgelöst. Verschmelzen sie jedoch wie in Abb. 3a zu einheitlichen Flächen, sind sie nicht mehr aufgelöst. Man sieht also, daß die von einem

Abb. 3a: Fleisch. Querstreifung nicht aufgelöst. Obj. 40:1, Ok. 10×.

Abb. 3b: Fleisch. Querstreifung aufgelöst. Obj. 40:1, Ok. 10×.

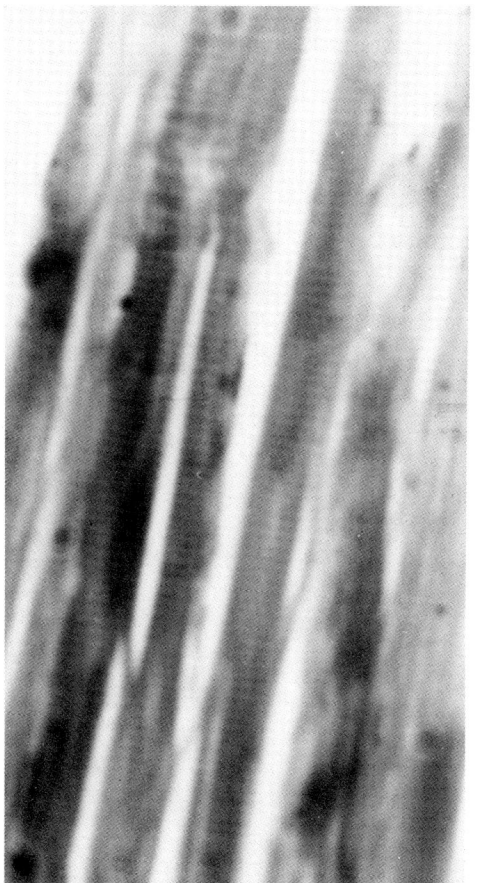

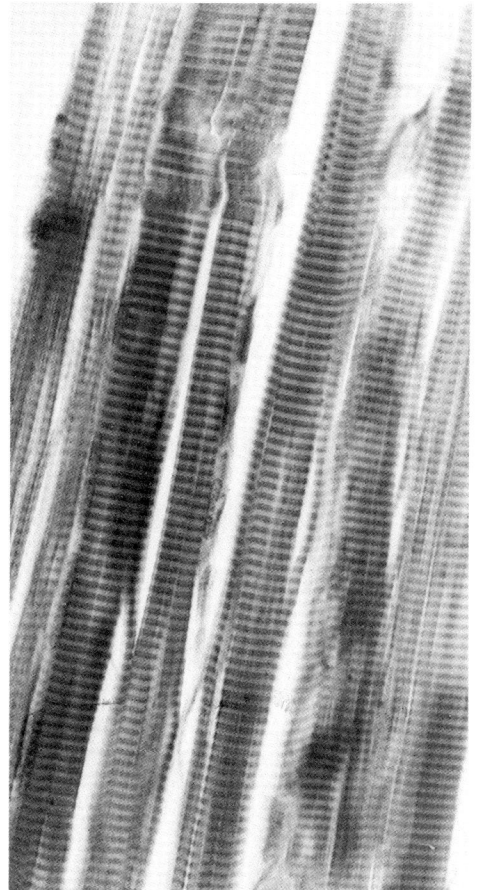

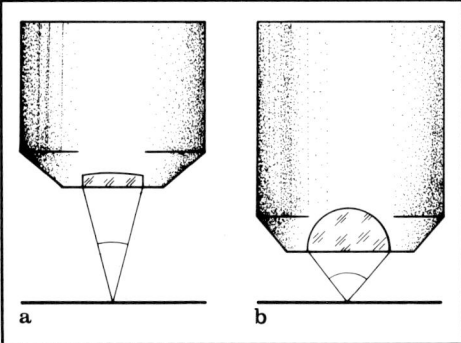

Abb. 4a: Objektiv, das nur einen kleinen Lichtkegel aufnehmen kann (schematisch).
Abb. 4b: Objektiv, das einen größeren Lichtkegel aufnimmt (schematisch).

billigen kleinen Mikroskop gelieferten Bilder schlecht aufgelöst und deshalb weitgehend wertlos sind. Bei einem derartigen „Mikroskop" handelt es sich eben in Wirklichkeit um ein Spielzeug, das für ernstzunehmende Untersuchungen nicht zu gebrauchen ist.

Außerdem wird an dem Bildbeispiel klar, daß die Auflösung mit der Vergrößerung überhaupt nichts zu tun hat. Vielmehr hängt die Auflösung entscheidend davon ab, ob in das Mikroskopobjektiv viel oder wenig Licht eindringen kann. Was damit gemeint ist, soll Abb. 4 verdeutlichen. Sie zeigt schematisch ein Präparat, das wie gewöhnlich von unten beleuchtet wird. Das Mikroskopierlicht verläuft nach oben und dringt schließlich ins Mikroskopobjektiv ein. Dabei ist zu sehen, daß nicht das gesamte vom Präparat abgehende Licht eindringt, sondern nur ein Teil davon. Dieser hat die Form eines Kegels. Es gibt nun Mikroskopobjektive, die relativ viel Licht (einen großen Lichtkegel) und andere, die weniger Licht (d. h. einen kleineren Lichtkegel) aufnehmen (Abb. 4a und b). Wenn ein Objektiv viel Licht aufzunehmen vermag, sagt man, es ist „lichtstark". Die Lichtstärke von Mikroskopobjektiven ist also verschieden, wobei sich mit ansteigender Lichtstärke eine immer bessere Auflösung ergibt. Ein Mikroskopobjektiv

mit hoher Lichtstärke ist aufwendiger gebaut und damit zwangsläufig teurer als eines mit geringerer Lichtstärke und schlechterer Auflösung, wie sie bei den kleinen Spielzeugmikroskopen zu finden ist. Deshalb sind die Bilder, die sie liefern, nicht nur schlecht aufgelöst und unscharf, sondern die dort dargestellten Strukturen werden oft noch von störenden farbigen Linien (den „Farbsäumen") umgeben.

Die Qualität eines Mikroskops wird also in erster Linie von seiner Optik, und zwar ganz besonders von der seiner Objektive, bestimmt.

Wie soll nun ein Mikroskop aussehen, mit dem der Hobby-Mikroskopiker nicht bloß spielen, sondern wirklich interessante Untersuchungen anstellen kann? Man hat sich zunächst einmal zwischen einem Hufeisenstativ und einem Mikroskop von dem in Abb. 1 gezeigten Typ zu entscheiden. Die Qualität des Bildes, das in einem Mikroskop zu sehen ist, hängt ja von der Optik und nicht so sehr vom Stativ ab. Deshalb können beide Modelle gleich gut sein, was die optische Leistung betrifft. Da sich der Bügel eines Hufeisenstativs einmal senkrecht stellen, aber auch waagrecht legen läßt, sind damit einige spezielle Arbeiten besonders leicht zu erledigen. Das gilt z. B. für die Mikroprojektion oder die Küvettenmikroskopie, mit denen sich der Amateur allerdings erst dann befassen wird, wenn er einige Erfahrungen gesammelt hat. Der in Abb. 1 dargestellte Typ ist zwar in der Regel etwas teurer als ein Hufeisenstativ, läßt sich aber bequemer handhaben. Außerdem werden Hufeisenstative nur noch von wenigen Firmen hergestellt, so daß man unter dem neueren Typ eine wesentlich größere Auswahl hat.

Zur Scharfeinstellung sollte das Stativ unbedingt sowohl mit einem Grobtrieb als auch mit einem Feintrieb versehen sein. Weist es nur einen Grobtrieb auf, fällt das Scharfeinstellen bei Verwendung stärkerer Objektive zumindest am Anfang immer sehr schwer. Grob- und Feintrieb sind manchmal auch auf einem gemeinsamen Triebknopf zusammengelegt (Kombinationstrieb). Mit einer derartigen Lösung kommt auch der Anfänger gut zurecht. Von den Objekttischen genügt die allereinfachste Ausführung in Form einer gewöhnlichen Metallplatte. Auf Objektführer oder Kreuztische kann man am Anfang verzichten. Übrigens läßt sich an vielen Objekttischen auch nachträglich noch ein Objektführer befestigen.

Es ist sehr günstig, wenn das Mikroskop zur Beleuchtung der zu untersuchenden Objekte eine Ansteckleuchte oder eine im Fuß eingebaute Lichtquelle aufweist. Hufeisenstative sowie die einfachsten Mikroskope des neueren Typs sind ja nicht selten mit einem Beleuchtungsspiegel versehen. Das Arbeiten damit ist aber für Anfänger nicht immer einfach.

Unter dem Objekttisch sollte ein Kondensor angebracht sein. Er hat ebenso wie die Mikroskopobjektive eine bestimmte Lichtstärke, d. h., aus der obersten Linse des Kondensors (der Frontlinse) kommt ein Lichtkegel von einer bestimmten Größe heraus. Als Maßeinheit für die Lichtstärke von Mikroskop-Kondensoren dient die sogenannte numerische Apertur. Für unsere Zwecke genügt ein ganz einfacher Kondensor mit einer numerischen Apertur um 0,6. Nur wenn man später auch einmal mit den allerstärksten Objektiven (den Ölimmersionen) arbeiten will, ist ein Kondensor mit einer numerischen Apertur von 0,9–0,95 vorzuziehen. Kondensoren mit noch höheren numerischen Aperturen sind verhältnismäßig teuer und für den Hobby-Mikroskopiker nur in Ausnahmefällen zu empfehlen. Der Kondensor sollte mit einer Irisblende versehen sein. Wenn man sie schließt, wird der Lichtkegel, der aus der Kondensor-Frontlinse austritt, kleiner. Viele Kondensoren weisen außerdem einen ausschwenkbaren Halter für Lichtfilter auf. Fehlt er, dann werden die Lichtfilter auf die Lichtaustrittsöffnung des Mikroskopfußes gelegt. Besonders einfache Kondensoren sind nicht mit einer Irisblende, sondern mit einer Revolverscheibe versehen, die Lochblenden mit verschiedenen Durchmessern aufweist. Diese Lösung genügt aber nur sehr bescheidenen Ansprüchen.

Im einfachsten Falle ist der Kondensor fest unter dem Objekttisch angeschraubt. Damit läßt sich gut arbeiten, wenn man sich auf die Hellfeld-, Dunkelfeld- und Polarisationsmikroskopie beschränkt. Für die Phasenkontrastmikroskopie ist es besser, wenn sich der Kondensor etwas nach oben und unten verstellen läßt. Man spricht von der Kondensorhöhenverstellung. Dazu wird der Kondensor entweder in der Hülse verschoben, in der er befestigt ist, oder die Auf- und Abbewegung wird durch einen besonderen Zahntrieb bewirkt.

Das Mikroskop sollte mit drei Objektiven ausgerüstet sein, die die folgenden Maßstabszahlen aufweisen: 5:1, 10:1 und 40:1. Man findet diese Zahlen außen auf dem Objektiv verzeichnet. Die Lichtstärke der Mikroskopobjektive wird ebenso wie beim Kondensor mit der numerischen Apertur als Maßeinheit angegeben. Diese ist neben oder unter der Maßstabszahl eingraviert. Gute Mikroskopobjektive haben die folgenden numerischen Aperturen (nA): Maßstabszahl 5:1, nA = 0,10; 10:1, nA = 0,25; 40:1, nA = 0,65. Mit ansteigender Maßstabszahl wird also in der Regel auch die Lichtstärke, die numerische Apertur, größer und die Auflösung besser.

Aber die Mikroskopobjektive lassen sich nicht nur durch die aufgravierten Zahlen, sondern auch aufgrund ihrer Länge voneinander unterscheiden. Dabei sind die schwachen Objektive in der Regel kurz und die stärkeren besonders lang. Darüber hinaus tragen viele Objektive einen farbigen Ring, der als weiteres Unterscheidungsmerkmal dient (z. B. gelb = 10:1 oder blau = 40:1).

Zum leichteren Wechseln werden die Objektive an einen Revolver geschraubt. Bei Verwendung von drei Objektiven genügt natürlich ein Revolver mit drei Öffnungen. Trotzdem wird oft ein Mikroskop mit Vierfach-Revolver gekauft. Dann besteht die Möglichkeit, nachträglich noch ein weiteres (meist stärkeres) Objektiv zu beziehen und einzuschrauben. Das bereitet keinerlei Schwierigkeiten, weil die Gewinde aller guten Mikroskopobjektive genormt sind und sich daher in die Revolver aller Mikroskope schrauben lassen, die für den Hobby-Mikroskopiker in Frage kommen. Solange das zusätzliche Objektiv fehlt, wird die freie Revolveröffnung mit einem Deckel aus Kunststoff verschraubt.

Bleibt noch das Okular. Da genügt anfangs eines mit 10facher Vergrößerung. Da der Innendurchmesser der Mikroskoptuben, die für den Amateur geeignet sind, genormt ist, lassen sich nachträglich stärkere oder schwächere Okulare beziehen und in den Tubus stecken. Die Okulare sind je nach Vergrößerung unterschiedlich lang, wobei die kurzen stark und die langen schwach vergrößern.

Was kann man untersuchen?

Bevor wir mit der praktischen Arbeit am Mikroskop beginnen, sei nochmals daran erinnert, daß das von der Lichtquelle abgestrahlte Licht in den meisten Fällen erst durch das Objekt verläuft, das man untersucht, bevor es ins Objektiv eindringt. Daraus folgt, daß man mit den gewöhnlichen Mikroskopen in erster Linie solche Objekte betrachten kann, die durchsichtig sind. Deshalb dürfen undurchsichtige Objekte, z. B. Kartoffeln oder ein Stück Fleisch, nicht einfach auf den Objekttisch gelegt werden, wenn man feinere Strukturen sehen will. Vielmehr muß man sie erst so bearbeiten, daß sie der mikroskopischen Untersuchung zugänglich werden, man muß präparieren. Die meisten Präparate legt man nicht einfach auf den Objekttisch, sondern zunächst auf kleine Streifen aus Glas mit den Kantenlängen von 76 × 26 mm. Das sind die Objektträger. Auf das fertig präparierte und auf dem Objektträger befindliche Objekt kommt noch ein äußerst dünnes Glasplättchen, das Deckglas. Am häufigsten werden quadratische Deckgläser mit Kantenlängen von 18 mm benutzt.

Es sind also unbedingt Objektträger und Deckgläser erforderlich, wenn man irgendwelche Objekte mit dem Mikroskop untersuchen will. Bei der Anschaffung eines Mikroskops müssen deshalb eine Schachtel mit 50 Objektträgern und eine weitere Schachtel mit 50–100 Deckgläsern mitgekauft werden. Das Präparieren der in diesem Buch besprochenen Objekte bereitet keinerlei Probleme. In manchen Fällen sind dazu einige Chemikalien erforderlich. Viele davon, wie Brennspiritus, Jodlösung oder die Mine eines Kopierstiftes sind aber sowieso schon in den meisten Haushalten vorhanden.

Natürlich gibt es auch Präparationsverfahren, die neben einem gut eingerichteten Labor viel Erfahrung und Übung verlangen. Das vorliegende Buch befaßt sich jedoch nicht mit solchen Arbeitstechniken. Wer entsprechend hergestellte Präparate, z. B. Schnitte durch menschliche oder tierische Organe, trotzdem untersuchen will, kann sie als fertige Dauerpräparate im Lehrmittelhandel kaufen. Sie sind jahrzehntelang haltbar. Bezugsquellennachweis siehe Anhang, S. 188.

Die ersten Präparate

Kartoffelstärke. Als erstes wollen wir den Inhalt einer rohen Kartoffel näher untersuchen. Wir nehmen dazu zunächst einen Objektträger aus der Schachtel und putzen ihn mit einem Leinenlappen sauber. Dann kommt auf die Mitte des Objektträgers ein Tropfen Wasser. Zu diesem Zweck wurde schon vorher ein mit Leitungswasser gefülltes Glas auf den Arbeitstisch gestellt. Wir tupfen mit der Kuppe des Zeigefingers zunächst auf die Wasseroberfläche und dann auf den Objektträger, so daß dort ein Wassertropfen mit einem Durchmesser von etwa 5 mm zurückbleibt. Als nächstes schneiden wir von einer rohen Kartoffel ein Stück ab und schaben dann mit der Spitze eines Küchenmessers ganz leicht auf der frischen Schnittfläche. Die dabei auf die Klinge gelangte hellgelbliche Flüssigkeit wird in den Wassertropfen auf dem Objektträger getupft. Wichtig ist dabei, daß nur ganz wenig Flüssigkeit übertragen wird.

Nun muß noch ein Deckglas aufgelegt werden, wobei wir darauf achten müssen, daß sich im Wassertropfen keine Luftblasen bilden. Dazu wird ein Deckglas am Rande mit einer Pinzette gefaßt und mit der gegenüberliegenden Kante so auf den Objektträger gestellt, daß es den Wassertropfen schräg überdeckt (Abb. 5). Dann senkt man das Deckglas mit der Pinzette ganz langsam nach unten, bis es die Oberfläche der Flüssigkeit berührt.

Es kann sein, daß der auf den Objektträger übertragene Tropfen zu groß ausgefallen ist und viel Wasser unter dem aufgelegten Deckglas hervorquillt. Man saugt den Überschuß mit einem Papiertaschentuch oder Toilettenpapier am Deckglasrand ab.

Einstellen des Mikroskops. Der Objektträger wird mit dem Deckglas nach oben auf den Objekttisch gelegt. Dann drehen wir den Revolver so, daß sich das Objektiv mit der Maßstabszahl 10:1 direkt über dem Präparat befindet. Man verschiebt den Objektträger, bis das Deckglas unter das Objektiv zu liegen kommt. Jetzt erfolgt die Scharfeinstellung. Sie geschieht bei Mikroskopen des in Abb. 1 gezeigten Typs meist durch Auf- und Abbewegung des Objekttisches. Dazu dreht man an den an der Säule befindlichen Triebknöpfen. Meist sind an beiden Seiten zwei vorhanden, und zwar ein größerer und ein kleinerer. Der größere Triebknopf bewegt den sogenannten Grobtrieb. Er hebt und senkt den Objekttisch ziemlich schnell über einen verhältnismäßig großen Bereich. Wenn man an dem kleineren Triebknopf dreht, geht die Bewegung sehr langsam und reicht meist nur wenige Millimeter nach oben und unten. Man spricht vom Feintrieb. Wenn

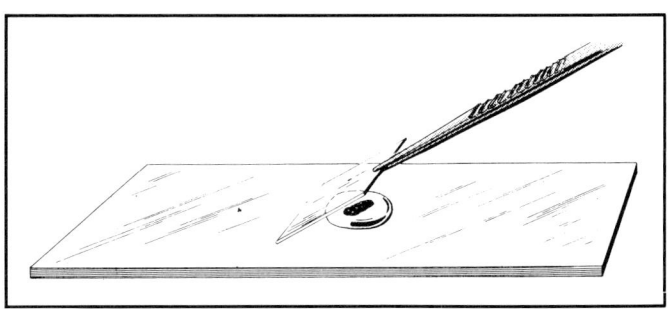

Abb. 5: Auflegen eines Deckglases mit Hilfe einer Pinzette. Aus GERLACH, Botanische Mikrotechnik, Thieme Verlag 1984.

dieser „anschlägt", d. h., wenn er sich in einer bestimmten Richtung nicht mehr weiterdrehen läßt, muß man sofort in die andere Richtung drehen. Zum Ausgleich wird der Grobtrieb entsprechend nachgestellt. Die Triebräder für Grob- und Feintrieb können an der Säule nebeneinander angebracht, aber auch auf einer gemeinsamen Achse hintereinander angeordnet sein. Man spricht im letzteren Fall von „koaxialer Anordnung" der Triebknöpfe.

Zum Scharfeinstellen des Präparates blicken wir zunächst noch nicht ins Okular, sondern drehen am Grobtrieb, so daß der Objekttisch nach oben steigt und die Oberfläche des Deckglases schließlich nur noch 2–3 mm vom unteren Rand des 10fachen Objektivs entfernt ist.

Dann muß man noch dafür sorgen, daß das Präparat richtig beleuchtet wird. Das bereitet kaum Probleme, wenn eine Ansteckbeleuchtung oder eine bereits im Mikroskopfuß eingebaute Beleuchtung zur Verfügung steht. Man muß dann nur den Stecker in die Steckdose stecken und kann nach dem Einschalten der Glühlampe ziemlich sicher sein, daß das Präparat gut beleuchtet ist.

Wenn wir mit einem Beleuchtungsspiegel arbeiten müssen, kommt das Mikroskop vor ein helles Fenster oder vor eine Tischlampe. Mikroskopspiegel sind fast immer auf der einen Seite eben und auf der anderen hohl (konkav). Man benutzt den Hohlspiegel, wenn das Mikroskop keinen Kondensor hat. Steht jedoch ein Kondensor zur Verfügung, erzielt man mit dem Planspiegel die besseren Ergebnisse. Der Spiegel wird so lange geschwenkt und gedreht, bis beim Blick ins Mikroskop ein helles Gesichtsfeld zu sehen ist. Arbeitet man mit Tageslicht als Mikroskopbeleuchtung, darf der Spiegel nie gegen die Sonne gerichtet sein. Es muß also stets vermieden werden, daß direktes Sonnenlicht ins Mikroskop gelangt.

Nun müssen wir uns noch dem Kondensor zuwenden. Dieser ist meist mit einer Irisblende ausgerüstet. Wir verstellen sie vorläufig so, daß sie etwa zur Hälfte geöffnet ist. Die genauere Bedeutung dieser Blende werden wir später noch kennenlernen.

Erst jetzt blickt man ins Okular und senkt gleichzeitig den Objekttisch durch Drehen am Grobtrieb ganz langsam so lange, bis die allerersten Strukturen mit unscharfen Umrissen zu erkennen sind. Das ist meist dann der Fall, wenn der Abstand zwischen der Deckglas-Oberfläche und dem unteren Rand des Objektivs mit der Maßstabszahl 10:1 etwas weniger als 7 mm beträgt. Es wird nun noch am Feintrieb gedreht, bis das Bild im Mikroskop ganz scharf erscheint.

Schwierigkeiten bei der Scharfeinstellung. Es kann sein, daß im Mikroskop überhaupt nichts sichtbar wird, wenn man den Objekttisch mit dem Grobtrieb langsam nach unten bewegt. Ist die Präparatoberfläche schließlich mehr als 2 cm vom unteren Rand des Objektivs mit der Maßstabszahl 10:1 entfernt, stellt man den Objekttisch wieder nach oben und wiederholt die Abwärtsbewegung erneut. Wenn nach mehreren Versuchen immer noch nichts zu sehen ist, wird die Kondensorblende etwas stärker geschlossen.

Führt auch das nicht zum Erfolg, läßt sich die Schärfenebene wenigstens annähernd finden, wenn man zunächst den Deckglasrand einstellt. Man verschiebt dazu das Präparat auf dem Objekttisch so, daß eine Kante des Deckglases unter das Objektiv zu liegen kommt, und stellt sie scharf ein. Wird anschließend das Präparat bei ziemlich eng geschlossener Kondensorblende erneut verschoben, werden beim Blick ins Okular meist einige Strukturen sichtbar, wenn auch ziemlich unscharf. Man muß jetzt nur noch am Feintrieb drehen, bis das Bild vollkommen scharf geworden ist.

Beobachtung am Präparat. Wir sehen jetzt die Stärkekörner der Kartoffel. Ihre äußere Form und ihre Größe sind sehr verschieden (Abb. 6). Einige erscheinen ziemlich klein und kugelig, andere sind viel größer und haben ganz unregelmäßige Umrisse. So gibt es ovale, keil- und muschelförmige, aber auch viereckige Stärkekörner. Alle werden von einer dunklen Linie umgeben und erscheinen im Inneren farblos.

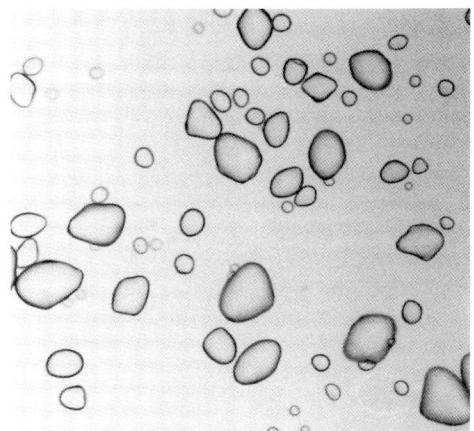

Abb. 6: Stärkekörner aus einer Kartoffel. Obj. 10:1, Ok. 10×.

Manchmal liegen die Stärkekörner so dicht neben- und übereinander, daß wir kaum ihre genauere Gestalt erkennen können. Dann ist zuviel Material in den Wassertropfen auf dem Objektträger gekommen. Anfängern unterläuft oft der Fehler, viel zuviel Material in ein Präparat zu übertragen. Im Mikroskop kann man dann Einzelheiten kaum erkennen.

Übergang zur stärkeren Vergrößerung. Die Kartoffelstärkekörner zeigen bei stärkerer Vergrößerung noch weitere Strukturen. Dazu muß man den Objektivrevolver drehen, bis sich das Objektiv mit der Maßstabszahl 40:1 direkt über dem Präparat befindet. Wir brauchen nach dem Objektivwechsel nur den Feintrieb etwas nachzustellen, um wieder ein vollkommen scharfes Bild zu erhalten.

Der Abstand zwischen dem unteren Rand des Objektivs mit der Maßstabszahl 40:1 und der Deckglasoberfläche (der Arbeitsabstand) ist jetzt wesentlich kürzer, als das beim Objektiv 10:1 der Fall war. Es kann sogar vorkommen, daß man beim unvorsichtigen Handhaben des Mikroskops mit dem Objektiv 40:1 auf die Präparatoberfläche stößt. Damit dabei weder Präparat noch Objektiv beschädigt werden, sind die stärkeren Mikroskopobjektive neuerer Herstel-

lungsdatums mit einer sogenannten Federfassung versehen. Sie bewirkt, daß beim Aufstoßen auf die Deckglasoberfläche das untere Ende des Objektivs in das obere geschoben wird. Eine im Objektiv eingebaute Druckfeder sorgt dafür, daß das Objektiv wieder seine normale Länge erhält, wenn man den Objekttisch durch Drehen an einem Triebknopf etwas absenkt. Es ist aber besser, wenn man beim Wechsel des Objektivs nicht durch das Okular, sondern auf Objekttisch und Objektiv schaut und darauf achtet, daß das Objektiv gar nicht erst auf das Präparat stößt.

Die Objektive mit kleineren Maßstabszahlen haben keine Federfassung, denn sie sind so kurz, daß sie nie auf ein normales Präparat stoßen können, wenn man ein Mikroskop von dem in Abb. 1 gezeigten Typ benutzt. Außerdem sind viele, selbst stärkere Mikroskopobjektive nicht mit einer Federfassung ausgerüstet, wenn sie vor der Mitte der fünfziger Jahre hergestellt worden sind. Bei Verwendung solcher Objektive muß die Scharfeinstellung mit ganz besonderer Sorgfalt vorgenommen werden.

Beobachtungen. Die Stärkekörner erscheinen jetzt erwartungsgemäß viel größer. Allerdings überblickt man dafür im Präparat einen viel kleineren Ausschnitt. Diese Feststellung gilt ganz allgemein: Je stärker die Vergrößerung, um so kleiner das Gesichtsfeld.

Bei der stärkeren Vergrößerung zeigen die größeren Stärkekörner eine Schichtung, die von einem Punkt ausgeht. Dieser wird als Bildungskern oder Initialpunkt bezeichnet und liegt fast nie in der Mitte des Stärkekorns, sondern ist gegen seinen Rand zu verlagert. Diejenigen Schichten, die als erste auf den Bildungskern folgen, verlaufen noch mehr oder weniger konzentrisch. Die sich daran anschließenden Schichten sind aber auf der einen Seite dicker als auf der anderen (Abb. 7). So kommt es schließlich zu der exzentrischen Schichtung. Jede Schicht besteht aus zwei Zonen. Bei der ersten Schicht folgt unmittelbar auf den Bildungskern eine helle Zone, die sich nach außen zu immer mehr verdunkelt und

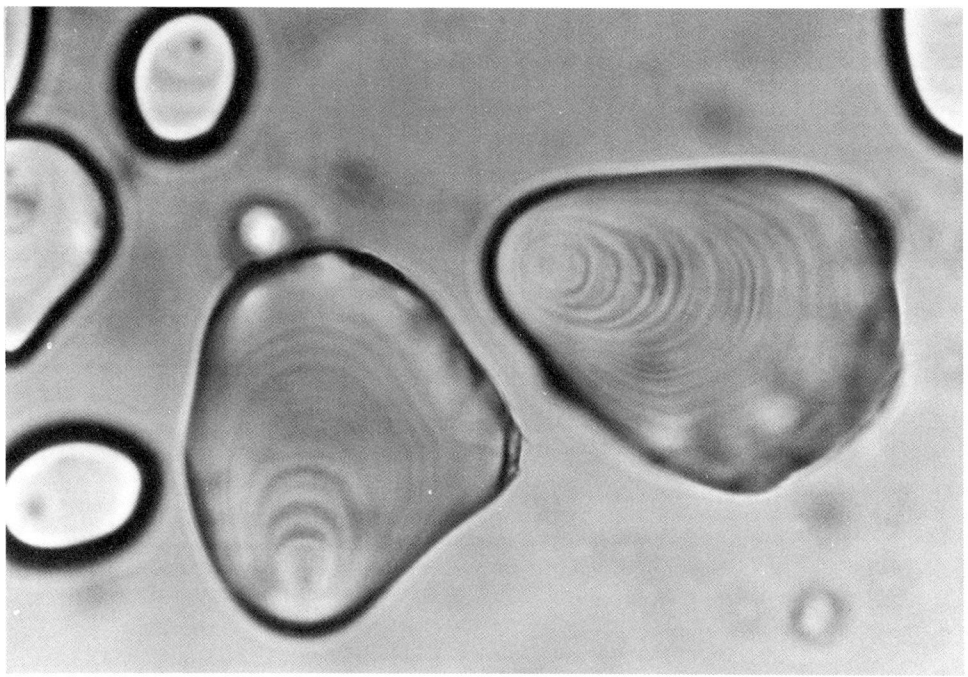

Abb. 7: Schichtung auf den Stärkekörnern einer Kartoffel. Obj. 10:1, Ok. 10×.

schließlich mit einer sehr dünnen dunklen Linie endet. Die helle und dann immer dunkler werdende Zone bildet zusammen mit der dunklen Linie die erste Schicht. Die nächste Schicht fängt wieder mit einer sehr hellen Zone an, die sich unmittelbar an die dunkle Linie der ersten Schicht anschließt. Sie wird nach außen zu ebenfalls immer dunkler und schließlich von einer dunklen Linie begrenzt. In den hellen und dunklen Zonen des Stärkekorns wird das Licht verschieden stark gebrochen, d. h., dort sind die Brechungsindices (S. 148) verschieden. Dabei ist der Brechungsindex in der hellen Zone höher als in der dunklen.

Die meisten Kartoffelstärkekörner haben nur einen Initialpunkt. Man findet aber gelegentlich auch welche mit zwei, drei oder sogar vier Zentren. Das sind die zusammengesetzten Stärkekörner. Manchmal sind die Schichten zunächst voneinander getrennt und erst außen von gemeinsamen Schichten umgeben. Es handelt sich dabei um die halb-zusammengesetzten Stärkekörner. Daneben gibt es Stärkekörner ohne gemeinsame Schichten. Man bezeichnet sie als ganz-zusammengesetzte Stärkekörner. Sie kommen wesentlich häufiger vor als die halb-zusammengesetzten.

Der Einfluß der Kondensorblende. Nun wollen wir untersuchen, was sich im Mikroskop ändert, wenn man die Kondensorblende öffnet oder schließt. Beim Öffnen der Blende wird das Bild heller, doch verliert die Schichtung der Stärkekörner etwas an Deutlichkeit: Sie wird überstrahlt. Umgekehrt erscheint das Bild nach dem Schließen der Kondensorblende dunkler, während die Schichtung klarer hervortritt. Der Kontrast wird also besser. Allerdings muß man dabei, abgesehen vom Dunklerwerden des Bildes, noch in Kauf nehmen, daß die Auflösung schlechter wird. Diese hängt also nicht allein von der Lichtstärke der Mikroskopobjektive, sondern auch von der Öffnung der Kondensorblende ab. Nur fällt das bei den Kartoffelstärkekörnern meist nicht so stark auf. Die Kondensorblende wirkt prinzipiell wie die Blende eines Fotoobjektivs. Mit ihr läßt sich demnach die Lichtstärke des Kondensors regulieren: Beim Öffnen der Blende wird die Lichtstärke – also die numerische Apertur – des Kondensors größer und beim Schließen kleiner.

Verwendung von Lichtfiltern. Die Kondensoren vieler Mikroskope sind unten mit einem ausschwenkbaren Filterhalter versehen, in den man runde Lichtfilter aus Glas einlegen kann. Oft wird ein Blaufilter verwendet, wenn künstliches Mikroskopierlicht verwendet wird. Das mikroskopische Bild sieht dann so aus, als hätte man Tageslicht zur Beleuchtung des Präparats benutzt. Ist im Mikroskop die Glühwendel der Lichtquelle zu sehen, legt man ein blaues oder farbloses Mattfilter in den Filterhalter. Wird Tageslicht mit Hilfe des Planspiegels ins Mikroskop geschickt, tauchen manchmal verschiedene Objekte aus der Umgebung, z. B. Fensterkreuze oder Bäume, im Gesichtsfeld auf. All das verschwindet, wenn man ein Mattfilter benützt.

Zeichnen am Mikroskop. Wer das, was ein Präparat enthält, wirklich genau kennenlernen will, kommt nicht mit einer flüchtigen mikroskopischen Betrachtung aus, sondern muß das Gesehene auch festhalten. Das kann z. B. in Textform erfolgen, wie das in dem Abschnitt „Beobachtungen am Präparat" in diesem Kapitel geschehen ist. Allerdings befriedigt eine Beschreibung mit Worten allein nur in den allerseltensten Fällen. Sie muß fast immer durch Abbildungen ergänzt werden. Man kann zu diesem Zweck durch das Mikroskop fotografische Aufnahmen – sogenannte Mikrofotos – herstellen. Darüber wird am Schluß des Buches berichtet. Es besteht aber auch die Möglichkeit, zu zeichnen, was man im Mikroskop sieht. Dabei hat das Anfertigen einer Zeichnung nicht nur den Zweck, eine Abbildung herzustellen, um etwa verschiedene Objekte miteinander zu vergleichen oder sie jemandem zu zeigen. Vielmehr stellt das Zeichnen ein wertvolles Hilfsmittel für das genaue Beobachten dar. Nur wer Strukturen zeichnen muß, ist gezwungen, deren Größenverhältnisse genau abzuschätzen und den Verlauf ihrer Konturen exakt zu verfolgen. Man betrachtet ein Präparat wesentlich gründlicher, wenn man es zeichnen muß.

Als erstes wollen wir die Stärkekörner der Kartoffel zeichnen, so wie sie uns das Mikroskop zeigt. Wir fertigen also nochmals

Abb. 8: Zeichnen der Strukturen, die man im Mikroskop sieht.

ein Präparat der Kartoffelstärke an und untersuchen es mit dem 40fachen Objektiv. Vor dem eigentlichen Zeichnen wird eine Stelle im Präparat ausgesucht, in der die Stärkekörner in »typischer« Form zu erkennen sind. Wir zeichnen also normalerweise keine Strukturen, die in Form und Größe erheblich vom Durchschnitt abweichen. Dann legt man rechts neben das Mikroskop ein Blatt weißes, unliniertes Papier und blickt mit dem linken Auge ins Mikroskop. Gleichzeitig bleibt das rechte Auge offen, um das Zeichenpapier betrachten zu können. Nun zeichnet man die im Mikroskop sichtbaren Stärkekörner, wobei beide Augen ständig offen zu halten sind. Natürlich bereitet das anfänglich viel Mühe (Abb. 8). Dabei ist es aber nicht erforderlich, von den Stärkekörnern möglichst viele Exemplare zu zeichnen. Es genügen etwa drei bis vier der am häufigsten vorkommenden Formen. Außerdem geht das Zeichnen leichter, wenn man nicht zu klein zeichnet, so daß sich z. B. die Schichtung der Stärkekörner ohne Schwierigkeit eintragen läßt. Als Zeichenstift dient ein gut gespitzter Bleistift der Härte 2.

Nachweis von Stärke. Es wurde mehrfach behauptet, die verschieden gestalteten Körnchen, die in unseren Präparaten mit dem Geschabe aus einer angeschnittenen rohen Kartoffel zu sehen sind, enthielten Stärke. Wie kann man nun beweisen, daß es sich dabei tatsächlich um Stärke handelt? Für diesen Nachweis gibt es eine Reaktion, die wir jetzt durchführen wollen. Man benötigt dazu entweder Lugolsche Lösung oder offizinelle Jodtinktur, die beide aus der Apotheke bezogen werden können. Bei der Lugolschen Lösung handelt es sich um eine wäßrige Lösung von Kaliumjodid und Jod, während zur Herstellung von offizineller Jodtinktur Kaliumjodid und Jod in Alkohol gelöst werden. Dabei enthält die Jodtinktur mehr als dreimal soviel Jod wie die Lugolsche Lösung. Von einer der beiden Lösungen kauft man ca. 10 ml. Bei Verwendung von Lugolscher Lösung gibt man mit Hilfe eines Trinkhalmes einen kleinen Tropfen davon auf den

Objektträger. (Natürlich darf dieser Trinkhalm später nicht mehr zum Trinken benutzt werden!) Man taucht ihn ca. 1 cm tief in die Lugolsche Lösung ein und tupft anschließend auf den Objektträger, so daß dort ein Tropfen der braunen Lösung zurückbleibt. In diesen rührt man etwas von der Flüssigkeit aus der frischen Schnittfläche einer rohen Kartoffel. Das Abschaben und Übertragen des Materials erfolgt jetzt nicht mit einem Küchenmesser, sondern mit einem Streichholz, weil Jod die Messerklinge angreift. Wir legen ein Deckglas auf und achten ganz besonders darauf, daß nichts von der Jodlösung unter dem Deckglasrand hervorquillt. Vor allem darf die Jodlösung niemals mit den Mikroskopobjektiven in Berührung kommen.

Wenn wir jetzt ins Mikroskop blicken, erscheinen die Stärkekörner tiefschwarz. Benutzt man die offizinelle Jodtinktur zum Stärkenachweis, kommt auf den Objektträger zunächst ein kleiner Tropfen Wasser, in den man etwas von der abgeschabten Gewebsflüssigkeit einrührt. Anschließend wird ein Tropfen Jodtinktur hinzugegeben, bevor man das Deckglas auflegt. Alle Stärkekörner sind nun ebenfalls tiefschwarz zu sehen. Allerdings kann es vorkommen, daß diese Verfärbung unterbleibt, wenn man das von der Kartoffel abgeschabte Material direkt in einen Tropfen Jodtinktur einrührt.

Durchsaugen einer Flüssigkeit durch das Präparat. Man kann die Jodreaktion aber auch an einem Präparat vornehmen, das nach dem auf Seite 17 geschilderten Verfahren hergestellt wurde, bei dem also die Stärkekörner in einem Tropfen Wasser liegen und von einem Deckglas bedeckt sind. Wir setzen an die eine Seite des Deckglases einen Tropfen Jodlösung (der Tropfen muß die Deckglaskante berühren). An die gegenüberliegende Kante des Deckglases schiebt man einen ca. 2 cm breiten Streifen, der aus einem Papiertaschentuch herausgeschnitten wurde. Dadurch wird Wasser aus dem Präparat herausgesaugt und gleichzeitig die Jodlösung nachgesogen (Abb. 9). Die Stärkekörner färben sich wieder tiefschwarz.

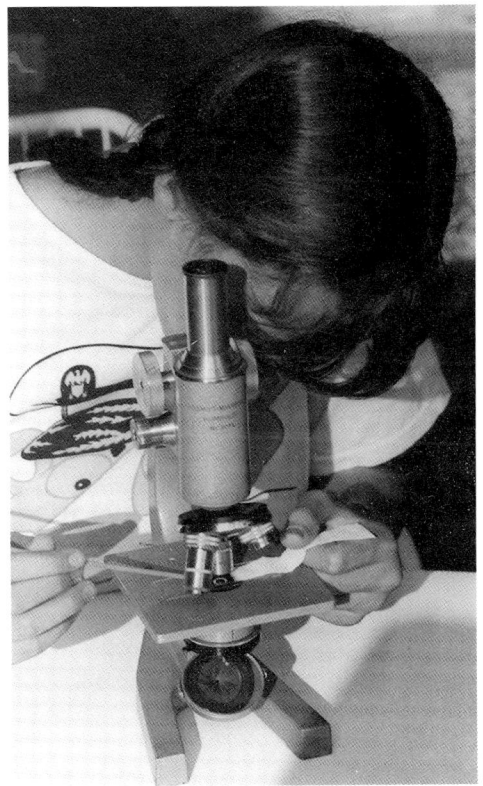

Abb. 9: Durchsaugen einer Flüssigkeit durch ein Präparat.

Nun kann man aber in allen einschlägigen Büchern lesen, Stärke färbe sich mit einer Jodlösung blau. Dazu kommt es jedoch nur, wenn man Lösungen auf die Stärke einwirken läßt, die einen geringeren Gehalt an Jod aufweisen als die offizinelle Jodtinktur oder die Lugolsche Lösung.

Verdünnte Jodlösungen stellen wir selbst her: Ein leeres, gut gesäubertes Tablettenröhrchen aus Glas wird 5 mm hoch mit Lugolscher Lösung gefüllt. Dann gießt man noch eine 45 mm hohe Schicht Brennspiritus darüber, so daß die Flüssigkeitssäule insgesamt 50 mm hoch ist. Wir verschließen das Tablettenröhrchen mit einem Stopfen und schütteln gründlich um. Damit ist die verdünnte Jodlösung fertig. (Bei offizineller Jodtinktur nur 10 Tropfen nehmen und mit Brennspiritus auf 50 mm auffüllen!)

Die Reaktion wird genauso wie mit den konzentrierten Jodlösungen durchgeführt. Die Stärkekörner färben sich blau und zeigen dabei einen leichten Stich ins Violette. Verwendet man verdünnte Jodtinktur, dann müssen sich die Stärkekörner auf dem Objektträger unbedingt in einem Tropfen Wasser befinden, da sonst die Farbreaktion ausbleiben kann.

Verunreinigungen. Neben den Objekten, die man eigentlich untersuchen will, kommen in den Präparaten nicht selten noch weitere Dinge vor, die unbeabsichtigt und zufällig dorthin gelangt sind. Diese Störfaktoren muß man unbedingt erkennen lernen, wenn man all das richtig verstehen will, was ein Präparat zeigt. Zu den häufigsten Beimengungen in mikroskopischen Präparaten gehören Luftblasen und Baumwollfasern.

Luftblasen. Beim Auflegen des Deckglases sind Luftblasen oft nur schwer zu vermeiden. Sie entstehen mit ziemlicher Sicherheit, wenn man ein Deckglas aus ca. 2 cm Höhe flach auf einen Wassertropfen fallen läßt, der sich auf einem Objektträger befindet. Wir stellen auf diese Weise ein Präparat von Luftblasen her und untersuchen es mit dem Objektiv 10:1. Die Luftblasen sind meist rundlich und ganz verschieden groß, aber alle sind außen von einer dicken dunklen Linie umgeben und in der Mitte hell (Abb. 10).

Abb. 10: Luftblasen. Obj. 10:1, Ok. 10×.

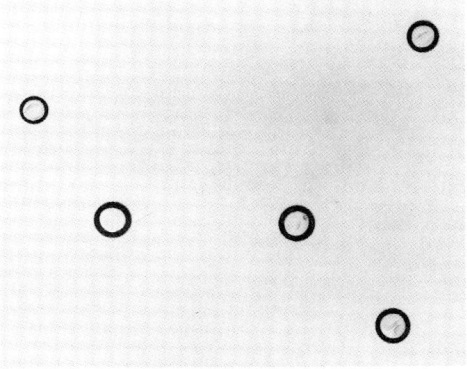

Textilfasern. Textilfasern gelangen leicht auf den Objektträger, wenn man ihn mit einem Tuch putzt. Sie fallen bereits mit einem 10er Objektiv auf. Baumwollfasern z. B. erscheinen als schraubig verdrehte Bänder, die bei stärker geschlossener Kondensorblende eine Längsstreifung erkennen lassen. Ihre Enden sind meistens ausgefranst (Abb. 11).

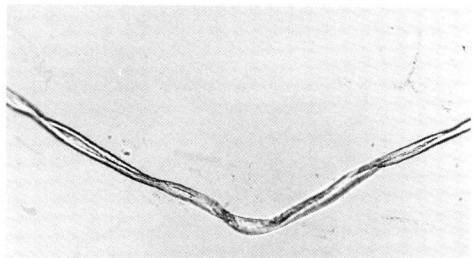

Abb. 11: Baumwollfaser. Obj. 10:1, Ok. 10×.

Reinigung der Objektträger und Deckgläser. Wenn wir das Präparat lange genug untersucht haben und es nicht mehr benötigen, können Objektträger und Deckgläser gereinigt und anschließend erneut benutzt werden. Hierzu hebt man zunächst das Deckglas mit einer Rasierklinge vom Objektträger ab. Dann werden beide Gläser unter fließendem Leitungswasser abgespült. Dabei ist die Verwendung eines Spülmittels in der Regel nicht erforderlich. Wenn die Deckgläser gereinigt werden, ist besondere Vorsicht am Platze, damit sie nicht zerbrechen. Denn die scharfen und spitzen Deckglassplitter dringen leicht in die Haut ein und verursachen stark blutende Wunden. Man trocknet die Gläser mit einem Tuch.

Aufbewahrung des Mikroskops. In den Labors von Krankenhäusern und Instituten ist es üblich, Mikroskope auf dem Arbeitstisch stehenzulassen, auch wenn man sie gerade nicht benutzt. Sie werden dann zum Schutz gegen Staub mit einer Haube aus Plastik bedeckt. In unserer Wohnung können wir es uns natürlich nicht leisten, das Mikroskop auf dem Tisch stehenzulassen. Wurde das Mikroskop in einem kleinen Schrank geliefert, stellt man es dort hinein. Andernfalls kann man das Mikroskop bei Nichtgebrauch z. B. auf ein Sideboard stellen und mit einer Kunststoffhaube bedecken. Zum Abdecken des Mikroskops eignet sich aber auch eine Einkaufstüte aus Plastik.

Mehl

In diesem Kapitel wollen wir uns mit verschiedenen Mehlen sowie einigen anderen Produkten befassen, die man beim Kochen und Backen benötigt. Es handelt sich in jedem Falle um pulverförmige Substanzen, die alle auf dem gleichen, höchst einfachen Weg zu mikroskopischen Präparaten verarbeitet werden. Die folgende Präparationsanleitung gilt daher für alle in diesem Kapitel behandelten Mehle und Pulver.

Herstellung der Präparate. Auf einen sauber geputzten Objektträger kommt wie üblich ein kleiner Tropfen Leitungswasser. Dann rührt man mit der Spitze einer trockenen Stecknadel etwas in dem Mehl oder Pulver, das untersucht werden soll. Anschließend wird die Stecknadelspitze mehrmals in den Wassertropfen getupft und – wie auf Seite 17 geschildert – das Deckglas mit Hilfe einer Pinzette aufgelegt.

Weizenstärke. Als erstes stellen wir ein Präparat von Weizenmehl her. Es wird ebenso wie das Präparat mit der Kartoffelstärke zunächst mit dem Objektiv 10:1 eingestellt. Hat man die Schärfenebene gefunden, tauchen viele rundliche, von einer dünnen dunklen Linie umgebene Gebilde auf. Das sind die Stärkekörner des Weizens. Einige davon erscheinen sehr klein, fast kreisrund und meist zu mehreren in Klumpen vereinigt. Andere sehen viel größer aus mit entweder fast kreisrundem oder mehr kartoffelförmigem Umriß. Beim Weizen kommen also ebenso wie bei der Kartoffel besonders große und besonders kleine Stärkekörner vor. Jedoch finden sich beim Weizen ausschließlich sehr große neben auffallend kleinen. Bei der Kartoffelstärke waren dagegen von den allergrößten bis zu den allerkleinsten Stärkekörnern fast alle Übergänge zu finden.

Wenn wir mit dem Revolver das Objektiv 40:1 einschalten, sind die Stärkekörner zwar

Abb. 12: Stärkekörner vom Weizen. Obj. 40:1, Ok. 10×.

wesentlich größer zu sehen, zeigen aber sonst kaum weitere Einzelheiten. Nur ganz selten erscheint auf den größeren Stärkekörnern eine ganz schwache Schichtung (Abb. 12).

Wir zeichnen drei oder vier der größeren Stärkekörner. Daß diese Gebilde wirklich Stärke enthalten, kann man mit der uns bereits bekannten Reaktion mit der Lugolschen Lösung oder der offizinellen Jodtinktur nachweisen. Die Stärkekörner des Weizens färben sich in beiden Fällen wie die Kartoffelstärkekörner schwarz bzw. mit verdünnten Lösungen blau.

Roggenstärke. Das Präparat wird ebenfalls mit dem Objektiv 10:1 scharf eingestellt und anschließend mit dem Objektiv 40:1 näher untersucht. Dabei finden wir ebenso wie beim Weizenmehl zwei scharf voneinander unterschiedene Gruppen von Stärkekörnern, nämlich auffallend kleine und besonders große. Beim Roggen sind die großen Stärkekörner einheitlicher als beim Weizen gestaltet und erscheinen entweder kreisrund oder höchstens schwach oval. Außerdem zeigen

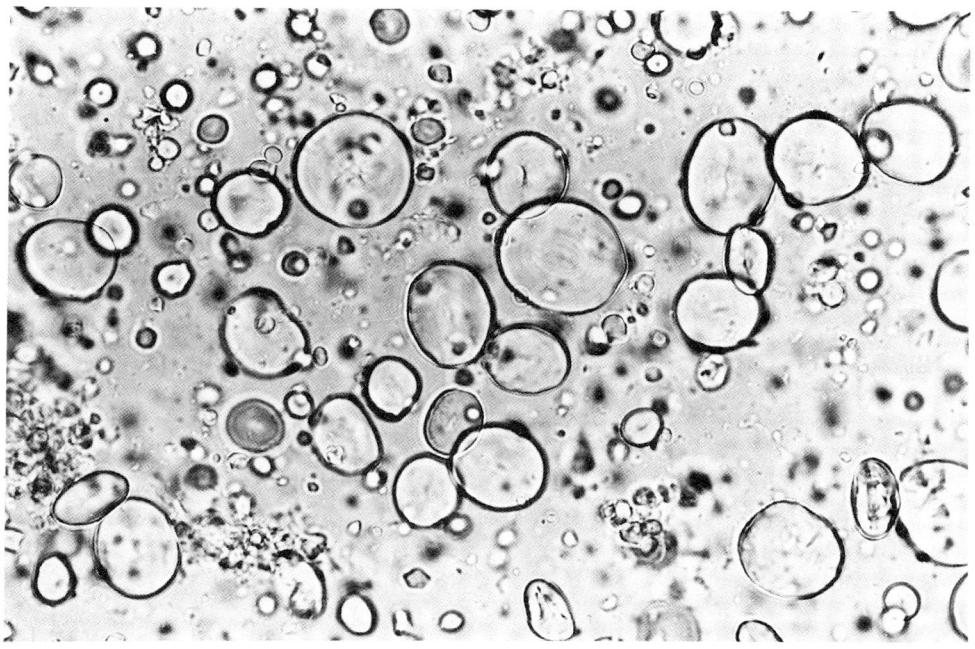

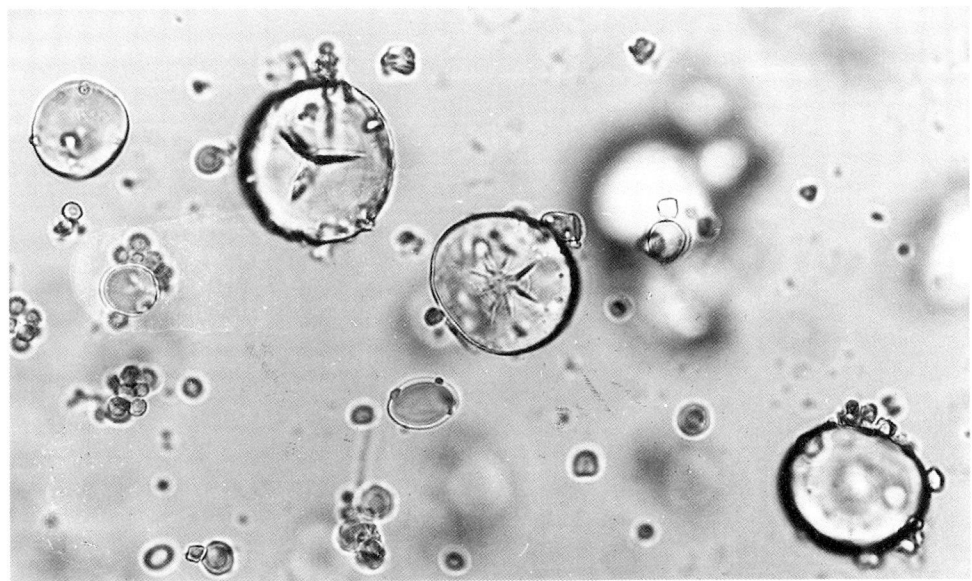

Abb. 13: Stärkekörner vom Roggen. Obj. 40:1, Ok. 10×.

viele von ihnen eine bis mehrere Spalten, die von der Mitte ausgehen und nach außen zu spitz auslaufen. Derartige Spalten kommen in den Stärkekörnern des Weizens höchstens in Ausnahmefällen vor. Schließlich kann man bei den Roggen-Stärkekörnern gelegentlich eine Schichtung erkennen. Im Gegensatz zur Kartoffel liegt jedoch beim Roggen das Bildungszentrum ziemlich genau in der Mitte des Stärkekorns, so daß hier eine konzentrische Schichtung vorliegt (Abb. 13).

Wir zeichnen einige große Stärkekörner und überzeugen uns anschließend mit Hilfe der Jod-Reaktion, daß die im Mikroskop sichtbaren Gebilde wirklich Stärke enthalten.

Gerstenstärke. Mit dem Objektiv 40:1 sind wie beim Weizen- und beim Roggenmehl sehr kleine und sehr große Stärkekörner zu erkennen. Letztere haben meist rundliche bis ovale Umrisse. Einige von ihnen sind mit einem kleinen spitzen Auswuchs versehen, während andere mehr bohnenförmig erscheinen. Natürlich werden wiederum einige der großen Stärkekörner gezeichnet, und außerdem kann man die Jodreaktion zum Nachweis der Stärke durchführen.

Maisstärke. Im Maismehl finden sich zwei Arten von Stärkekörnern, die ungefähr gleich groß sind. Die einen davon haben einen vieleckigen Umriß und weisen oft einen sternförmigen Spalt auf. Dieser geht von der Mitte des Stärkekorns aus, und seine Strahlen spitzen sich nach außen zu. Die anderen Stärkekörner haben so abgestumpfte Ecken, daß sie fast rundlich erscheinen. Sie enthalten nur selten Spalte, lassen dafür aber manchmal eine konzentrische Schichtung erkennen (Abb. 14).

Abgesehen von den Stärkekörnern finden sich in den Präparaten der verschiedenen Mehle natürlich auch Bruchstücke von sonstigen Bestandteilen der Getreidekörner, die wir aber in diesem Zusammenhang nicht näher betrachten wollen.

Haferstärke. Zum Schluß wollen wir uns die Stärkekörner des Hafers ansehen. Wir fassen dazu eine Haferflocke mit einer Pinzette und tupfen sie mehrmals in einen Wassertropfen auf dem Objektträger. Nach dem

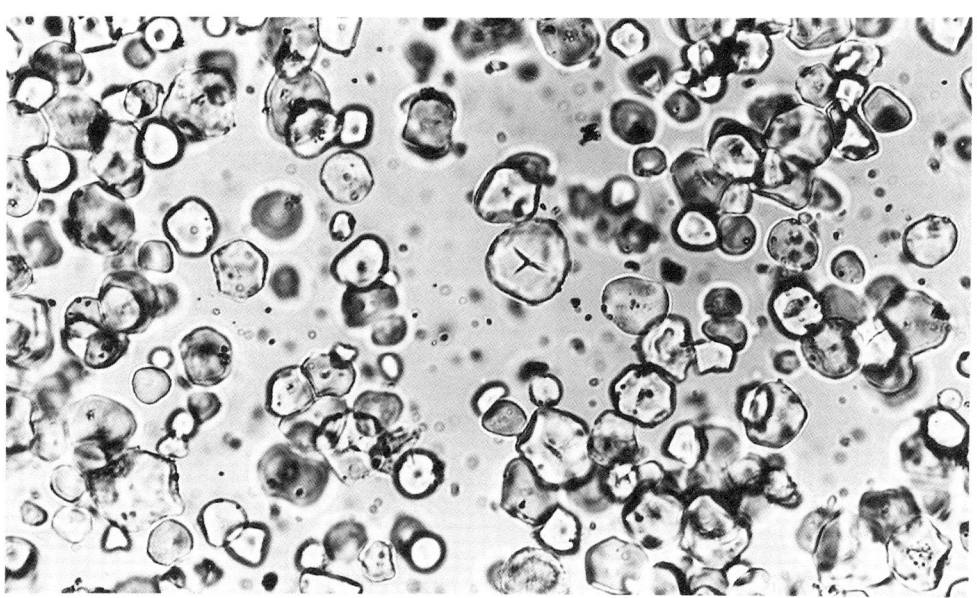

Auflegen des Deckglases wird das Präparat
mit dem Objektiv 10:1 eingestellt und dann
mit dem Objektiv 40:1 näher untersucht.
Dabei fallen viele kleine Gebilde mit rundli-
chem oder vieleckigem Umriß auf. Mehrere
von ihnen bilden im noch intakten Hafer-

Abb. 14: Stärkekörner vom Mais. Obj. 40:1, Ok.
10×.

Abb. 15: Stärkekörner vom Hafer. Obj. 40:1, Ok.
10×.

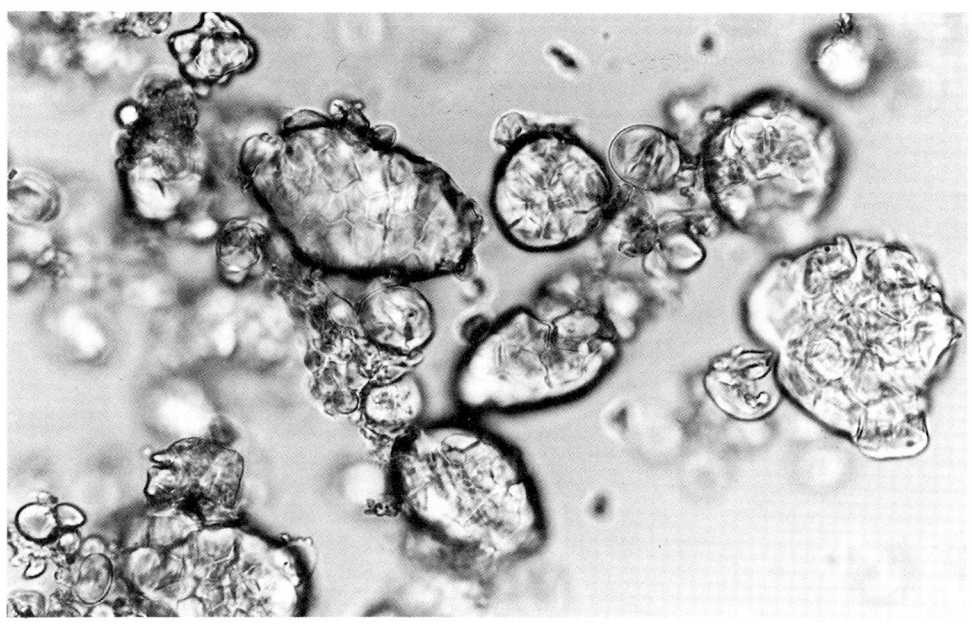

korn rundliche Verbände, die sogenannten zusammengesetzten Stärkekörner. Von diesen kommen auch in unserem Präparat einige vor (Abb. 15), während in einem Präparat von Hafermehl fast alle zusammengesetzten Stärkekörner zerstört und nur die kleinen Bruchstücke vorzufinden sind.

Stärke in Back- und Kochzutaten

Wir haben bis jetzt eine Anzahl von Stärke-Arten kennengelernt, die alle eine mehr oder weniger große Bedeutung für unsere Ernährung haben. Wir können nun unsere Erfahrungen nutzen und herauszufinden suchen, welche Arten von Stärke in Produkten enthalten sind, die wir zum Kochen und Backen verwenden. Für diese Untersuchungen bieten sich z. B. Mondamin, Soßenbinder, Puddingpulver, Knödelmehl oder Backpulver an. Die Präparate werden ebenso wie Mehlpräparate hergestellt. Damit bei diesen Nachforschungen die Spannung erhalten bleibt, wird erst auf Seite 188 mitgeteilt, welche Ergebnisse zu erwarten sind. Besonders reizvoll ist die Untersuchung von Backpulver. Man sieht hier nicht nur Stärkekörner, sondern darüber hinaus die Entwicklung von Gasblasen, die sofort einsetzt, wenn die Backpulver-Probe in den Wassertropfen gelangt. Diese Gasblasen sehen im Mikroskop wie Luftblasen aus; sie dienen beim Backen zum Auflockern des Teiges.

Warum wird in Wasser untersucht?

Sicherlich ist schon längst die Frage aufgetaucht, warum die Mehle auf dem Objektträger stets in einen Tropfen Wasser übertragen und nicht einfach auf der trockenen Glasoberfläche abgeklopft werden.

Wir besorgen uns Kartoffelstärke, übertragen eine Stecknadelspitze voll von dem weißen Pulver wie üblich in einen Tropfen Wasser und bedecken mit einem Deckglas. Mit dem Objektiv 40:1 sind die verschieden geformten Kartoffel-Stärkekörner sowie die exzentrische Schichtung zu sehen, wie wir das alles schon von Seite 19 her kennen. Nun klopfen wir eine zweite Nadelspitze voll Kartoffelstärke auf einen trockenen Objektträger ab und bedecken das Pulver mit einem Deckglas. Die Stärkekörner erscheinen jetzt als graue Flächen, ohne von der Schichtung auch nur eine Spur zu zeigen. Die Aufgabe des Wassers besteht also darin, die Stärkekörner heller zu machen, so daß auch feinere Strukturen wie z. B. die Schichtung sichtbar werden.

Zellen

Alle Lebewesen, Pflanzen wie Tiere, bestehen aus vielen kleinen Bausteinen, den Zellen. Es sind dies die kleinsten Gebilde, die, wenigstens unter bestimmten Bedingungen, für sich allein leben können. Zwar setzen sich die Zellen ihrerseits aus verschiedenen noch kleineren Bestandteilen zusammen, doch können diese nur im Zusammenwirken untereinander und nicht für sich allein über längere Zeit existieren.

Zellen des Menschen

Zunächst wollen wir einige unserer eigenen Zellen untersuchen. Auf einen sauberen Objektträger kommt ein kleiner Wassertropfen. Dann kratzt man leicht mit dem Nagel eines Fingers auf der Innenseite einer Wange und tupft anschließend das beim Kratzen gewonnene weißliche Geschabe auf den Objektträger. Wenn das Deckglas aufgelegt ist,

Abb. 16: Plattenepithelzellen aus der Mundhöhle des Menschen. Obj. 10:1, Ok. 10×.

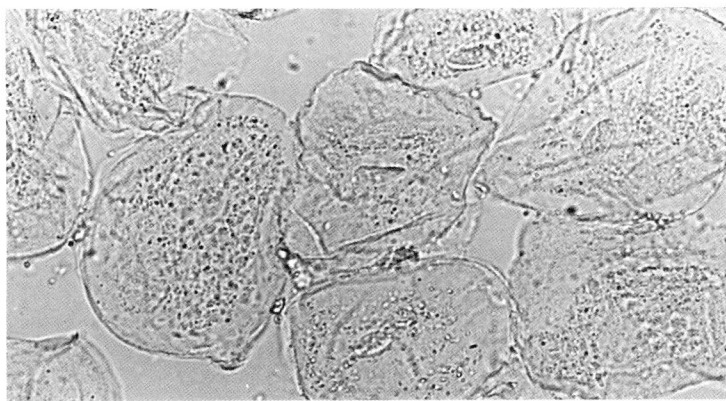

kann das Präparat sofort mit dem Mikroskop untersucht werden. Dazu benutzen wir zunächst das Objektiv 10:1, um die Schärfenebene zu finden. Das bereitet bei diesem Präparat nicht selten einige Schwierigkeiten, weil die Zellen sehr kontrastarm sind. Kann man selbst nach mehreren Versuchen noch nichts sehen, stellt man wie auf Seite 18 geschildert erst einmal den Deckglasrand scharf ein. Anschließend wird bei ziemlich stark zugezogener Kondensorblende das Präparat verschoben, bis die ersten Zellen auftauchen. Die Schärfenebene läßt sich außerdem leichter finden, wenn sich im Wassertropfen einige Luftblasen gebildet haben. Da sie mit dem Objektiv 10:1 ziemlich leicht zu finden sind, stellt man zunächst einige von ihnen scharf ein, bevor man sich auf die Suche nach den Zellen macht.

Die Zellen liegen einzeln oder zu mehreren zusammen und sind jeweils von einer scharfen dunklen Linie umgeben. Nähere Einzelheiten werden mit dem Objektiv 40:1 sichtbar. Es zeigt sich, daß die äußere Form dieser Zellen recht verschieden ist. Man findet dreieckige, keilförmige bis vieleckige. Sie können etwas in die Länge gezogen oder mehr gedrungen sein. In jeder Zelle liegt ein von einer dunklen Linie umgrenztes, rundliches Gebilde. Das ist der Zellkern, während der restliche Teil der Zelle vom Zytoplasma eingenommen wird. Durch einige Zellen verlaufen kreuz und quer dunkle Linien (Abb. 16).

Den lebenden Inhalt einer Zelle nennt man

Protoplasma. Es setzt sich aus dem Zytoplasma und dem darin befindlichen Zellkern sowie weiteren, kleineren Organellen zusammen. Das Zytoplasma erscheint im Lichtmikroskop nur als zähflüssige Masse, läßt jedoch in dem viel höher auflösenden Elektronenmikroskop neben einem System von Membranen noch weitere fädige und kugelige Strukturen erkennen.

Die meisten unserer Zellen bilden Verbände, die man als Gewebe bezeichnet. Die Zellen, die wir gerade untersucht haben, stammen aus der obersten Schicht des Gewebes, das unsere Backen innen gegen die Mundhöhle abschließt. Man bezeichnet Gewebe, die eine Oberfläche überziehen, als Deckgewebe oder Epithelien. Die Zellen, die wir aus unserer Mundhöhle abgekratzt haben, sind sogenannte Plattenepithelzellen. Sie sind schon abgestorben und wären ohnedies bald abgestoßen worden.

Kontrast. Die Untersuchung des Präparats bereitet einige Schwierigkeiten, weil die Zellen – wie schon gesagt – recht kontrastarm sind. Sie haben diese Eigenschaft mit anderen Objekten gemein, die uns bereits im alltäglichen Leben begegnen. Wenn man z. B. einen kleinen Wassertropfen auf ein Deckglas gibt und es dann leicht gegen eine Fensterscheibe drückt, bleibt es dort zumindest eine Zeitlang kleben. Blicken wir anschließend aus einer Entfernung von ca. 2 m auf die Scheibe, ist das Deckglas nur höchst undeutlich zu sehen. Bemalt man es jedoch vor dem Ankleben mit Filzschreiber, hebt sich seine nunmehr farbige Fläche deutlich von der farblosen Umgebung ab.

Dieser Versuch erscheint zunächst recht banal, weil ja jeder weiß, daß Glas durchsichtig und deshalb so schlecht zu sehen ist. Mit dem gleichen Problem haben wir es aber nicht selten auch in der Mikroskopie zu tun. Hier sind viele Objekte genauso durchsichtig wie das an die Fensterscheibe geklebte Deckglas und daher nur mit Mühe sichtbar zu machen. So ist zu verstehen, daß man oft besondere Maßnahmen ergreifen muß, um den Kontrast zu verbessern. Dabei kann man grundsätzlich genauso vorgehen wie eben bei dem Deckglas. Man muß also das Objekt mit einer Farbe durchtränken und dafür sorgen, daß die Umgebung farblos bleibt. Eine solche Färbung zur Verbesserung des Kontrastes wollen wir jetzt an unseren Plattenepithelzellen durchführen.

Färbung der Plattenepithelzellen. Zum Färben benötigt man zunächst einmal einen Farbstoff, der in einer Flüssigkeit gelöst ist. Für unsere Zwecke eignet sich ausgezeichnet der Farbstoff, der sich in der Mine eines gewöhnlichen violetten Kopierstiftes befindet. Zur Herstellung der Farblösung wird in einen derartigen Kopierstift 5 cm von seinem Ende entfernt mit einem scharfen Taschenmesser rundum eine tiefe Kerbe ins Holz geschnitten, so daß sich der Stift dort abbrechen läßt. Dann schabt man vorsichtig das Holz ab, bis die blanke Mine vorliegt. Sie wird in kleinere Stücke zerbrochen, die in ein sauberes Tablettenröhrchen aus Glas kommen. Zum Schluß füllt man dieses 5 cm hoch mit Brennspiritus und läßt das ganze einen Tag lang stehen. Dann ist eine dunkelviolette Lösung entstanden, die sich u. a. auch sehr gut zum Färben unserer Plattenepithelzellen eignet. Damit das Tablettenröhrchen nicht so leicht umfällt, stellt man es am besten in ein leeres Wasserglas.

Für die nun folgende Präparation benötigt man wiederum einen sauber geputzten Objektträger, auf den jetzt jedoch kein Wassertropfen kommt. Wir kratzen mit einem Fingernagel leicht an der Innenwand einer Backe und tupfen anschließend auf die trockene Oberfläche des Objektträgers. Dort bleibt eine winzige Menge Speichel zurück, in der etwas von der weißlichen Masse schwimmt, die von der Wangeninnenseite abgekratzt wurde. Man wartet einige Minuten, bis der Speichel trocken geworden ist. Dann kommen ein paar Tropfen unserer Kopierstiftlösung auf das eingetrocknete Material. Das geschieht mit einem Trinkhalm, den man zunächst 5–10 mm tief in die violette Lösung taucht, die anschließend auf den eingetrockneten Speichel getropft wird. Damit der Brennspiritus, in dem wir die Kopierstiftmine gelöst haben, nicht zu schnell verdunstet, kommt auf die Farblösung ein Deckglas. Man hebt es 10 Minuten später mit einer Rasierklinge ab. Der Objektträger wird sofort unter fließendes Leitungswasser gehalten, und zwar so lange, bis kein Farbstoff mehr ausgewaschen wird. Dort, wo der Speichel eingetrocknet war, fällt jetzt schon mit bloßem Auge ein violetter Fleck auf. Wir tupfen noch mit einem Papiertaschentuch die Unterseite des Objektträgers sowie seine Oberseite bis auf den farbigen Fleck trocken und bedecken den Fleck mit einem Deckglas. Er ist meist noch so feucht, daß kein Wasser zugesetzt werden muß.

Wenn wir das Präparat jetzt mit dem Objektiv 10:1 einstellen, ist es überhaupt kein Problem, die Schärfenebene zu finden. Die meisten Zellen erscheinen als verschieden gestaltete violette Flächen, und die Kerne heben sich als noch dunkler violette Scheiben vom Zytoplasma ab. Mit dem Objektiv 40:1 werden auf manchen Zellen noch viele winzige, dunkelviolett gefärbte Pünktchen oder kurze Stäbchen sichtbar. Das sind Bakterien, die in der Mundhöhle aller Menschen regelmäßig vorkommen und dort normalerweise keinen Schaden anrichten.

Zum Färben unserer Plattenepithelzellen eignen sich auch verschiedene Füllfederhaltertinten. Als gut brauchbar erwiesen sich dabei z. B. die violette Tinte von Montblanc und die königsblaue Tinte von Pelikan. Wir tupfen die mit dem Fingernagel abgekratzten Zellen von der Innenseite der Backe auf einen trockenen Objektträger und warten, bis die kleine Speichelmenge trocken geworden ist. Nun werden die Objektträger vor der eigentlichen Färbung zunächst in ein sauberes Senf- oder Joghurtglas gestellt, das mit Brennspiritus gefüllt ist. Am besten verarbeitet man dabei zwei Objektträger auf einmal und legt sie so zusammen, daß die Schichtseiten nach außen gerichtet sind. So ist immer klar, auf welcher Seite die Zellen liegen. Die Objektträger bleiben etwa 15 Minuten im Brennspiritus und werden dann mit den Schichtseiten nach oben auf ein Stück Papier gelegt. Jetzt erst tropft man die Tinte mit einem Trinkhalm auf. 10 Minuten später spülen wir die Objektträger mit fließendem Leitungswasser ab und tupfen sie bis auf die farbigen Flecke mit einem Papiertaschentuch trocken. Nach Auflegen des Deckglases wird das Präparat wie üblich eingestellt und untersucht.

Auch jetzt sind die Zellen deutlich gefärbt und zeigen je einen Zellkern, der noch dunkler als das Zytoplasma erscheint. Manchmal tauchen auch Bakterien in Form kleiner Pünktchen oder Stäbchen auf. Sie sehen aber meist etwas blasser aus als nach der Färbung mit der Kopierstift-Lösung. Vor der Färbung mit Tinte müssen wir die Objektträger in Brennspiritus tauchen, weil die Zellen nur so den Farbstoff annehmen. Läßt man keinen Brennspiritus einwirken, erscheinen Zytoplasma und Kerne nach einer solchen Färbung in den meisten Fällen farblos.

Pflanzenzellen

Ebenso wie bei den Menschen und Tieren bilden die Zellen bei den Pflanzen Verbände, die als Gewebe bezeichnet werden. So bestehen die Früchte von Pflanzen aus Geweben. Hier kommt es aber im Verlaufe der Reifung nicht selten vor, daß die Kittsubstanzen, die die Zellen im Verband zusammenhalten, aufgelöst werden. Deshalb zerfällt das „Fleisch" vieler reifer Früchte in einzelne Zellen, wenn man es auf einen Objektträger in einen Tropfen Wasser überträgt. Derartige Fruchtfleischzellen lassen sich mit dem Mikroskop somit besonders leicht untersuchen.

Zellen der Tomate. Eine Frucht, die man praktisch das ganze Jahr über kaufen kann, ist die Tomate. Man entnimmt aus einer zerschnittenen Tomate mit einer Stecknadel etwas Fruchtfleisch, überträgt es auf einen Objektträger in einen Tropfen Wasser und bedeckt mit einem Deckglas.
Mit dem Objektiv 10:1 ist eine Vielzahl von Zellen zu sehen, deren äußere Form an Kartoffeln erinnert (Abb. 17). Jede Zelle wird

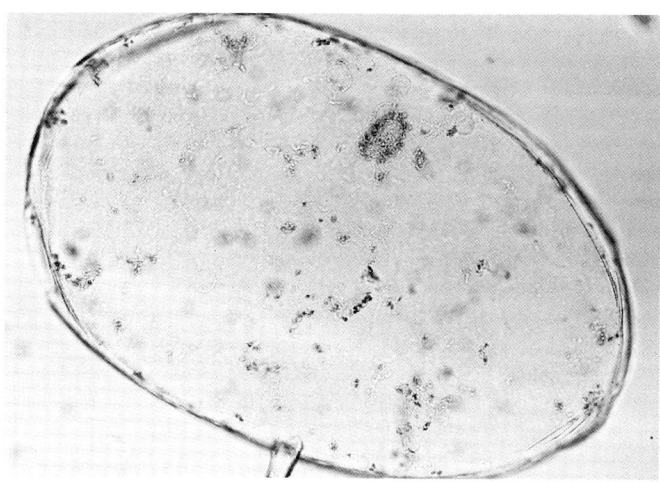

Abb. 17: Zelle aus dem Fruchtfleisch einer Tomate. Obj. 10:1, Ok. 10×.

von einer besonderen Zellwand umgeben. Das ist der erste Unterschied, der auffällt, wenn wir uns an unsere eigenen Plattenepithelzellen erinnern. Denn denen fehlte eine Zellwand. Nur beim genauen Hinsehen und bei stärkerer Vergrößerung fiel auf, daß um alle Zellen eine dunkle Linie herum verlief, die von der Kopierstiftlösung oder einer der Tinten nicht selten etwas stärker angefärbt wurde. Es handelte sich dabei aber nicht um eine Zellwand, sondern nur um eine Grenzschicht, die aus einem besonderen Teil des Zytoplasmas gebildet wird.

Pflanzenzellen sind also von einer eigenen Zellwand umhüllt. Sie erscheint bei den Fruchtfleischzellen der Tomate als deutliche, wenn auch nicht besonders dicke Linie. Wichtigster Bestandteil der pflanzlichen Zellwände ist die Zellulose, wie die Stärke ein Kohlenhydrat. Zellulose ist in unserem alltäglichen Leben außerordentlich wichtig, denn daraus bestehen z. B. Baumwolle, Papier und Pappe. Auch im Holz kommt Zellulose vor.

Das Innere der Tomatenzellen wird von einigen blaugrauen Linien durchzogen. Ein sehr dünner blaugrauer Belag ist manchmal mit viel Glück auch auf der Innenseite der Zellwände zu erkennen. In diesem Belag und in den blaugrauen Linien liegen viele rote Kriställchen. Sie enthalten den roten Farbstoff Carotin, der dafür verantwortlich ist, daß reife Tomaten rot aussehen. Man bezeichnet die roten Gebilde als Chromoplasten. Die blaugrauen Linien und der blaugraue Belag auf der Innenseite der Zellwände gehören zum Protoplasma der Tomatenzelle. Die meisten Zellen von Pflanzen sind nämlich nicht wie die tierischen Zellen fast ganz von Protoplasma erfüllt. Vielmehr bildet es bei den Pflanzenzellen nur einen dünnen Film auf der Innenseite der Zellwand. Darüber hinaus ziehen manchmal – wie bei der Tomate – dünne Zytoplasmastränge von einer Wand zur gegenüberliegenden. Sie durchqueren also das Innere der Zelle und erscheinen dann als blaugraue Linien.

Der allergrößte Teil der meisten Pflanzenzellen wird von einem Raum eingenommen, der mit Wasser gefüllt ist, in dem verschiedene Stoffe gelöst sind. Diesen Raum bezeichnet man als Vakuole. Das ist ein weiterer Unterschied zwischen tierischen und pflanzlichen Zellen. Denn menschliche und tierische Zellen haben keine Vakuolen in der Form, wie sie bei Pflanzen vorkommen. Allerdings ist die Vakuole bei unseren Tomatenzellen nur schlecht zu erkennen. Wir werden aber noch andere Früchte kennenlernen, bei denen gerade die Vakuole ganz besonders auffällt, weil in deren Flüssigkeit ein Farbstoff gelöst ist. Solche Zellen zeigen sehr deutlich, wie wenig Raum das Protoplasma in einer pflanzlichen Zelle einnimmt.

In manchen Zellen sieht man auch einen Zellkern. Er ist kugelig und von einer dunklen Linie umgeben. Manchmal zeigt er noch einen hellen Fleck. Es handelt sich dabei um das Kernkörperchen. Der Zellkern hängt oft in den Zytoplasmafäden, die das Innere der Zelle durchziehen.

Der Zellkern gehört zu den lebenden Bestandteilen der Zelle und er ist eine ihrer Organellen. Zu einer anderen Gruppe von Organellen gehören die roten Kriställchen, also die Chromoplasten, die bereits genannt wurden und die wir uns jetzt mit dem Objektiv 40:1 näher ansehen wollen. Die meisten von ihnen sind sehr dünn und tiefrot gefärbt. Einige wenige erscheinen wesentlich breiter, aber auch blasser (Farbbild 1, S. 33). Diese Chromoplasten gehören zu einer Gruppe von Organellen, die man als „Plastiden" bezeichnet. Von diesen werden wir später noch zwei weitere Arten kennenlernen. Hier stoßen wir auf den dritten Unterschied zwischen tierischen und pflanzlichen Zellen: Plastiden kommen nur bei Pflanzen vor, nicht aber in den Zellen von Menschen und Tieren.

Zellen der Gurke. Wir schneiden eine Gurke quer durch und entnehmen mit der Spitze des Küchenmessers oder einer Stecknadel etwas Fruchtfleisch aus der Umgebung der Gurkenkerne. Es kommt auf einen Objektträger in einen Tropfen Wasser und wird mit einem Deckglas bedeckt. Meist muß man noch leicht mit dem Hinterende eines Blei-

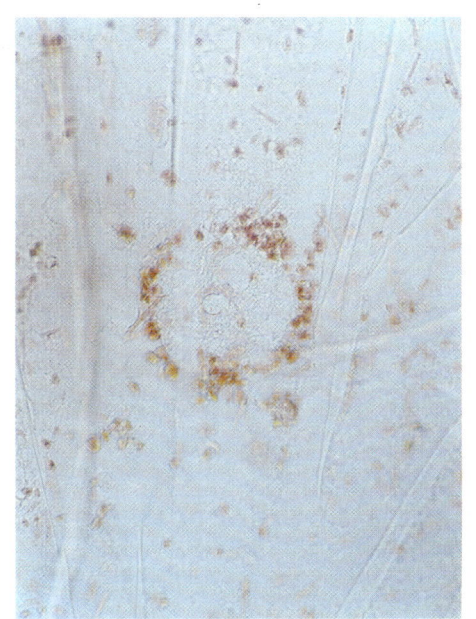

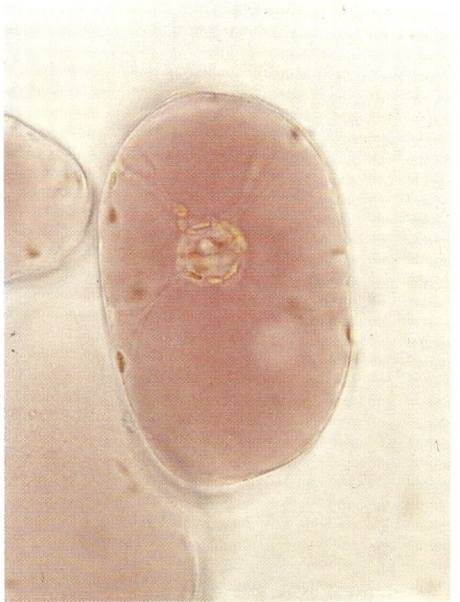

1 Chromoplasten im Fruchtfleisch einer Tomate. Obj. 40:1, Ok. 10×. (S. 31)

2 Zelle aus dem Fruchtfleisch einer Ligusterbeere. Obj. 40:1, Ok. 10×. (S. 38)

3 Zuckerkristall im Polarisationsmikroskop bei gekreuzten Polarisationsfiltern. Obj. 40:1, Ok. 10×. (S. 47)

4 Zuckerkristall im Polarisationsmikroskop. Es wurde das gleiche Präparat wie in Farbbild 3 fotografiert. Eine andere Stelle kann eine ganz andere Färbung und Strukturierung zeigen. Obj. 40:1, Ok. 10×. (S. 47)

5 Haar des Menschen in Luft Obj. 40:1, Ok. 10×. (S. 58)

6 Haar des Menschen in Speiseöl. Obj. 40:1, Ok. 10×. (S. 58)

stiftes auf das Deckglas drücken, damit das Präparat dünn genug wird. Wir saugen noch das dabei hervorgequollene Wasser mit einem Papiertaschentuch ab und untersuchen zunächst mit dem Objektiv 10:1.

Wir sehen ein Gewebe, das sich aus vielen Zellen zusammensetzt. Es fällt auf, daß es darunter Gruppen von ziemlich kleinen und von ungewöhnlich großen Zellen gibt. Viele der großen Zellen lassen mit dem Objektiv

Schichtung erkennen, deren Zentrum nur ein kleines Stück vom spitzen Ende entfernt liegt. Um zu prüfen, worum es sich bei diesen Einschlußkörpern handelt, saugen wir, wie auf Seite 22 geschildert, vom Deckglasrand her etwas Lugolsche Lösung oder offizinelle Jodtinktur (jeweils verdünnt) mit einem Papiertaschentuch-Streifen durch das Präparat. Dabei färben sich die Gebilde blau; es handelt sich also um Stärkekörner.

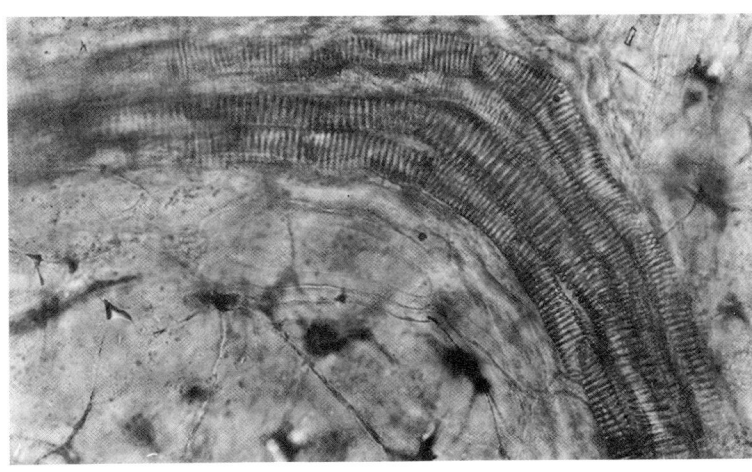

Abb. 18: Zellen aus dem Fruchtfleisch der Gurke, die der Wasserleitung dienen. Obj. 40:1. Ok. 10×.

40:1 den Zellkern erkennen. Zwischen den Zellen liegen nicht selten Luftblasen. Gelegentlich findet man lange Stränge, die von einem weißlichen Band schraubenförmig umwickelt zu sein scheinen (Abb. 18). Das sind Bestandteile von Leitungsbahnen, in denen Wasser transportiert wird, das die Wurzeln aufgenommen haben und das über den Stengel bis in die Gurke gelangt ist.

Zellen der Banane. Man entnimmt aus einer reifen Banane eine Nadelspitze voll Fruchtfleisch und überträgt es in einen Tropfen Wasser auf einem Objektträger. Nach dem Auflegen des Deckglases kann sofort untersucht werden.

Es erscheinen kartoffelförmige Fruchtfleischzellen. Sie sind mit farblosen Gebilden vollgestopft, die ihrer äußeren Form nach etwas an die Kartoffelstärkekörner aus unserem ersten Präparat erinnern (Abb. 19). Einige von ihnen lassen auch eine feine

Dieses Präparat zeigt, daß Stärkekörner im Innern bestimmter Pflanzenzellen vorkommen. Alle Stärkekörner gehören ebenso wie die Chromoplasten zu den Plastiden. Weil sie Stärke enthalten, die lateinisch „amylum" heißt, werden sie als Amyloplasten bezeichnet. Ebenso wie die Bananen-Stärkekörner sind auch die Kartoffel-Stärkekörner normalerweise in Zellen der Kartoffel eingeschlossen. Wenn wir aber eine Kartoffelknolle zerschneiden und anschließend mit dem Küchenmesser auf der frischen Schnittfläche schaben, werden die Zellen zerstört, die Stärkekörner freigelegt und von der Messerklinge mitgeschleppt. Natürlich befanden sich auch die Getreide-Stärkekörner ursprünglich im Inneren von Zellen. Diese Zellen wurden jedoch beim Mahlen der Getreidekörner zerstört, so daß die Stärkekörner freikamen und daher in dieser Form in den Mehlen zu finden sind.

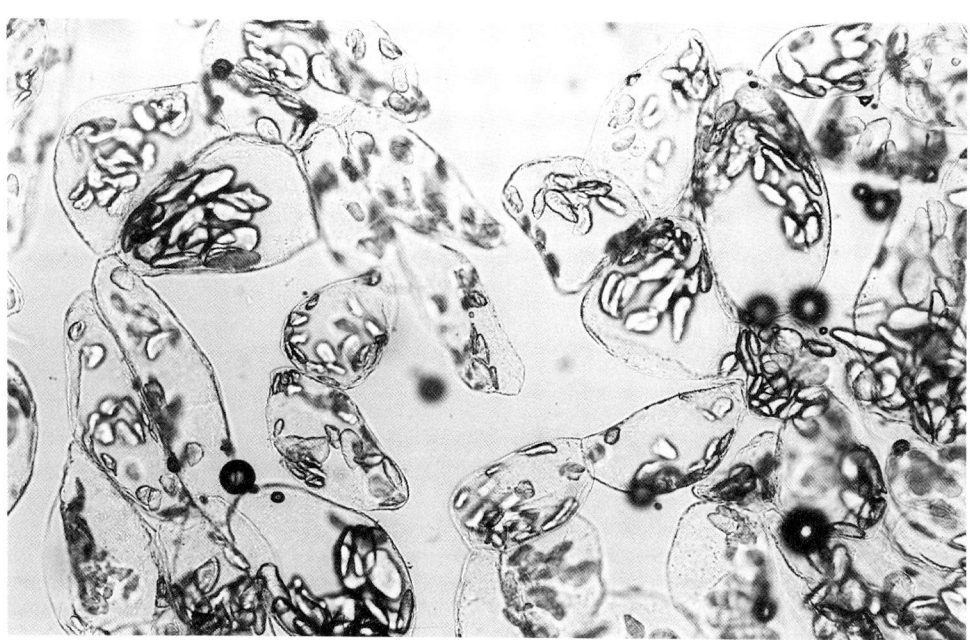

Abb. 19: Zellen aus dem Fruchtfleisch einer Banane. Obj. 10:1, Ok. 10×.

Zellen einer gekochten Kartoffel. Von den noch in Kartoffelzellen befindlichen Stärkekörnern lassen sich wenigstens deren Überreste nachweisen, wenn man gekochte Kartoffeln untersucht. Man gibt eine Stecknadelspitze davon auf einen Objektträger in einen Tropfen Wasser und bedeckt das Ganze mit einem Deckglas. Mit dem Objektiv 10:1 erkennen wir unregelmäßig geformte Zellen, die zum größten Teil von einer graugelben Masse erfüllt sind. Es handelt sich dabei um die beim Kochen verquollenen Stärkekörner. Gibt man vor dem Auflegen des Deckglases einen Tropfen unverdünnter Lugolscher Lösung oder offizineller Jodtinktur in den Wassertropfen, färbt sich die Masse in den Zellen schwarz, dunkelblau oder auch rötlich-violett. Die Jod-Reaktion fällt also nicht mehr so einheitlich aus, wie wir das von normalen Stärkekörnern gewöhnt sind. Das zeigt, daß sie durch das Kochen wenigstens zum Teil chemisch etwas verändert worden sind.

Abgesehen von der Tomate, der Gurke und der Banane gibt es noch eine Menge weiterer Früchte, die sich ausgezeichnet mit dem Mikroskop untersuchen lassen, leider jedoch nur einige Monate im Jahr zur Verfügung stehen. Das gilt etwa für die Kirsche, die Johannisbeere, die Erdbeere, die Heidelbeere und ähnliche Früchte. Alle können am einfachsten präpariert werden, wenn sie schon etwas matschig geworden sind.

Zellen der Johannisbeere. Das Objektiv 10:1 zeigt verschieden große, kartoffelförmige Zellen mit verhältnismäßig dünnen Zellwänden. Einige Zellen sind von einer roten Masse vollständig erfüllt. Das sind die Vakuolen, deren Flüssigkeit einen roten Farbstoff enthält, der den reifen Johannisbeeren ihre rote Färbung verleiht. Für das Zustandekommen der Rotfärbung von Früchten gibt es also zwei Möglichkeiten: Zum einen kann die Färbung – wie bei der Tomate – auf rot gefärbte Chromoplasten zurückgehen, zum andern – wie bei der Johannisbeere – durch rot gefärbte Vakuolen bewirkt werden. An der Färbung ist deutlich zu sehen, daß die Vakuole fast die gesamte Zelle ausfüllt. Das Protoplasma bildet nur einen hauchdünnen

Belag auf der Innenseite der Zellwand, der kaum auffällt.

Im Fruchtfleisch der Johannisbeere gibt es aber auch viele Zellen, die fast vollständig farblos sind. Von diesen Zellen untersuchen wir einige mit dem Objektiv 40:1.

In manchen ist der Zellkern zu entdecken. Außerdem finden sich viele dunkle Körnchen, die leuchtend grün aussehen, wenn man die Kondensorblende etwas weiter öffnet. Das sind die Chloroplasten. Sie gehören wie die Chromoplasten und die Amyloplasten zu den Plastiden und enthalten u. a. zwei grüne Farbstoffe, nämlich die Chlorophylle, die die Photosynthese ermöglichen. Das ist eine Reaktion, bei der unter der Einwirkung von Licht aus Wasser und Kohlendioxid Zucker und Sauerstoff gebildet werden.

Neben den dünnwandigen Fruchtfleischzellen kommen größere Gruppen langgestreckter Zellen mit verhältnismäßig dicken Zellwänden vor. Sie lassen keinerlei Inhalt erkennen. Es handelt sich dabei um Zellen, die schon längst abgestorben sind. Durch ihre Zellwand verlaufen von einer Zelle zur andern feine Kanäle, die als etwas hellere Linien in den dunklen Zellwänden auffallen: die sogenannten Tüpfel. Diese waren sehr wichtig, als die Zellen noch lebten, denn sie erlaubten den Stoffaustausch von Zelle zu Zelle (Abb. 20).

Chloroplasten vom Spinat. In den Fruchtfleischzellen der Johannisbeere sind die Chloroplasten ziemlich klein und unscheinbar. Besser lassen sie sich beim Spinat beobachten. Wir schaben dazu mit einer Rasierklinge ohne stärkeren Druck einige Male auf der Oberfläche eines Spinatblattes und übertragen den dabei gewonnenen grünen Brei auf einen Objektträger in einen Tropfen Glycerin. Nach dem Auflegen des Deckglases kann sofort untersucht werden. Man sieht mit dem Objektiv 10:1 viele Zellen, in denen sich Chloroplasten befinden. Darunter auch mehr längliche, die besonders viele Chloroplasten enthalten. Das sind die sogenannten Palisadenzellen. In anderen, unregelmäßig geformten Zellen, den Schwammzellen, finden sich weniger Chloroplasten. Außerdem schwimmen einige dieser Organellen im Gesichtsfeld herum. Sie stammen von Zellen, die bei der Präparation aufgerissen wurden, so daß die Chloroplasten freikamen.

Die genauere Untersuchung wird mit dem Objektiv 40:1 vorgenommen. Dabei sind die Chloroplasten in den verschiedensten Orientierungen zu sehen und ihre Linsenform ist nicht immer leicht zu erkennen. So erscheinen sie bei genauer Seitenansicht spindelförmig und in Aufsicht kreisrund. Sie sind nicht einheitlich grün gefärbt, sondern zeigen in Aufsicht auf einem mehr hellgrü-

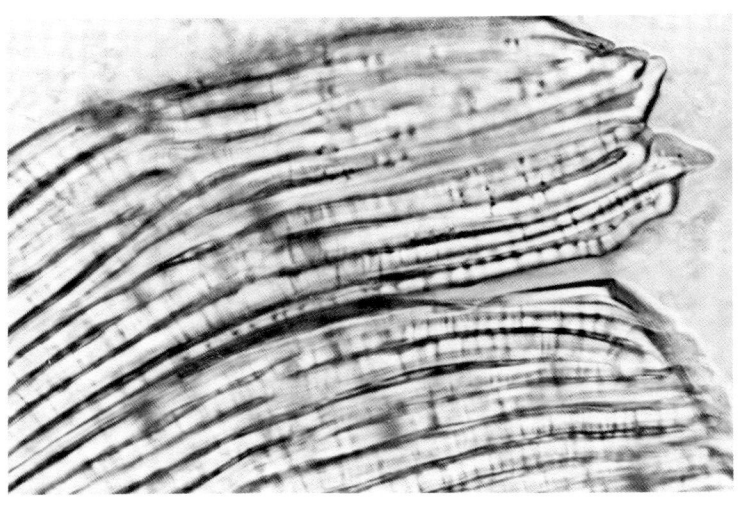

Abb. 20: Zellen mit besonders stark verdickten Wänden aus dem Fruchtfleisch der Johannisbeere. Obj. 10:1, Ok. 10×.

nen Untergrund einige dunkelgrüne Punkte, die als Grana bezeichnet werden. Bei genauer Seitenansicht läßt sich feststellen, daß die Grana aus flachen Scheibchen bestehen, die in Stapeln übereinanderliegen. Besser ist es allerdings, wenn man sich das bei noch stärkerer Vergrößerung ansehen kann (S. 158).

Zellen der Heidelbeere. Die Zellen der Heidelbeere sind ähnlich wie die Zellen der Johannisbeere gebaut. Einige Fruchtfleischzellen enthalten eine große, gefärbte Vakuole. Außerdem sind viele kleine Chloroplasten sowie der Zellkern zu sehen. Zwischen den dünnwandigen Zellen finden sich andere mit auffallend dicken Zellwänden. Sie sind meist etwas in die Länge gestreckt und sehen zum Teil drachenförmig aus. Durch ihre Zellwände verlaufen viele feine Tüpfel. Diese dickwandigen Zellen werden als Steinzellen bezeichnet. Sie sind in der reifen Heidelbeere bereits abgestorben. Man findet sie auch in Heidelbeerkonserven.

Neben eßbaren Früchten kann man natürlich auch ungenießbare untersuchen. Für diesen Zweck eignen sich besonders gut die Schneebeere und die Ligusterbeere, die beide in Parkanlagen vorkommen. Leider stehen sie nur im Herbst und Winter zur Verfügung.

Zellen der Schneebeere. Die weißen Schneebeeren werden im September reif und sind bis zum Einsetzen der ersten stärkeren Fröste zur Untersuchung geeignet. Man stellt einige Fruchtfleischzellen mit dem Objektiv 10:1 ein und betrachtet sie dann mit dem Objektiv 40:1 genauer (Abb. 21). Diese Zellen zeigen besonders schön die Zytoplasmastränge, die durch die Vakuole verlaufen. In der Vakuolenflüssigkeit ist kein Farbstoff gelöst. An den Plasmasträngen hängt meistens der rundliche Zellkern, der nicht selten ein scheibenförmiges Kernkörperchen erkennen läßt. Die Zellen der Schneebeere sind so interessant, weil sie Organellen zeigen, die wir bis jetzt noch nicht besprochen haben, nämlich die Mitochondrien. Man sieht sie in den Zytoplasmasträngen in Form

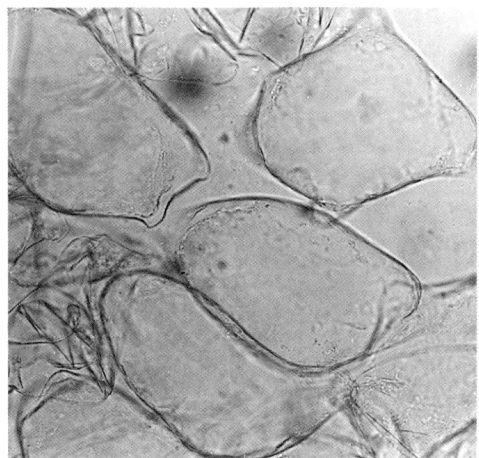

Abb. 21: Zellen aus dem Fruchtfleisch der Schneebeere. Obj. 10:1, Ok. 10×.

vieler winzig kleiner Körnchen, wenn die Kondensorblende etwas stärker geschlossen wird. In den Mitochondrien laufen verschiedene chemische Reaktionen ab, und sie sind für die Zelle u. a. als Lieferanten von Energie wichtig. Mitochondrien kommen auch in den Zellen des Menschen und der Tiere vor, können dort aber nur mit ziemlich großem Aufwand sichtbar gemacht werden. Nach den ersten stärkeren Frösten ist der Inhalt der Fruchtfleischzellen der Schneebeere abgestorben. Plasmastränge fehlen dann, und in den Zellen sieht man nur noch unregelmäßige netzartige Gebilde (Abb. 22).

Zellen der Ligusterbeere. Der Liguster findet sich u. a. in Hecken. Seine dunkelblauen, fast schwarzen Beeren werden bei uns Ende September oder Anfang Oktober reif. Im Gegensatz zur Schneebeere überdauern die Ligusterbeeren selbst die strengsten Fröste und können daher sogar noch im Februar untersucht werden. Man entnimmt mit einer Nadel etwas Fruchtfleisch und überträgt es in einen Tropfen Wasser, wo man es mit zwei Stecknadeln zerzupft. Dabei zerfällt der Zellverband am leichtesten, wenn man zur Präparation Beeren benutzt, die erst im Spätherbst oder Winter vom Strauch abgenommen wurden. Nach dem Auflegen des Deck-

Abb. 22: Abgestorbene Zellen aus dem Fruchtfleisch einer Schneebeere. Obj. 10:1, Ok. 10×. Sie unterscheiden sich von den lebenden Zellen durch das schaumig aussehende Zytoplasma (siehe auch Abb. 74).

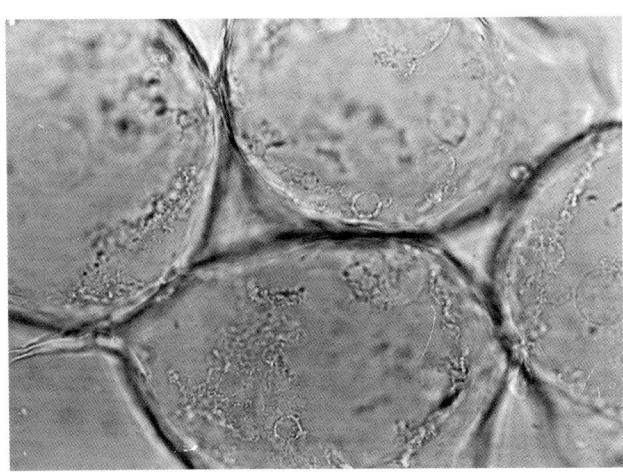

glases kann sofort untersucht werden. Man stellt mit dem Objektiv 10:1 einige Zellen ein und beobachtet sie dann mit dem Objektiv 40:1 genauer. Die Vakuole vieler Zellen ist von einer dunkelblau bis rötlich gefärbten Flüssigkeit erfüllt. Allerdings können die Vakuolen der meisten Fruchtfleischzellen auch nur hellblau oder sogar noch farblos erscheinen, wenn man die Beeren Ende September oder Anfang Oktober geerntet hat. Im Laufe der nächsten Wochen vertieft sich die Färbung der Vakuolen immer mehr. Jede Vakuole wird von zahlreichen farblosen Zytoplasmasträngen durchzogen, in denen der rundliche, ebenfalls farblose Zellkern aufgehängt ist. Außerdem sieht man viele Chloroplasten, die hier noch wesentlich deutlicher auffallen als bei der Johannisbeere oder der Heidelbeere (Farbbild 2, S. 33).

Zellen der Küchenzwiebel. In fast allen Anleitungen zum Mikroskopieren wird vorgeschlagen, u. a. auch Zellen aus einer gewöhnlichen Küchenzwiebel zu untersuchen. Dieses Objekt ist das ganze Jahr über erhältlich und bietet damit den gleichen Vorteil wie etwa die Tomate oder Banane. Allerdings bereitet die Präparation der Zwiebelzellen etwas mehr Probleme als die der Fruchtfleischzellen.
Jede Zwiebel besteht aus einem ungewöhnlich kurzen Stiel, an dem rundum viele fleischige Blätter dicht übereinanderstehen. Je-

des dieser fleischigen Blätter ist ein Organ der Zwiebel. Ebenso wie menschliche und tierische Organe werden auch pflanzliche Organe nach außen durch eine Schicht aus besonderen Zellen geschützt. Das sind bei den Zwiebelblättern sogenannte Epidermiszellen (Oberhautzellen).
Solche Epidermiszellen wollen wir jetzt näher untersuchen. Dazu wird aus einer Zwiebel mit einem Küchenmesser ein Stück herausgeschnitten und weiter in kleine Würfel aufgeteilt. Diese zerfallen leicht in mehrere gewölbte Platten. Man faßt mit einer spitzen Pinzette an eine Ecke der hohlen (konkaven) Seite einer derartigen Platte und zieht die oberste Zellschicht, ein feines Häutchen, ab. Wenn es weiß erscheint, sind zu viele darunterliegende Blattzellen an der Epidermis hängengeblieben, die bei der nachfolgenden Untersuchung stören. Brauchbare Häutchen sehen grau aus, dürfen sich aber nicht einrollen. Meist muß man das Abziehen solcher Häutchen an mehreren Zwiebelstücken probieren, bis ein brauchbares Resultat zustande kommt. Es wird dann sofort auf einen Objektträger in einen Tropfen Wasser übertragen und mit einem Deckglas bedeckt. Allerdings gibt es unter den Zwiebeln auch welche, von denen sich selbst mit viel Mühe kaum brauchbare Häutchen abziehen lassen. Man muß es dann mit einer anderen Sorte probieren.
Wir untersuchen unser Präparat zunächst mit

dem Objektiv 10:1. Das Häutchen besteht aus meist langgestreckten Zellen, die teilweise an einem oder beiden Enden etwas zugespitzt sind und einen lückenlosen Verband bilden. Wie die meisten Pflanzenzellen werden auch die Zwiebelepidermiszellen von einer Zellwand umgeben, die hier sogar viel deutlicher erscheint als bei den Fruchtfleischzellen der verschiedenen Beeren und der Kirsche. Bevor wir das Zwiebelhäutchen mit dem Objektiv 40:1 untersuchen, schieben wir eine Stelle des Präparates in die Mitte des Gesichtsfeldes, an der unter der Epidermis keine weiteren Zellen zu sehen sind. Außerdem darf die Epidermis nicht umgeschlagen sein; sie muß als einzellige Schicht vorliegen.

Das Objektiv 40:1 liefert ein so kleines Gesichtsfeld, daß nicht mehr ganze Epidermiszellen, sondern nur noch Teile von ihnen zu sehen sind. Wir stellen zunächst eine Zellwand scharf ein. Sie ist nicht überall gleichmäßig dick, sondern erscheint an einigen Stellen wie angebohrt. Das sind Tüpfel, die wir ja bereits in den stark verdickten Wänden bestimmter Zellen von Johannis- oder Heidelbeeren gefunden haben und die bei der Zwiebel nur wesentlich kürzer sind, weil hier die Zellwand viel dünner ist. Unser Präparat zeigt deutlich, daß die Tüpfel keine ununterbrochenen Leitungen von einer Zelle zur nächsten bilden. Vielmehr werden sie in der Mitte durch eine zarte Wand getrennt, die man als Schließhaut bezeichnet. Wenn wir die Kondensorblende etwas stärker schließen, ist der dünne Zytoplasmabelag zu sehen, der die Zellwand auf beiden Seiten bedeckt. Er erscheint als eine etwas dunklere, bläulich-graue Schicht, die in den Ecken der Zellen nicht selten dicker wird und daher dort besser auffällt. Das Zytoplasma enthält sehr viele winzig kleine Pünktchen, die sich manchmal in einer bestimmten Richtung vorwärtsbewegen. Dazu kommt es, wenn das Plasma langsam fließt und dabei die Pünktchen mitschleppt. Man bezeichnet diese Bewegung als Plasmaströmung. Sie tritt mit großer Wahrscheinlichkeit auf, wenn man die Zwiebel vor der Präparation einige Tage lang in einen kleinen Teller stellt, der ca. 5 mm hoch mit Wasser gefüllt ist. Die Plasmaströmung ist natürlich ein Merkmal dafür, daß die Zwiebelzelle noch lebt. Umgekehrt muß die Zelle aber nicht unbedingt tot sein, wenn keine Plasmaströmung zu sehen ist.

Jede Zwiebelzelle enthält natürlich auch einen Zellkern. Er liegt manchmal an einer der seitlichen Zellwände und sieht dann wie eine plankonvexe Linse aus. In anderen Fällen ist der Zellkern scheinbar in der Mitte der Zelle gelegen. Er hat dann einen fast kreisrunden Umriß mit gelegentlichen kleinen Einbuchtungen und Kerben und enthält

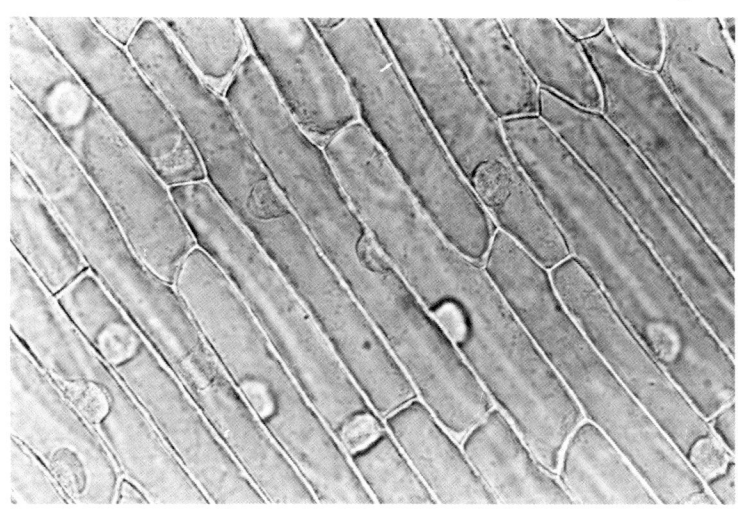

Abb. 23: Zellen aus einer Zwiebelschuppe. Obj. 40:1, Ok. 10×.

zwei oder mehr Kernkörperchen in Form kleiner, etwas dunklerer Scheibchen. Alle Zellkerne sind von einer deutlichen dunklen Linie umgeben (Abb. 23).
Stellen wir einen an einer Seitenwand der Zelle liegenden Zellkern scharf ein, erscheint das Innere der Zelle fast leer, und es wird nur von einigen wenigen Zytoplasmasträngen durchzogen. Bei dem scheinbar fast leeren Innenraum der Zelle handelt es sich natürlich um ihre Vakuole, die meistens von einer farblosen Flüssigkeit erfüllt ist. Es gibt allerdings auch Zwiebelsorten, deren Vakuolenflüssigkeit einen roten Farbstoff enthält. Die Zytoplasmastränge, die die Vakuole durchziehen, sind meistens so schwer zu erkennen, daß man die Kondensorblende zur Verbesserung des Kontrastes etwas stärker schließen muß. In diesen Zytoplasmasträngen liegen oft feine Körnchen, die sich manchmal vorwärts bewegen. Man beobachtet also auch hier gelegentlich Plasmaströmung.
Als nächstes untersuchen wir einen Zellkern näher, der scheinbar in der Mitte der Zelle liegt und kreisrund aussieht. Beim genauen Hinsehen und stärker geschlossener Kondensorblende erkennt man, daß solche Kerne von vielen verschiedenen Gebilden umgeben sind. So finden sich zahlreiche winzige dunkle Pünktchen, die hell aufleuchten, wenn der Feintrieb ein klein wenig verstellt wird. Es handelt sich dabei um die Sphärosomen. Sie produzieren Fett und speichern es. Daneben kommen wesentlich größere, rundliche und längliche Strukturen vor, die leider einen besonders schlechten Kontrast aufweisen. Zu den rundlichen Gebilden gehören die Proplastiden, die eine Vorstufe der Plastiden darstellen. Die länglichen bis biskuitförmigen, manchmal auch etwas gewundenen Strukturen sind die Mitochondrien, die wir ja bereits in den Fruchtfleischzellen der Schneebeere gefunden haben, wo sie allerdings fast ausschließlich in Gestalt von Körnchen vorkommen. Die Zwiebelzellen zeigen auch jetzt gelegentlich Protoplasmaströmung, wobei die besonders langen Mitochondrien manchmal schlängelnde Bewegungen mitmachen.

Weil die Proplastiden und die Mitochondrien so schlecht kontrastiert sind, sind sie oft nur mit Mühe zu erkennen.

Tiefenschärfe beim Mikroskop. Kehren wir noch einmal zu den Zellkernen zurück. Wir haben sie entweder eng an einer Seitenwand angeschmiegt oder scheinbar in der Mitte der Zelle liegend gefunden. Es kommen auch Zellen vor, die so aussehen, als hätten sie überhaupt keinen Zellkern. Das ist besonders unverständlich, weil wir ja wissen, daß jede Zelle normalerweise auch einen Kern enthält. Wie es zu diesen verschiedenen Erscheinungsformen kommt, soll Abb. 24 erläutern, in der drei Zwiebelzellen schematisch von der Seite gesehen dargestellt sind. Aus der Zeichnung geht nochmals hervor, daß das Zytoplasma nur einen ganz dünnen Belag bildet, der jeweils auf der Innenseite der Zellwand liegt. Dieser Plasmabelag umschließt einen flüssigkeitserfüllten Raum, der den weitaus größten Teil der Zelle einnimmt. Das ist die Vakuole. In dem dünnen Plasmabelag liegen alle Organellen, darunter natürlich auch der Zellkern. Dabei kann es sein, daß dieser an eine Seitenwand, aber auch an eine Ober- oder Unterwand zu liegen kommt.
Bevor Abb. 24 weiter besprochen werden soll, müssen wir uns einem neuen Problem zuwenden, nämlich der Tiefenschärfe. Es handelt sich dabei um die Tatsache, daß nicht nur solche Objekte scharf erscheinen, auf die das Objektiv genau scharf eingestellt wurde, sondern auch andere Details, die darüber oder darunter liegen. Beim Mikroskop haben wir nur eine sehr geringe Tiefenschärfe. Sie wird besonders klein, wenn man ein Objektiv mit hoher numerischer Apertur und großer Maßstabzahl zusammen mit einem starken Okular benutzt, und beträgt z. B. mit einem Objektiv der numerischen Apertur 0,65 (Maßstabzahl 40:1) und einem Okular 10× nur etwa 2,5 μm. Unsere Zwiebelzellen sind aber im Durchschnitt rund 50 μm dick. (1 μm – gesprochen Mikrometer – ist ein tausendstel Millimeter.) In der Mikroskopie ist es üblich, alle Längen in μm anzugeben.

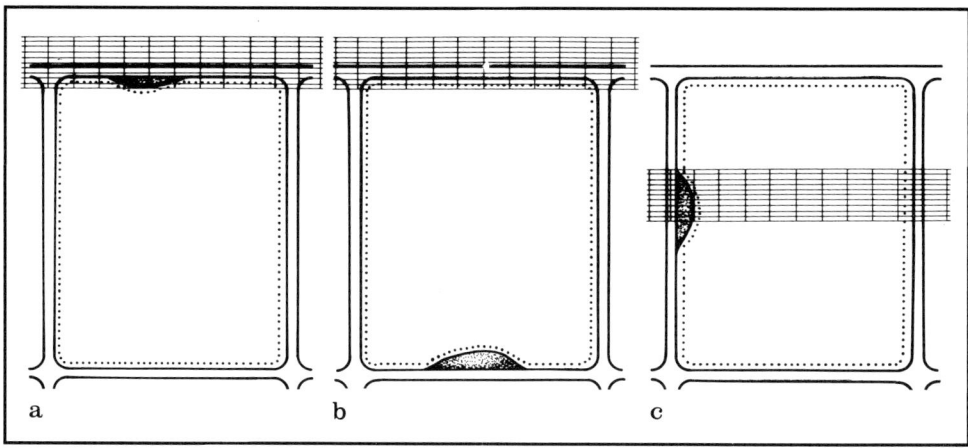

Abb. 24: Zwiebelzellen und die Tiefenschärfe des Mikroskops. Der Tiefenschärfebereich wurde schematisch als schraffierter Balken angedeutet und ist in Wirklichkeit im Vergleich zur Dicke der Zelle viel dünner. **a** Die obere Wand der Zelle ist scharf eingestellt. Wenn sich der Zellkern unmittelbar unter ihr befindet, erscheint er als runde Scheibe. **b** Wenn sich bei gleicher Scharfeinstellung der Kern in einer anderen Zelle z. B. auf der Innenseite der unteren Wand befindet, macht die Zelle den Eindruck, als sei sie kernlos. **c** Der mittlere Bereich der Zelle ist scharf eingestellt. Wenn sich der Zellkern zufällig an einer der Seitenwände befindet, erscheint er beim Blick durch das Mikroskop linsenförmig.

Die Zwiebelzelle ist mit ihren 50 μm 20mal zu dick, um mit dem Objektiv 40:1 und dem Okular 10× auf einmal von oben bis unten scharf abgebildet werden zu können. Wenn wir sie mit dieser Optik einstellen, ist jeweils nur eine Schicht scharf zu sehen, deren Dikke der Tiefenschärfe, also 2,5 μm entspricht. Dabei bestehen verschiedene Möglichkeiten, wie Abb. 24 zeigt. Wenn das Mikroskop so eingestellt ist, daß die obere Zellwand scharf erscheint, sieht man den Zellkern, wenn er zufällig in dem Teil des Zytoplasmabelages liegt, der sich der oberen Zellwand anschmiegt (Abb. 24a). Befindet er sich an der unteren Zellwand, erscheint er wegen der geringen Tiefenschärfe so verschwommen, daß die Zelle den Eindruck erweckt, sie habe gar keinen Kern (Abb. 24b). Der Kern kann aber auch an einer Seitenwand liegen. Ist er scharf eingestellt,

sieht man ihn in Seitenansicht, und die gleicht einer plankonvexen Linse (Abb. 24c). Dieses Beispiel zeigt, daß man bei einer bestimmten Einstellung des Feintriebes gewöhnlich nicht alles sehen kann, was in einem mikroskopischen Präparat vorhanden ist. Vielmehr muß während der Untersuchung ständig am Feintrieb gedreht werden, um beobachten zu können, was in den verschiedenen Schärfenebenen vorliegt. Man bezeichnet dieses ständige Drehen am Feintrieb als „Fokussieren". Wir werden also bei der Betrachtung aller weiteren Präparate stets fokussieren, auch wenn das im Text nicht ständig ausdrücklich empfohlen wird.

Plasmolyse. Für den folgenden Versuch benötigen wir zunächst einmal eine konzentrierte Zuckerlösung. Dafür lösen wir so viel Zucker in Leitungswasser auf, bis selbst nach oftmaligem Umrühren noch ein Bodensatz von Zuckerkristallen übrigbleibt (ca. 40 g in 100 ml). Dann fertigen wir nochmals ein Präparat von Zwiebelepidermiszellen an und stellen es mit dem Objektiv 10:1 ein. Auf den Objektträger kommt jetzt ein großer Tropfen der konzentrierten Zuckerlösung, und zwar so, daß er einen Deckglasrand berührt. An den gegenüberliegenden Rand des Deckglases schiebt man einen Streifen aus einem Papiertaschentuch, wodurch das Leitungswasser unter dem Deckglas abgesaugt wird und die Zuckerlösung nachströmen kann. Wenn wir das Präparat jetzt mit dem Objektiv 40:1 näher untersuchen, hat sich der Zytoplasmabelag von den Wänden an den beiden Enden vieler Zellen abgelöst und gegen die Mitte der Zelle zurückgezogen (Abb. 25). Dabei ist er gegen die beiden Enden der Zelle zu vorgewölbt. Man bezeichnet das Ablösen des Zytoplasmabelages von der Zellwand als Plasmolyse. Dieser Vorgang kann nur in lebenden Zellen ablaufen. Die Plasmolyse liefert also ebenso wie die Plasmaströmung ein Indiz dafür, ob eine pflanzliche Zelle noch lebt oder nicht. Der von der Zellwand abgelöste Zytoplasmabelag ist jetzt sehr schön in Seitenansicht zu

Zur Plasmolyse kann es nur kommen, wenn die Zuckerlösung eine ziemlich hohe Konzentration hat. Es ist aber auch interessant zu beobachten, wie sich Zwiebelzellen verhalten, wenn sie in einer schwächer konzentrierten Zuckerlösung liegen. Wir stellen uns eine solche her, indem wir 10–15 Stückchen Würfelzucker in einer Kaffeetasse voll Leitungswasser auflösen. Man gibt einen Tropfen dieser Lösung auf einen Objektträger und legt ein abgezogenes Zwiebelepidermishäutchen hinein. Nach einer Stunde oder länger fallen in einigen Epidermiszellen die Zytoplasmastränge besonders deutlich auf, die die Vakuole durchziehen. Auch die Zell-

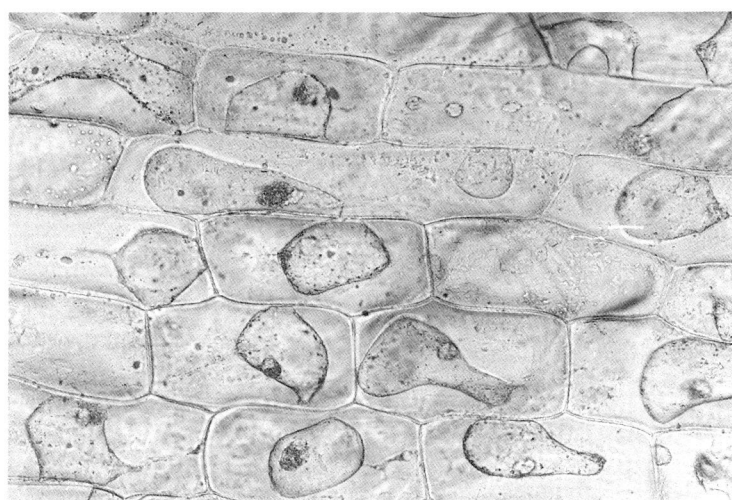

Abb. 25: Zwiebelzelle, Plasmolyse. Obj. 40:1, Ok. 10×.

sehen. Man erkennt dabei besonders deutlich, wie dünn er ist.

Die Plasmolyse kann rückgängig gemacht werden. Dieser Vorgang wird als Deplasmolyse bezeichnet. Dazu kommt an den einen Rand des Deckglases ein Tropfen Leitungswasser und an den gegenüberliegenden ein Papiertaschentuchstreifen. Dadurch wird in dem Präparat die konzentrierte Zuckerlösung durch Leitungswasser ersetzt. Als Folge davon legt sich der Zytoplasmabelag aller Zellen sehr schnell wieder vollständig der Zellwand an. Plasmolyse erfolgt auch, wenn man anstelle der Zuckerlösung Glycerin durch das Präparat saugt.

kerne erhalten einen besseren Kontrast. In den Plasmasträngen sind die Sphärosomen als hell aufleuchtende Pünktchen klar erkennbar. Sehr schön läßt sich die Plasmaströmung verfolgen, weil sich die Sphärosomen langsam in einer bestimmten Richtung fortbewegen.

Präparate von Zwiebelzellen, die auf dem Objektträger unter dem Deckglas in der Zuckerlösung liegen, sind auch deswegen sehr praktisch, weil das Wasser aus der Lösung nur ganz langsam verdunstet, die Präparate also längere Zeit intakt bleiben. Die Zellen bleiben so noch stundenlang am Leben und können untersucht werden.

Kontrastierung mit Jodlösung. Wir konnten also einige Strukturen zumindest in manchen Zwiebelzellen besser kontrastieren. Es gibt aber noch weitere Methoden zur Kontrastverbesserung. Eine davon haben wir schon auf Seite 30 kennengelernt, als wir unsere eigenen Plattenepithelzellen aus der Mundschleimhaut mit Hilfe der Tintenstiftlösung gefärbt und damit besser sichtbar gemacht haben. Solche Färbungen eignen sich auch für pflanzliche Zellen. Als Farblösung wäre dazu u. a. auch die bereits erwähnte Tintenstiftlösung brauchbar. Man kann für diesen Zweck aber auch die uns ebenfalls schon bekannten Jodlösungen benutzen. Wir geben also auf einen trockenen Objektträger zunächst einen Tropfen Lugolsche Lösung, legen ein abgezogenes Zwiebelepidermisstück hinein und bedecken das Ganze mit einem Deckglas. Man stellt das Präparat wie üblich mit dem Objektiv 10:1 ein. Es sind die uns inzwischen vertrauten, etwas in die Länge gestreckten Zwiebelzellen zu sehen. Nur erscheinen jetzt ihre Wände leicht gelblich getönt und damit etwas klarer als ohne Jodlösung. Deren Wirkung wird an Zellkernen besonders deutlich, die jetzt ebenfalls gelblich gefärbt und viel kontrastreicher sind als vorher. Der Eindruck bleibt der gleiche, wenn man die Untersuchung mit dem Objektiv 40:1 fortsetzt. Die Kerne erscheinen wie von einer scharfen Membran umgeben und enthalten gelbliche, scheibchenförmige Kernkörperchen. Man sieht auch Zytoplasmastränge, die die Vakuole durchziehen und kleine dunkle Pünktchen enthalten. Allerdings sind diese Stränge an manchen Stellen unterbrochen, und außerdem ist jetzt keinerlei Plasmaströmung mehr festzustellen. Betrachten wir die Plasmastränge genauer, fällt – verglichen mit den Zwiebelhäutchen, die in Leitungswasser oder in der Zuckerlösung lagen – eine bedeutsame Veränderung auf. Die im Wasser oder in der Zuckerlösung liegenden Zellen enthielten ja Plasmastränge, die zwar einige Körnchen aufwiesen, im übrigen aber so homogen wie ein Tortenguß aussahen. Einige Minuten nach der Behandlung mit Lugolscher Lösung erscheint das Zytoplasma wie eine Schotterstraße. Die natürliche Struktur scheint irgendwie Schaden gelitten zu haben. Wenn wir danach eine konzentrierte Zuckerlösung oder Glycerin durch das Präparat saugen, tritt keine Plasmolyse ein. Die Zellen sind also unter der Einwirkung der Jodlösung abgestorben. Das brachte uns trotzdem einige Vorteile, denn die Zellkerne und die Zellwände wurden dadurch deutlicher sichtbar. Aber man mußte gleichzeitig in Kauf nehmen, daß das Zytoplasma ein Aussehen annahm, das es im lebenden Zustand nicht gehabt hatte. Durch die Einwirkung der Jodlösung ist also ein Kunstprodukt aus dem natürlichen, lebenden Gewebe entstanden. Solch eine künstlich hervorgerufene Veränderung wird auch als Artefakt bezeichnet.

Legt man ein abgezogenes Zwiebelhäutchen auf einen Objektträger in einen Tropfen Jodtinktur, fällt die Färbung tief gelbbraun aus, so daß die Kerne noch deutlicher erscheinen als nach Einwirkung der Lugolschen Lösung. Dafür weicht das Aussehen des Zytoplasmas noch mehr vom lebenden Zustand ab.

Hier taucht ein Problem auf, mit dem man es oft in der Mikroskopie zu tun hat. Denn zur Kontrastverbesserung müssen wir nicht selten bestimmte Lösungen auf die lebenden Objekte einwirken lassen. Man erzielt dadurch gewisse Vorteile, indem dann manche Strukturen besser zu sehen sind als vor der Behandlung. Es besteht aber auch die Gefahr, daß andere Strukturen sich so verändern, daß sie ganz anders als im lebenden Zustand aussehen. Dabei gibt es Verfahren, bei denen die Strukturen stärker (in unserem Beispiel durch die Einwirkung der Jodtinktur) als bei anderen verändert werden (z. B. durch Lugolsche Lösung).

Der Mikroskopiker muß sich also stets Gedanken darüber machen, ob das, was im Mikroskop zu sehen ist, auch wirklich den natürlichen Verhältnissen entspricht oder ob es sich dabei um ein Artefakt handelt. Am leichtesten fällt diese Entscheidung dann, wenn man – wie bei der Zwiebelzelle – das gleiche Objekt lebend und nach der Behandlung mit Chemikalien untersuchen und die Ergebnisse miteinander vergleichen kann.

Die Sehfeldzahl. Das Okular sorgt im Mikroskop für die zweite Stufe der Vergrößerung. Darüber hinaus hat es aber noch eine weitere Aufgabe. Die Okulare begrenzen nämlich auch das Gesichtsfeld, das mit dem Mikroskop zu überblicken ist.

Wir wissen ja schon, daß man im Mikroskop von einem Präparat nicht alles auf einmal sehen kann, sondern nur einen bestimmten Ausschnitt. Außerdem haben wir die Erfahrung gemacht, daß sich dieser Ausschnitt verkleinert, wenn man ein stärkeres Objektiv benutzt. Das Bild, das im Mikroskop zu sehen ist, hat die Form einer Kreisfläche. Deren Durchmesser ist ein Maß für die Größe des Bildes. Wir können uns nun fragen, wie groß der Durchmesser der Kreisfläche ist, die man im Präparat auf einmal überblickt. Man bezeichnet diese Kreisfläche auch als Gesichtsfeld. Sein Durchmesser läßt sich leicht ausrechnen. Wir benötigen dazu die Maßstabszahl des Objektivs sowie eine weitere Zahl, die das Okular betrifft. Das ist die sogenannte Sehfeldzahl, die mit der zweiten Aufgabe des Okulars, nämlich der Begrenzung des Gesichtsfeldes zusammenhängt. Leider sind die Sehfeldzahlen auf den meisten Okularen noch nicht verzeichnet, und man muß sie aus Listen ablesen, die bei den Mikroskopherstellern erhältlich sind. Die Sehfeldzahlen hängen u. a. von der Eigenvergrößerung der Okulare ab und sind bei stärkeren Okularen in der Regel kleiner als bei schwächeren. Sie betragen bei normalen Okularen, die man sich als Amateur leisten kann, meist 18, wenn die Okularvergrößerung 6× oder 8× beträgt, und 12 bei Okularvergrößerungen von 10× oder 12×. Daneben gibt es noch verhältnismäßig teure, sogenannte Weitfeldokulare mit größeren Sehfeldzahlen.

Will man nun den Durchmesser der Kreisfläche in Millimetern berechnen, den man mit dem Mikroskop in einem Präparat auf einmal überblickt, muß man nur die Sehfeldzahl des Okulars durch die Maßstabszahl des Objektivs dividieren, also:

$\varnothing$ Gesichtsfeld [mm] =

$$\frac{\text{Sehfeldzahl des Okulars}}{\text{Maßstabszahl des Objektivs}}$$

Beispiel: Es wird ein Objektiv der Maßstabszahl 10:1 zusammen mit einem Okular der Eigenvergrößerung 6× und der Sehfeldzahl 18 benutzt. Dann ergibt sich für den Durchmesser des Gesichtsfeldes, das mit dieser Optik im Präparat auf einmal überblickt wird:

$$\frac{18}{10} = 1{,}8 \text{ mm}$$

Durch Anwendung der gleichen Formel erhält man für das Objektiv 5:1 und mit demselben Okular ein Gesichtsfeld von 3,6 mm und für das Objektiv 40:1 ein solches von 0,45 mm. Diese Rechnungen bestätigen also nochmals die Beobachtung, die wir schon längst gemacht haben, daß nämlich der Durchmesser des Gesichtsfeldes mit steigender Maßstabszahl des Objektivs immer kleiner wird.

Wenn man den Durchmesser des Gesichtsfeldes kennt, kann man manchmal abschätzen, wie groß die Objekte in den Präparaten sind, die man mit dem Mikroskop untersucht. In der Mikroskopie ist es allerdings üblich, Längen und Breiten in µm und nicht in mm anzugeben. Deshalb muß man den Durchmesser aller Gesichtsfelder zunächst einmal in µm umrechnen, wobei sich für unsere drei Objektive bei Verwendung eines Okulars mit der Sehfeldzahl 18 die folgenden Beträge ergeben:

Objektiv 5:1 $\varnothing$ Feld = 3600 µm
Objektiv 10:1 $\varnothing$ Feld = 1800 µm
Objektiv 40:1 $\varnothing$ Feld = 450 µm,

während mit einem Okular der Sehfeldzahl 12 die Gesichtsfelder erwartungsgemäß geringere Durchmesser aufweisen, nämlich:

Objektiv 5:1 $\varnothing$ Feld = 2400 µm
Objektiv 10:1 $\varnothing$ Feld = 1200 µm
Objektiv 40:1 $\varnothing$ Feld = 300 µm.

Nun wollen wir feststellen, wie lang und wie breit die Zellen in einer Zwiebelepidermis sind. Wir untersuchen ein Präparat mit dem Objektiv 10:1 und stellen fest, wieviele Zellen im Durchmesser des Gesichtsfeldes vom einen Rand zum gegenüberliegenden vorliegen, d. h. wieviele Zellängen dem Durchmesser des Gesichtsfeldes entsprechen. Diese Aufgabe zu lösen erscheint zunächst fast unmöglich. Denn die Zellen haben so unterschiedliche Längen, daß man keine einheitliche Länge angeben kann. Aber solche Unterschiede kommen fast überall in der Biologie vor. Das Problem kennen wir ja auch vom alltäglichen Leben. Es ist z. B. nicht ohne weiteres möglich zu sagen, wie groß sämtliche erwachsenen Menschen sind, die in der Bundesrepublik Deutschland leben. Denn dazu gehören von sehr kleinen bis zu sehr langen Personen alle möglichen Zwischengrößen. Die Menschen unterscheiden sich eben grundsätzlich von genormten Produkten der Technik wie z. B. den Gewinden von Glühlampen oder Mikroskopobjektiven. Soll also von einer Gruppe biologischer Objekte gesagt werden, wie lang sie sind, gibt man den größten und den kleinsten Wert an, oder man errechnet den Mittelwert aus möglichst vielen Messungen, indem man die einzelnen Werte zusammenzählt und durch die Anzahl der Werte teilt.

Genauso müssen wir bei den Zwiebelschuppenzellen vorgehen, wenn wir wissen wollen, wie lang sie sind. Denn es kommen darunter sehr große vor, von denen nur eine und eine halbe in das Gesichtsfeld passen. Andere sind wesentlich kürzer, so daß bis zu vier hintereinanderliegende auf einmal sichtbar sind. Zur Bestimmung der Zellänge muß man den Durchmesser des Gesichtsfeldes durch die Anzahl der Zellen dividieren, die über ihn verlaufen (Abb. 26). Dabei nehmen wir an, der Durchmesser betrage 1800 µm. Betrachten wir zunächst die allerlängsten Zellen, von denen sich nur 1½ über den Durchmesser erstrecken. Dazu muß man diesen durch 1½ = ³⁄₂ dividieren, also: 1800 µm : ³⁄₂ = 1800 · ²⁄₃ = 1200 µm. Die längsten Zellen sind also ca. 1200 µm lang. Von den kürzesten Zellen gehen, wie gesagt, vier auf einen Durchmesser. Deren Länge ergibt sich demnach, wenn wir den Durchmesser des Gesichtsfeldes durch 4 dividieren, also: 1800 µm : 4 = 450 µm. Die kürzesten Zwiebelschuppenzellen sind also nur 450 µm lang. Neben den beiden Extremwerten kann man natürlich auch die durchschnittliche Zellänge ermitteln.

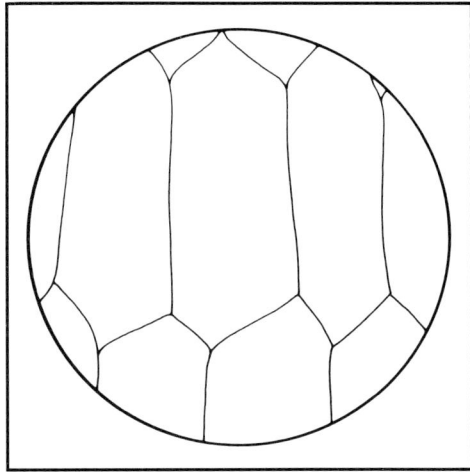

Abb. 26: Zwiebelzellen schematisch, zur Abschätzung ihrer Ausmaße (Näheres im Text).

Bei dieser Art der Bestimmung von Zellängen ist zu bedenken, daß wir hier nicht exakt gemessen, sondern nur geschätzt haben, wobei es natürlich leicht zu Fehlern kommen kann. Man sollte daher die so gewonnenen Ergebnisse nur als ungefähre Anhaltswerte betrachten.

Die Zellängen nehmen wir nun als Grundlage zur Bestimmung der Zellbreiten. Dazu wird zunächst geschätzt, wie oft eine Zellbreite in eine Zellänge geht, und danach die vorher ermittelte Zellänge durch die Anzahl der Zellbreiten dividiert. Wir nehmen als Beispiel die kürzeren Zwiebelschuppenzellen, die nur 450 µm lang sind. Man schätzt z. B., daß etwa 3 Zellbreiten auf eine Zellänge gehen. Die Zellbreite beträgt daher 450 µm : 3 = 150 µm. Wir finden, daß die Breiten der einzelnen Zellen zwar etwas unterschiedlich sind, jedoch nicht so stark schwanken wie die Zellängen.

Natürlich läßt sich die Zellbreite auch bestimmen, indem man feststellt, wieviele Zellen im Durchmesser des Gesichtsfeldes nebeneinanderliegen, und das Gesichtsfeld durch diese Zahl dividiert.

Schließlich kann man den Durchmesser der Zellkerne bestimmen. Wir schätzen dazu, wieviele Male dieser Durchmesser in eine

Zellbreite geht und dividieren diese durch die Anzahl der Durchmesser. Beispiel: Es gehen 5 Zellkerndurchmesser auf eine Zellbreite, so daß er 150 μm : 5 = 30 μm beträgt. Der Kerndurchmesser ist in allen Zellen ziemlich einheitlich.

Es handelt sich bei dieser Methode – wie schon gesagt – nur um eine grobe Schätzung. Wer genauere Angaben über Längen und Breiten benötigt, muß ein Meßokular benutzen (S. 60).

Kristalle. Doppelbrechende Objekte unter dem Polarisationsmikroskop

Wir haben bis jetzt nur solche Objekte mit dem Mikroskop betrachtet, die entweder von uns selbst oder von verschiedenen Pflanzen stammen. Aber auch die unbelebte Welt liefert uns viele interessante Objekte: Metalle, Kunststoffe, Gesteine, Kristalle.

Kochsalzkristalle. Wir setzen auf einen Objektträger einen Wassertropfen von ca. 5 mm Durchmesser und streuen in diesen ein Kochsalzkörnchen. Nachdem es sich aufge-

löst hat, muß man abwarten, bis die Flüssigkeit verdunstet ist. An ihrer Stelle findet sich dann eine dünne, weißliche Salzschicht. Wir bedecken sie mit einem Deckglas und untersuchen das Präparat mit dem Objektiv 10:1, wobei die Kondensorblende etwas stärker geschlossen werden muß. Es sind viele quadratische Kriställchen zu erkennen, die an die ägyptischen Pyramiden aus der Vogelperspektive erinnern. Feine schwarze Linien verlaufen parallel zu den Kanten der Kristalle von der einen Diagonalen zur nächsten (Abb. 27). Dieses regelmäßige Muster wird nicht selten durch dunkle Lufteinschlüsse gestört.

Gibt man an den Deckglasrand einen Tropfen Wasser, kann man beobachten, wie sich ein Salzkristall löst. Dabei wandert zunächst die Wasserfront als dunkle Linie durch das Gesichtsfeld, und der Kristall wird unscharf, sobald er vom Wasser umgeben ist. Man muß also sofort mit dem Feintrieb nachstellen. Dann bekommt der Kristall sehr schnell rundliche Konturen, wird rasch kleiner und ist binnen weniger Sekunden vollständig verschwunden. Dabei können Luftblasen entstehen.

Abb. 27: Kochsalzkristall. Obj. 10:1, Ok. 10×.

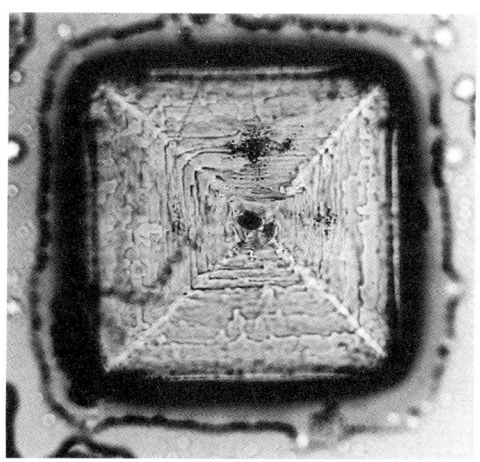

Zuckerkristalle. Wenn wir ein Präparat von Zuckerkristallen herstellen wollen, kommt

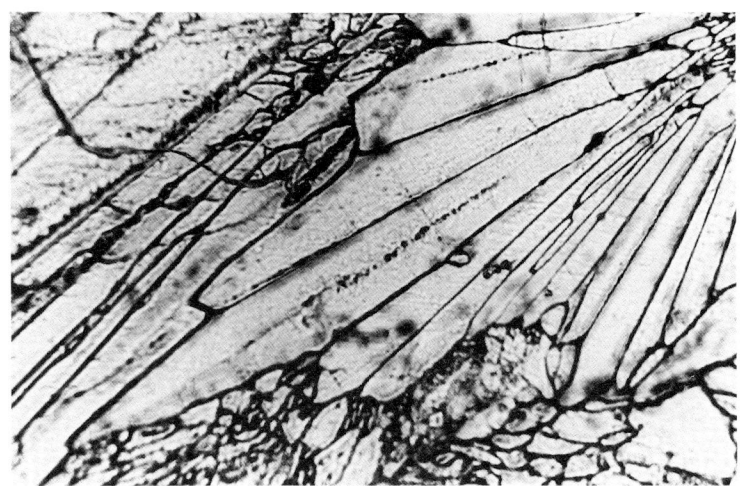

Abb. 28: Zucker-
kristall. Obj. 10:1,
Ok. 10×.

auf den Objektträger wiederum ein Wassertropfen, in den anschließend einige Zucker-
körnchen gestreut werden. Man wartet, bis
die Flüssigkeit verdunstet ist, und untersucht
den Rand der eingetrockneten Zuckerlösung
mit dem Objektiv 10:1. Es sind rosettenarti-
ge Gebilde zu erkennen, in denen dunkle,
zur Mitte laufende Linien auftauchen, wenn
man die Kondensorblende etwas schließt
(Abb. 28).

Polarisationsmikroskop

Die Zuckerkristalle liefern unerwartet
prachtvolle Bilder, wenn man sie in einem
Polarisationsmikroskop untersucht. Dafür
ist aber kein neues Instrument erforderlich.
Vielmehr läßt sich unser Mikroskop mit wenig Geld in ein derartiges Spezialgerät umwandeln. Man benötigt dazu nur zwei sogenannte Polarisationsfilter. Das sind graublaue, durchsichtige Platten oder Folien aus
Kunststoff, die für viele Mikroskopmodelle
in passender Größe angeboten werden.
Eines der beiden Polarisationsfilter muß so
groß sein, daß es in den Filterhalter des
Kondensors gelegt werden kann, während
das andere einen Durchmesser von 18 mm
aufzuweisen hat und ins Okular kommt.
Hierzu schraubt man zunächst die Augenlinse des Okulars ab und legt dann das Polari-

sationsfilter auf die Lochblende, die sich im
Inneren befindet. Anschließend wird die
Augenlinse wieder aufgeschraubt.
Sollten keine passenden Polarisationsfilter
erhältlich sein, besorgt man sich eines vom
Format 5 × 5 cm und schneidet es selbst
zurecht. Auf dieses quadratische Filter wird
zunächst ein Glasfilter gelegt, das in den
Filterhalter des Kondensors paßt. Man verschiebt es so, daß auf dem Quadrat noch
Platz für das zweite Filter mit dem Durchmesser von 18 mm bleibt. Zunächst wird der
Umfang des Glasfilters mit einer Stopfnadel
in das Polarisationsfilter geritzt. Entlang der
eingeritzten Kreislinie kann man das Polarisationsfilter dann mit einer kräftigen Nagel-
schere ausschneiden. Dieses erste Polarisationsfilter paßt in den Filterhalter des Kondensors. Aus dem Rest des quadratischen
Polarisationsfilters wird eine Scheibe von 18
mm Durchmesser ausgeschnitten, die auf
die im Okular befindliche Lochblende
kommt.
Natürlich läßt sich unser Polarisationsmikroskop problemlos in ein ganz normales Mikroskop zurückverwandeln. Man muß dazu
nur das Polarisationsfilter aus dem Okular
entfernen sowie den Filterhalter des Kondensors mit dem dort eingelegten Polarisationsfilter ausschwenken.
Manche Kondensoren haben keinen ausschwenkbaren Filterhalter. In diesen Fällen

schneidet man ein Polarisationsfilter so zurecht, daß es die ganze Unterseite des Kondensors bedeckt und klebt es dort mit Tesafilm fest.

Wer sich mit der Polarisationsmikroskopie jedoch noch nicht anfreunden will, überschlägt die folgenden Seiten und geht sofort zu dem Kapitel über Haare, Fasern und Federn auf Seite 58 über.

Versuche mit dem Polarisationsmikroskop

Wir schwenken zunächst den Filterhalter mit dem Polarisationsfilter aus dem Kondensor heraus und stellen mit dem Objektiv 10:1 den Rand unseres Zuckerpräparates scharf ein. Dann wird der Objektträger vom Objekttisch genommen und der Filterhalter mit dem Polarisationsfilter wieder eingeschwenkt. Dabei bleibt die Scharfeinstellung unverändert. Jetzt dreht man das mit dem Polarisationsfilter versehene Okular im Tubus, wobei sich das Gesichtsfeld entweder verdunkelt oder aufhellt. Wir drehen das Okular so lange, bis das Gesichtsfeld so dunkel wie möglich geworden ist. Vollständige Dunkelheit werden wir kaum erzielen; sie ist für unsere Zwecke auch nicht erforderlich. Wird das Okular in der gleichen Richtung weiter gedreht, hellt sich das Gesichtsfeld auf, um danach erneut sehr dunkel zu werden. Jetzt betrachten wir die Oberseite des Okulars und merken uns die Lage der Zahl, die die Okularvergrößerung angibt. Danach blicken wir wieder durch die Augenlinse und drehen das Okular, bis das Gesichtsfeld möglichst hell geworden ist. Die auf dem Okular verzeichnete Zahl erscheint jetzt um 90° gedreht. Wir drehen das Okular in der gleichen Richtung so lange weiter, bis sich das Gesichtsfeld wieder sehr verdunkelt hat. Jetzt ist die Zahl auf dem Okular um weitere 90°, also im Vergleich zur Ausgangsposition um insgesamt 180° verdreht. Erneutes Drehen des Okulars in der gleichen Richtung ergibt nach weiteren 90° Helligkeit und nach nochmaliger Drehung um 90° Dunkelheit.

Das Gesichtsfeld wird also zweimal besonders hell und zweimal besonders dunkel, wenn man das mit Polarisationsfilter versehene Okular im Tubus um 360° dreht und wenn der mit Polarisationsfilter versehene Filterhalter eingeschwenkt ist.

Erklärung der beobachteten Erscheinung. Verschiedene Erscheinungen, die das Licht zeigt, lassen sich gut erklären, wenn man annimmt, daß beim Licht Vorgänge eine Rolle spielen, die man mit wellenartigen Bewegungen vergleichen kann. Wellen können wir ja z. B. beobachten, wenn wir einen Stein ins Wasser werfen. Dann machen die Wasserteilchen eine Bewegung mit, die (vereinfacht gesagt) immer von oben nach unten und von unten nach oben verläuft. Das ist deutlich zu sehen, wenn auf der Wasseroberfläche kleine Holzstückchen schwimmen, die dann auf- und abtanzen. Insgesamt entsteht aber der Eindruck von Wellen. Denn die Wasserteilchen fangen mit der Auf- und Abbewegung nicht gleichzeitig an, sondern nacheinander. Deshalb erreichen sie auch erst nacheinander die Gipfel der Wellenberge bzw. die Sohlen der Wellentäler. Dadurch sieht die Bewegung der Wasserteilchen insgesamt wellenförmig aus. Im Gegensatz zu den Wasserwellen ver-

Abb. 29: Lichtwellen, die in verschiedenen Ebenen schwingen.

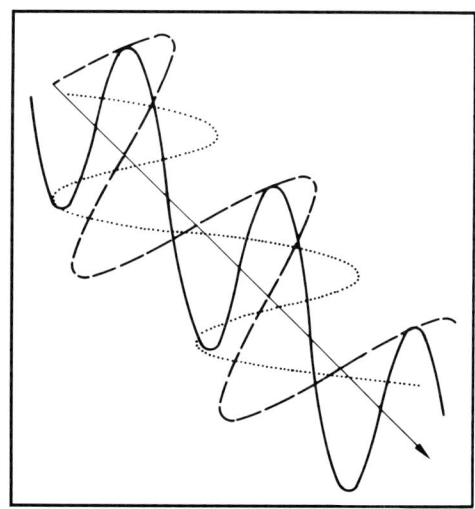

halten sich nun die Lichtwellen so, als würden die Bewegungen nicht nur von oben nach unten und umgekehrt, sondern darüber hinaus von links nach rechts sowie in allen Schräglagen verlaufen (Abb. 29).

Ein Polarisationsfilter ist ein Lichtfilter, das nur solche Lichtwellen hindurchläßt, die sich in einer ganz bestimmten Richtung auf- und abbewegen. Man sagt, das Polarisationsfilter hat eine gewisse Durchlaßrichtung. Licht, das aus einem solchen Polarisationsfilter herauskommt, bezeichnet man als polarisiertes Licht. Daneben gibt es noch das normale Licht, das durch kein Polarisationsfilter verlaufen ist. Das ist das natürliche oder unpolarisierte Licht.

Analysator und Polarisator. In unserem Polarisationsmikroskop benutzen wir aber zwei Polarisationsfilter, die sich im Filterhalter des Kondensors bzw. im Okular befinden und demnach übereinander angeordnet sind. Wenn man das Okular mit dem Polarisationsfilter im Tubus so dreht, daß

das Gesichtsfeld möglichst hell erscheint, sind die Durchlaßrichtungen beider Polarisationsfilter gleich gerichtet. Anders verhält es sich bei einem sehr dunklen Gesichtsfeld. Hier bilden die Durchlaßrichtungen der beiden Polarisationsfilter einen Winkel von 90°. Man sagt, beide Polarisationsfilter befinden sich in Kreuzstellung (Abb. 30).

Wenn wir das erste Polarisationsfilter mit dem Filterhalter ausschwenken, gelangt natürliches, unpolarisiertes Licht ins Mikroskop. Wird jetzt das Okular mit dem Polarisationsfilter im Tubus gedreht, bleibt das Gesichtsfeld stets gleichmäßig hell. Natürliches, unpolarisiertes Licht läßt sich also von polarisiertem Licht unterscheiden. Man muß nur das mit dem Polarisationsfilter versehene Okular um 360° drehen. Wird dabei das Gesichtsfeld abwechselnd zweimal besonders hell und zweimal besonders dunkel, handelt es sich um Licht, das aus einem Polarisationsfilter herausgekommen und polarisiert ist. Bleibt dagegen das Gesichtsfeld beim Drehen dieses Okulars gleichmäßig hell, hat man es mit natürlichem, unpolarisiertem Licht zu tun.

Ein Polarisationsfilter kann also verschieden benutzt werden. Liegt es z. B. im Filterhalter des Kondensors, soll es polarisiertes Licht liefern und wird dann als Polarisator bezeichnet. Mit einem Polarisationsfilter läßt sich aber auch prüfen, ob Licht polarisiert ist oder nicht. Diese Aufgabe übernimmt in unserem Polarisationsmikroskop das zweite, im Okular befindliche Polarisationsfilter. Man bezeichnet es als Analysator.

Dabei werden wir Analysator und Polarisator fast ausschließlich so benutzen, daß ihre Durchlaßrichtungen um 90° gekreuzt sind, so daß sich also ein dunkles Gesichtsfeld ergibt, wenn kein Präparat auf dem Objekttisch liegt. Das erscheint natürlich zunächst sehr seltsam, wird aber sofort verständlich, wenn wir unser Zuckerpräparat bei gekreuzten Polarisationsfiltern untersuchen.

Untersuchung von Zucker. Wir schwenken zunächst den Filterhalter mit dem eingelegten Polarisator aus dem Kondensor und stel-

Abb. 30: Polarisierte Lichtwelle beim Verlauf durch zwei übereinander angeordnete Polarisationsfilter. Links: Beide Durchlaßrichtungen gleich gerichtet. Rechts: Kreuzstellung.

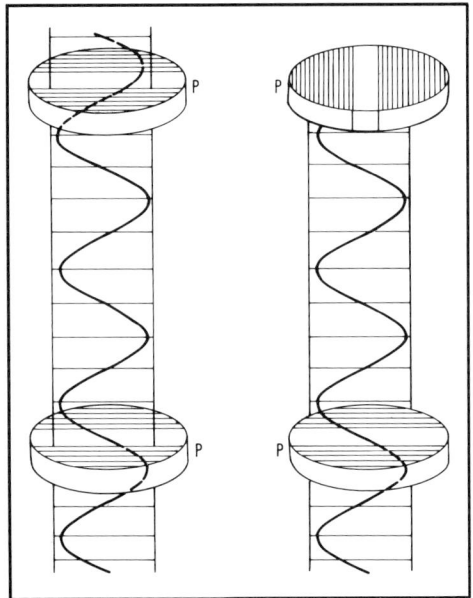

7 Weißes Haar des Menschen (hier ohne Mark) im Polarisationsmikroskop. Obj. 40:1, Ok. 10×. (S. 58)

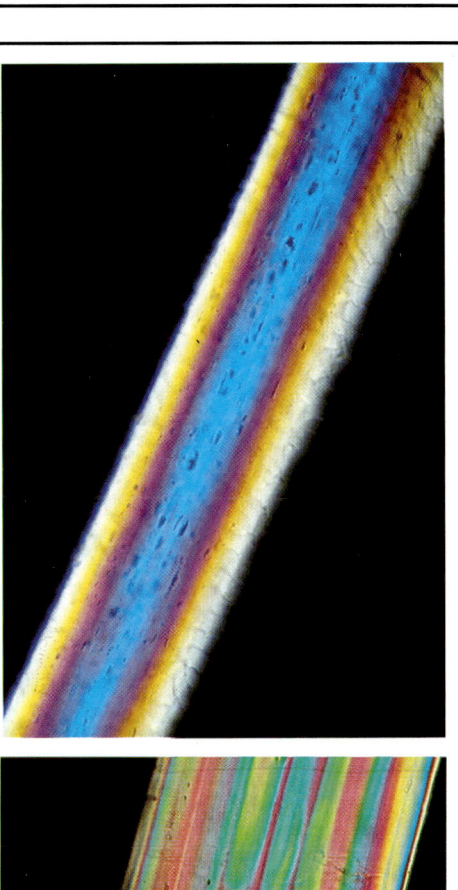

8 Schafhaare im Polarisationsmikroskop. Obj. 40:1, Ok. 10×. (S. 62)

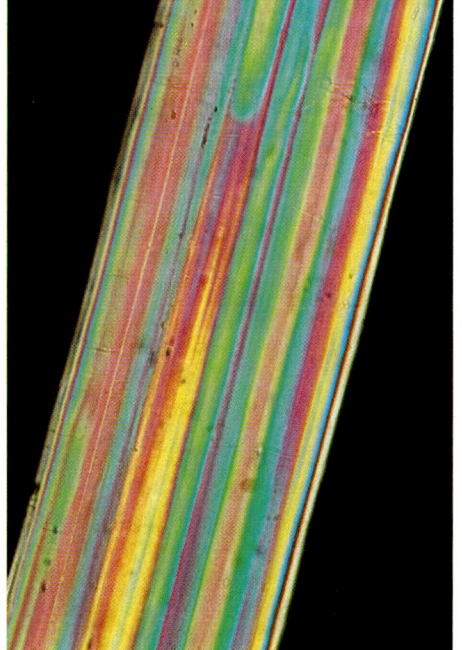

9 Flachsfaser im Polarisationsmikroskop. Obj. 10:1, Ok. 10×. (S. 64)

10 Putzscharte am Vorderbein der Biene. Obj. 10:1, Ok. 10×. (S. 71)

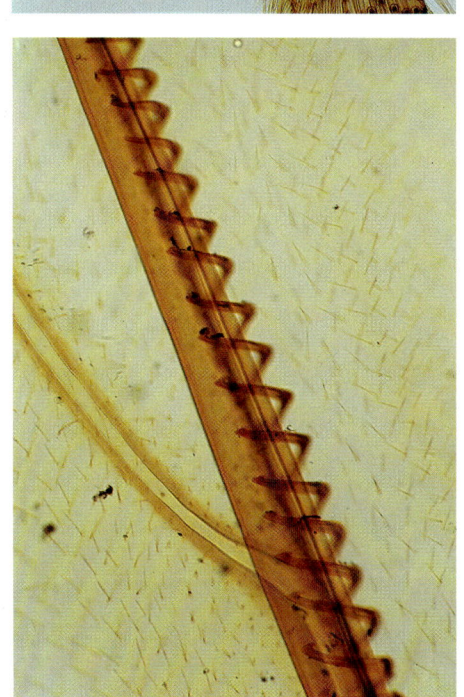

11 Hinterbein der Biene. Lupenvergrößerung. (S. 71)

12 Flügel einer Hornisse. Der Zusammenhalt zwischen Vorder- und Hinterflügel funktioniert hier ebenso wie beim Bienenflügel. Obj. 5:1, Ok. 10×. (S. 72)

len mit dem Objektiv 10:1 eine Stelle vom Rand der eingetrockneten Zuckerlösung scharf ein. Dann nehmen wir das Präparat vom Objekttisch, schwenken den Filterhalter mit dem Polarisator ein und drehen das mit dem Polarisationsfilter versehene Okular im Tubus so lange, bis das Gesichtsfeld so dunkel wie möglich geworden ist. Damit sind die Polarisationsfilter gekreuzt. Jetzt erst kommt das Präparat wieder auf den Objekttisch und wird mit dem Objektiv 10:1 untersucht, wobei die Kondensorblende etwas stärker zu schließen ist. Die meisten Zuckerkristalle erscheinen jetzt hell. Einige sind weißlich oder zeigen verschiedene Grautöne. Viele erstrahlen aber in prachtvollen Farben (Farbbilder 3 u. 4, S. 33 u. 34) und bilden immer wieder neue Muster, wenn man den Objektträger verschiebt und so den ganzen Rand der eingetrockneten Zuckerlösung untersucht.

Ausnahmsweise wollen wir einmal das Okular um 90° drehen, so daß die Durchlaßrichtungen der beiden Polarisationsfilter parallel zueinander liegen (helles Gesichtsfeld). Die Zuckerrosetten zeigen jetzt andere Farben, die jedoch weniger leuchten. Deshalb benutzen wir in Zukunft die beiden Polarisationsfilter stets in Kreuzstellung, und deshalb wird auch nach diesem Versuch das Okular sofort wieder um 90° gedreht, so daß wir ein dunkles Gesichtsfeld bekommen.

Die verschiedenen Grautöne sowie die leuchtenden Farben sind in einem Polarisationsmikroskop mit Polarisationsfiltern in Kreuzstellung nur dann zu sehen, wenn man Objekte untersucht, die eine ganz bestimmte Eigenschaft besitzen. Diese Eigenschaft ist die Doppelbrechung. Die meisten Kristalle sind doppelbrechend. Es gibt aber auch einige, die diese Eigenschaft nicht haben. Dazu gehört das Kochsalz.

Wie sich Kristalle im Polarisationsmikroskop verhalten, die nicht doppelbrechend sind, zeigt der nächste Versuch. Wir stellen uns dazu nochmals ein Präparat von Kochsalzkristallen her und untersuchen es im Polarisationsmikroskop mit gekreuzten Polarisationsfiltern. Dabei bleibt das Gesichtsfeld

vollständig dunkel, und von den Kochsalzkristallen ist praktisch nichts zu sehen.

Somit ist klar, daß es sich beim Polarisationsmikroskop um ein Spezialgerät handelt, das nur zur Untersuchung doppelbrechender Objekte dient und für alle anderen Präparate nicht in Frage kommt.

Eigenschaften doppelbrechender Objekte. Zu den doppelbrechenden Objekten gehören u. a. auch manche Kunststoffe wie z. B. Tesafilm. An Tesafilm lassen sich verschiedene Eigenschaften doppelbrechender Objekte besonders einfach und deutlich demonstrieren. Dazu schneiden wir einen 1 mm breiten Tesafilmstreifen von der Rolle ab und kleben ihn auf einen Objektträger. Dieser wird auf den Objekttisch gelegt und bei gekreuzten Polarisationsfiltern mit dem Objektiv 5:1 eingestellt. Dann drehen wir den Objektträger langsam auf dem Objekttisch, während wir gleichzeitig durch das Okular blicken. Dabei wird der Tesafilmstreifen abwechselnd heller und dunkler, während das übrige Gesichtsfeld ständig dunkel bleibt.

Auch diese Erscheinung wollen wir jetzt genauer untersuchen. Dazu wird der Objektträger zunächst so gedreht, daß der Tesafilmstreifen so dunkel wie möglich erscheint. Dreht man den Objektträger anschließend stets in einer bestimmten Richtung weiter, wird der Streifen nach einer Drehung um 45° besonders hell und nach weiteren 45° besonders dunkel. Wenn er hell aufleuchtet, nimmt er in der Regel eine gewisse Farbe an, und zwar meist einen gelblichen, rötlichen oder bläulichen Ton. Dreht man den Objektträger um 360°, wird der Streifen insgesamt viermal hell und viermal dunkel.

Dieser Versuch zeigt, wie sich feststellen läßt, ob ein Objekt doppelbrechend ist oder nicht. Wenn man das Objekt nämlich zwischen gekreuzten Polarisationsfiltern um 360° dreht und es dabei abwechselnd viermal hell und viermal dunkel wird, ist es doppelbrechend. Man sieht, daß ein doppelbrechendes Objekt nicht in jedem Fall in einem Polarisationsmikroskop bei gekreuzten Polarisationsfiltern aufleuchten muß.

Vielmehr zeigt es diesen Effekt nur, wenn es richtig orientiert ist. Das läßt sich auch an unserem Präparat mit der eingetrockneten Zuckerlösung zeigen, das wir dazu mit dem Objektiv 5:1 untersuchen. Dreht man den Objektträger bei gekreuzten Polarisationsfiltern auf dem Objekttisch, leuchten die verschiedenen Strahlen der Rosetten abwechselnd grau, weiß oder verschiedenfarbig auf, um anschließend wieder dunkel zu werden.

Andere doppelbrechende Kristalle. Die Untersuchung doppelbrechender Kristalle mit dem Polarisationsmikroskop macht vielen Mikroskopikern Spaß. Die Präparation bereitet überhaupt keine Schwierigkeiten. Man muß die doppelbrechende Substanz nur in Wasser oder einem anderen geeigneten Lösungsmittel auflösen und einen Tropfen davon auf dem Objektträger eintrocknen lassen. So lassen sich verschiedene Salze wie z. B. Kupfersulfat, Kaliumnitrat (Kalisalpeter) oder Silbernitrat in Wasser auflösen und nach dem Eintrocknen untersuchen. Das gleiche gilt für eine eingetrocknete fotografische Fixierbadlösung oder einen eingetrockneten Tropfen einer verdünnten Lösung von „Abflußfrei". Sehr reizvoll ist es weiterhin, verschiedene Arzneimittel in Wasser aufzulösen und die Lösungen auf einem Objektträger eintrocknen zu lassen. Beispiele dafür bieten Aspirin oder Vitamin C. Auch diese Kristalle schillern mit gekreuzten Polarisationsfiltern in prachtvollen Farben.

Kristalle in Zwiebelschalen. Kristalle finden sich nicht selten in bestimmten Teilen mancher Pflanzen, z. B. in den trockenen braunen Schalen der Küchenzwiebel. Wir schneiden von einer solchen Zwiebelschale mit der Schere ein kleines Stück ab (Kantenlänge wenige mm) und legen es in einem Tropfen Wasser auf einen Objektträger. Nachdem das Deckglas aufgelegt wurde, wird das Präparat mit dem Objektiv 10:1 eingestellt. Dabei schwenkt man zunächst den Filterhalter mit dem Polarisator aus dem Kondensor. Wenn wir die Kondensorblende etwas schließen, fallen viele rechteckige Kristalle auf (Abb. 31). Sie liegen in den toten Zellen, aus denen sich die Zwiebelschale zusammensetzt, was jedoch bei diesem verhältnismäßig dicken Objekt nur schlecht zu sehen ist. Nachdem der Filterhalter mit dem Polarisationsfilter wieder eingeschwenkt wurde, ist das Gesichtsfeld dunkel geworden, während die Kristalle hell erscheinen, wenn sie in der richtigen Orientierung liegen. Dreht man das Präparat auf dem Objekttisch, werden die Kristalle wiederum abwechselnd hell und dunkel. Allerdings stören manchmal Strukturen, die über oder unter den Kristallen liegen und ebenfalls aufleuchten. Manchmal bilden auch zwei Kri-

Abb. 31: Kristalle, die sich in den Zellen einer trockenen Zwiebelschale befinden, im Polarisationsmikroskop. Obj. 10:1, Ok. 10×.

stalle ein Kreuz oder drei von ihnen eine sternförmige Figur.

Stärkekörner. Zur Untersuchung mit dem Polarisationsmikroskop sind auch Stärkekörner gut geeignet. Wir sehen uns zunächst die Stärkekörner einer Kartoffel an, wobei das Präparat wie auf Seite 17 geschildert hergestellt wird.

Bei gekreuzten Polarisationsfiltern leuchten die Stärkekörner hell auf und zeigen auf ihrer Oberfläche jeweils ein dunkles Malteserkreuz. Seine Balken kreuzen sich im Initialpunkt und reichen jeweils bis zum Rand der Stärkekörner. Außerdem sind sämtliche Malteserkreuze gleich orientiert und behalten diese Position selbst dann bei, wenn man

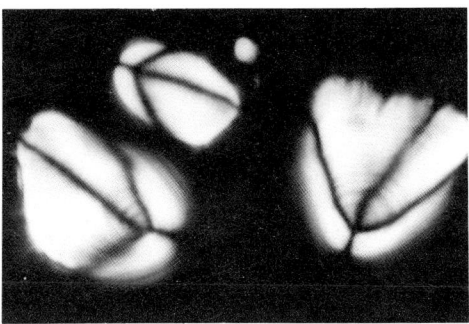

Abb. 32: Stärkekörner aus einer Kartoffel im Polarisationsmikroskop. Obj. 10:1, 10×.

das Präparat auf dem Objekttisch dreht (Abb. 32).

Ebenso wie die Kartoffelstärkekörner zeigen auch die Stärkekörner der anderen Pflanzen (wie z. B. von Getreiden oder Bananen) im Polarisationsmikroskop ein dunkles Kreuz.

Aufhebung der Doppelbrechung durch Jod. Wir stellen nochmals ein Präparat von Kartoffelstärkekörnern her und saugen mit einem Papiertaschentuchstreifen eine Jodlösung hindurch (S. 22). Benutzt man verdünnte Lösungen, durch die die Stärkekörner hellblau gefärbt werden, zeigen sie zwar noch Doppelbrechung, erscheinen allerdings etwas weniger hell als ohne Jodeinwir-

kung. Wird eine konzentrierte Jodlösung durch das Präparat gesaugt, verfärben sich die Stärkekörner schwarz und leuchten zwischen gekreuzten Polarisationsfiltern überhaupt nicht mehr auf. Jod kann also ebenso wie einige andere Chemikalien bei bestimmten Stoffen, darunter Stärkekörnern, die Doppelbrechung aufheben.

Verquollene Stärke in gekochten Kartoffeln. Wir verrühren ein winziges Stückchen einer gekochten Kartoffel in einem Tropfen Wasser auf dem Objektträger, bedecken das Präparat mit einem Deckgläschen und untersuchen es im Polarisationsmikroskop. Jetzt sind die verquollenen bräunlichen Stärkekörner nicht mehr doppelbrechend. Sie bleiben also bei gekreuzten Polarisationsfiltern dunkel. Es leuchten nur die Wände der Zellen auf. Nur ganz selten trifft man auf ein helles Stärkekorn, das das typische Malteserkreuz aufweist.

Zellwände. Wir haben soeben festgestellt, daß die Wände gekochter Kartoffelzellen im Polarisationsmikroskop aufleuchten und deswegen doppelbrechend sein müssen. Diese Eigenschaft haben alle Wände pflanzlicher Zellen. Sehr schön läßt sich der Effekt z. B. an den Wänden von Zwiebelschuppenzellen zeigen. Wir stellen also nochmals ein Präparat von diesem Objekt her (S. 39) und untersuchen es mit dem Objektiv 10:1 bei gekreuzten Polarisationsfiltern. Jetzt leuchten nur die Quer- und Längswände auf, während der Rest der Zellen dunkel bleibt. Dreht man das Präparat auf dem Objekttisch, werden die Wände abwechselnd heller und dunkler.

Handschnitte von einer Möhre. Wir kommen nun zu einer Präparationstechnik, die mit der Polarisationsmikroskopie zunächst nichts zu tun hat, die aber für die Mikroskopie außerordentlich wichtig ist und die sich gerade an einer Möhre gut erlernen läßt. Wir haben ja schon gesehen, daß sich nur solche Dinge im Mikroskop untersuchen lassen, die ziemlich dünn sind. Man kann aber ein so voluminöses und undurchsichtiges Objekt wie eine Möhre trotzdem mikroskopisch betrachten, wenn man davon eine ganz dünne Scheibe abschneidet. Wie dabei vorzugehen ist, soll im folgenden beschrieben werden. Wir geben auf einen Objektträger zunächst wieder einen Tropfen Wasser. Dann halbieren wir eine Möhre längs und schneiden anschließend von einer der beiden Hälften ein bleistiftdickes Stäbchen ab. Dieses Stäbchen kürzen wir noch so weit, daß es bequem zwischen Daumen, Zeige- und Mittelfinger der linken Hand gehalten werden kann. Für die Herstellung eines Schnittes, der anschließend im Mikroskop untersucht werden soll, brauchen wir eine Rasierklinge. Dabei haben sich solche Fabrikate am besten bewährt, die nicht von einem Kunststoffilm überzogen sind. Das sind nicht selten Rasierklingen, die in Kaufhäusern als ausgesprochene Billigangebote vertrieben werden. Wenn diese Klingen in verschiedenen Stärken angeboten werden, nimmt man am besten die dünnste Sorte.

Für einen Schnitt, der dünn genug für eine Untersuchung mit dem Mikroskop ist, sind die folgenden Hinweise genau zu beachten. Das aus der Möhre herausgeschnittene Stück wird mit der linken Hand gehalten. Dann schneidet man eine ca. 2–3 mm dicke Scheibe ab, so daß eine glatte Schnittfläche entsteht. Auf der Schnittfläche legen wir die Rasierklinge so an, wie es Abb. 33 zeigt. Sie wird also leicht geneigt mit dem äußersten rechten Rand auf die Möhre gesetzt. Dann zieht man sie mit einer diagonal verlaufenden Bewegung auf sich zu, wobei keinerlei

Druck auf die Möhre ausgeübt werden darf. Es kann natürlich passieren, daß die Klinge dabei nur über die Schnittfläche gleitet, ohne einzuschneiden. Dann halten wir die Rasierklinge etwas steiler, so daß sie in die Möhre eindringt und eine hauchdünne Scheibe abschneidet. Man sieht bereits mit bloßem Auge, ob der so entstandene Schnitt für eine mikroskopische Untersuchung geeignet ist oder nicht. Sind nämlich seine Kanten wesentlich länger als 1 mm, ist er mit Sicherheit zu dick und unbrauchbar. Man muß sich also bemühen, möglichst kleine Schnitte zu produzieren. Ist schließlich ein Schnitt dünn genug, wird er mit einem Pinsel oder einer Nadel von der Klinge abgestreift und in den Wassertropfen abgetupft, der sich bereits auf dem Objektträger befindet. Da man nicht sicher sein kann, ob der erste Schnitt, selbst wenn er klein genug zu sein scheint, auch für eine Betrachtung mit dem Mikroskop geeignet ist, stellt man vorsichtshalber noch zwei weitere her und überträgt sie in den gleichen Wassertropfen. Erst dann wird das Deckglas aufgelegt.

Wir benutzen unser Mikroskop zunächst ohne Polarisationsfilter und stellen das Präparat mit dem Objektiv 10:1 ein. Dabei muß die Kondensorblende etwas stärker geschlossen werden. Man sieht ein Gewirr von Zellwänden. Im Innern der Zellen fallen viele rötliche bis orangefarbene Körnchen auf, auf die wir uns im folgenden konzentrieren wollen. Sie erscheinen mit dem Objektiv 40:1 als verschieden geformte Kriställchen. Es sind Chromoplasten, die wir ja bereits aus

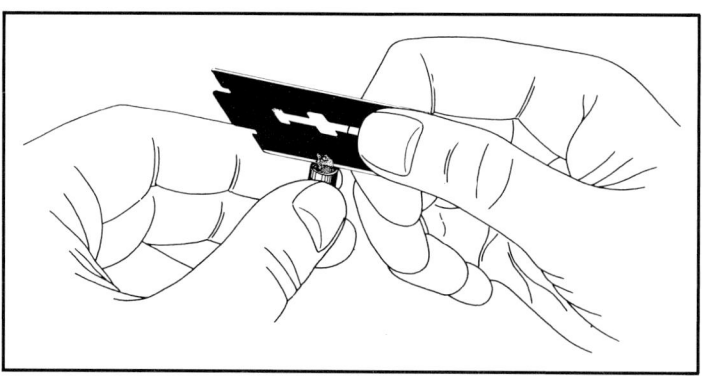

Abb. 33: Herstellung eines Handschnittes. Aus GERLACH, Botanische Mikrotechnik, Thieme Verlag 1984.

den Tomatenzellen kennen und die ebenfalls den roten Farbstoff Carotin enthalten. Er liegt hier in solch hoher Konzentration vor, daß er auskristallisiert und den Chromoplasten seine Kristallform aufdrängt.

Dichroismus der Chromoplasten der Möhre. Die Chromoplasten der Möhre zeigen eine interessante Eigenschaft, nämlich den Dichroismus. Man versteht darunter die Erscheinung, daß polarisiertes Licht je nach Schwingungsrichtung verschieden stark absorbiert wird. Damit man diesen Effekt gut sehen kann, muß zunächst ein Chromoplast ausgesucht werden, der besonders lang und breit ist. Solche Exemplare kommen verhältnismäßig selten vor, und man muß in der Regel eine Zeitlang danach suchen. Wir bringen einen Chromoplasten durch Verschieben des Objektträgers in die Mitte des Gesichtsfeldes und benutzen zur Untersuchung wieder das Objektiv 40:1. In das Okular kommt ein Polarisationsfilter, <u>nicht</u> jedoch in den Filterhalter des Kondensors. Dreht man nun das Okular im Tubus, wird der Chromoplast abwechselnd tief rot und fast farblos. Es soll nochmals betont werden, daß sich dieser Versuch nur mit solchen Chromoplasten erfolgreich durchführen läßt, die besonders breit sind. An den kleinen, dünnen, roten Nadeln, die in den Präparaten viel häufiger zu finden sind, fällt der Effekt kaum auf.

Erklärung der Beobachtung. Wie die soeben beobachteten Erscheinungen zu erklären sind, zeigt Abb. 34. Lichtwellen aus dem unpolarisierten Licht, die in einer ganz bestimmten Richtung schwingen, werden von dem Chromoplasten absorbiert, während Lichtwellen, die sich senkrecht zu dieser Richtung bewegen, nicht absorbiert werden. Wir nehmen an, das Okular ist so im Tubus gedreht worden, daß die Lichtwellen, die der Chromoplast nicht absorbiert, vom Polarisationsfilter hindurchgelassen werden. Der Chromoplast erscheint jetzt farblos, weil Licht, das durch ihn hindurchgeht, genauso wenig geschwächt wird wie Licht aus der Umgebung. Dreht man das Okular mit

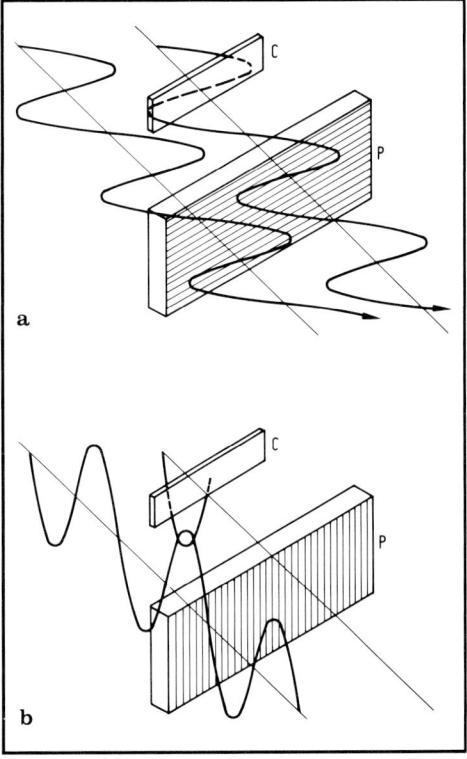

Abb. 34: Dichroismus. **a** Gezeichnet ist nur die Schwingungsrichtung des Lichtes, das von dem Chromoplasten (C) nicht absorbiert wird. Es dringt ebenso wie das neben dem Chromoplasten verlaufende Licht durch das Polarisationsfilter (P). Der Chromoplast und seine Umgebung erscheinen deshalb fast gleich hell. **b** Gezeichnet ist die Schwingungsrichtung des Lichtes, das vom Chromoplasten (C) absorbiert wird. Wenn es auf den Chromoplasten trifft, kann es nicht weiter bis zum Polarisationsfilter (P) gelangen. Lichtwellen, die am Chromoplasten vorbei verlaufen, können aber das Polarisationsfilter passieren. Deshalb erscheint der Chromoplast dunkler (bzw. farbig, in unserem Falle also rot) und die Umgebung hell.

dem Polarisationsfilter um 90°, wird Licht derjenigen Schwingungsrichtung hindurchgelassen, die vom Chromoplasten absorbiert wird. Dieses Licht wird also vom Chromoplasten verschluckt, während es in seiner Umgebung ungehindert weiter verlaufen kann. Deshalb erscheint der Chromoplast in dieser Position des Okulars rot.

Dichroismus läßt sich genausogut an den Chromoplasten beobachten, die in Tomatenzellen vorkommen. Auch hier müssen wir uns auf die besonders breiten Chromoplasten konzentrieren, die diese Erscheinung am schönsten zeigen.

Haare, Fasern, Federn

Um dem Stoffwechsel optimale Bedingungen zu bieten, sorgen Säugetiere und Vögel dafür, daß ihre Körpertemperatur stets gleich bleibt. Damit das möglich ist, muß u. a. verhindert werden, daß sich der Körper bei niedrigen Außentemperaturen zu stark abkühlt. Zu den Einrichtungen, die das bewirken, gehören die Haare bzw. Federn. Die Haare mancher Tiere wie z. B. der Schafe oder Kamele haben für den Menschen auch eine große wirtschaftliche Bedeutung erlangt; sie werden versponnen und zu Textilien verarbeitet. Textilien stellt man aber auch aus pflanzlichen Haaren oder Fasern her, die jedoch völlig anders gebaut sind als die tierischen Haare. Hinzu kamen in unserem Jahrhundert Fasern aus verschiedenen Kunststoffen wie z. B. Kunstseide, Nylon oder Perlon.

Die mikroskopische Untersuchung von Haaren und Fasern hat sehr große praktische Bedeutung. Man kann dabei z. B. feststellen, um welche Fasern es sich handelt und ob ihre Weiterverarbeitung eventuell fehlerhaft verlaufen ist. Das alles ist nicht nur für die Textilindustrie, sondern auch für die Kriminalistik von Interesse.

Haare

Als erstes wollen wir eines unserer Kopfhaare untersuchen. Der Teil davon, der aus der Kopfhaut herausragt, wird als Haarschaft bezeichnet und besteht aus Zellen, die bereits abgestorben sind. Man schneidet ein ca. 5 mm langes Stück davon ab, legt es mit einer Pinzette auf einen trockenen Objektträger und bedeckt es mit einem Deckglas. Das Haar wird mit dem Objektiv 10:1 eingestellt und mit dem Objektiv 40:1 näher untersucht. Wir drehen den Feintrieb so, daß die Oberfläche des Haares scharf erscheint. Man sieht dort unregelmäßige zickzackförmige Linien, die teilweise ineinandergreifen und quer über das Haar verlaufen. Das sind Schüppchen aus Horn, die dachziegelartig übereinanderliegen und mit ihren Spitzen gegen das Ende des Haares weisen. Sie bilden zusammen das dünne Oberhäutchen (die Cuticula) des Haares und sind besonders deutlich an frisch gewaschenen Haaren zu sehen (Farbbild 5, S. 34). Bei dunkelblonden Haaren erscheint unter der Cuticula eine braungefärbte Schicht, an der aber im vorliegenden Präparat keine weiteren Einzelheiten zu erkennen sind.

Wir nehmen jetzt den Objektträger vom Objekttisch, heben das Deckglas mit einer Pinzette ab und geben mit einem Trinkröhrchen einen Tropfen Speiseöl auf das Haar. Nach dem Auflegen des Deckglases stellen wir das Haar mit dem Objektiv 10:1 ein und untersuchen es danach mit dem Objektiv 40:1. Die Zickzacklinien, die von der Cuticula auf der Haaroberfläche gebildet werden, sind nun nicht mehr zu sehen. Das ganze Haar erscheint jetzt wesentlich heller als vorher. Wenn wir den Feintrieb so einstellen, daß der Rand des Haares scharf wird, sehen wir, daß er nicht glatt, sondern wie eine äußerst feine Säge gezähnt ist. Die Zähnchen gehören zu den Hornschüppchen der Cuticula, die sich bei dieser Einstellung in Seitenansicht zeigen. Sehr deutlich erscheint jetzt die Schicht, die unter der Cuticula liegt. Es handelt sich dabei um die sogenannte Rinde des Haares, die den Hauptbestandteil eines jeden Haares ausmacht. Sie ist bei dunkelblonden Haaren bräunlich gefärbt und enthält viele schwarze Punkte, die entweder durch Ansammlungen eines dunklen Farbstoffes oder durch winzig kleine Luftblasen zustande kommen. Außerdem kommen gelegentlich dünne, schwarze Striche vor. Das sind Hohlräume, in denen Zellkerne lagen, als die Haarzellen noch am Leben waren (Farbbild 6, S. 34). Wir haben also das gleiche Haar zweimal untersucht. Das erste Mal war es von Luft umgeben, und das zweite Mal lag es in Speiseöl. Man bezeichnet den Stoff, in dem ein Objekt während der mikroskopischen Untersuchung liegt, als Einschlußmedium. Mit Luft als Einschlußmedium waren die Grenzlinien der Schüppchen der Cuticula besonders deutlich zu sehen, während im Öl die Einzelheiten in der Rindenschicht klarer hervortraten.

Dieses Beispiel zeigt, daß man mit einer Präparationsmethode allein in der Regel nicht alle Einzelheiten eines Objektes auf einmal erkennen kann. Vielmehr muß man nicht selten mehrere Präparations- und Untersuchungsmethoden zu Hilfe nehmen, um all das sichtbar zu machen, was unser Mikroskop zu zeigen vermag. Das muß aber kein Nachteil sein. Gewöhnlich ist man sogar ganz froh, wenn ein Präparat nicht alles auf einmal enthüllt. Denn wenn sich zu viele Strukturen gleichzeitig überlagern, ergibt sich u. U. ein Bild, das man nur sehr schwer verstehen kann. Da ist es besser, wenn die Möglichkeit besteht, jeweils nur ganz bestimmte Einzelheiten sichtbar zu machen. Man erhält in solchen Fällen ein Gesamtbild, indem man vom gleichen Objekt verschiedene Präparate untersucht.

Augenbrauen. Als nächstes untersuchen wir ein ca. 5 mm langes Stück einer Augenbraue. Benutzt man Luft als Einschlußmedium, sind mit dem Objektiv 40:1 ebenso wie beim Kopfhaar die Reihen der Schüppchen aus der Cuticula als zickzackförmige Querlinien zu sehen. Wird die Augenbraue anschließend in einen Tropfen Speiseöl gelegt, fällt neben der Cuticula und der Rinde meist noch ein dunkler Strang auf, der das Haar in der Mitte längs durchzieht. Das ist das Mark, dessen Feinbau aber nur dann sichtbar wird, wenn es nicht zu sehr von Farbstoffen bzw. Luft erfüllt ist. Es besteht aus würfelförmigen oder leicht abgeflachten Zellen, die wie Ziegelsteine übereinanderliegen.

Weißes Kopfhaar. Ein weißes Kopfhaar zeigt in Luft wiederum die Querlinien, die von den Schüppchen der Cuticula gebildet werden. Dazu ist die Kondensorblende zu öffnen, denn bei zu stark geschlossener Kondensorblende erscheint ein weißes Haar aufgrund besonderer optischer Erscheinungen fast schwarz. Legt man es auf einen Objektträger in einen Tropfen Speiseöl, ist die Rinde farblos und zeigt die längs verlaufenden Striche besonders deutlich. Im Gegensatz zu vielen natürlich gefärbten Kopfhaaren verläuft in der Mitte der meisten weißen Haare ein Mark. Es enthält nicht selten Luft und sieht dann in unseren Präparaten schwarz aus. Auf der Oberfläche von weißen Haaren, die in Öl liegen, sind sogar die Querlinien der Cuticula zu sehen, wenn man die Kondensorblende etwas schließt.

Weißes Haar im Polarisationsmikroskop. Das im Öl befindliche weiße Kopfhaar wird jetzt noch mit dem Polarisationsmikroskop bei gekreuzten Polarisationsfiltern untersucht. Man stellt es wie auf Seite 49 geschildert mit dem Objektiv 10:1 ein und sieht die Rinde des Haares in prachtvollen Farben, während der Untergrund ebenso wie das Mark dunkel bleibt. Dabei fällt auf, daß in der Rinde auf beiden Seiten des Haares die gleichen Farben in der gleichen Reihenfolge zu sehen sind. Der äußere Rand erscheint weiß und wird dann gelb. Nach innen zu vertieft sich der Gelbton immer mehr, geht in Rot und schließlich in Blau über (Farbbild 7, S. 51).

Unsere Haare haben ja einen fast kreisrunden Querschnitt. Sie sind also am Rande dünner als in der Mitte. Offensichtlich hängt es von der Dicke der Rindenschicht ab, welche Farbe sich im Polarisationsmikroskop ergibt. Allerdings kann man die Abfolge der Farben nur an den weißen Kopfhaaren, die relativ dünn sind, deutlich sehen. Bei dickeren weißen Haaren wie z. B. manchen Barthaaren kommen am Rande zwar die gleichen Farben vor, bilden aber hier so dünne Streifen, daß sie schwer voneinander zu unterscheiden sind. Dafür schließen sich bei dicken Haaren nach innen zu an die Farbe Blau noch weitere Farben an.

Mit dem weißen Haar kann man auch zeigen, daß die Farben im Polarisationsmikroskop nur dann aufleuchten, wenn das Präparat richtig orientiert ist. Dreht man nämlich den Objektträger auf dem Objekttisch, wird das Haar abwechselnd hell und dunkel. Selbstverständlich kann man auch ein natürlich gefärbtes Haar mit dem Polarisationsmikroskop untersuchen. Es leuchtet zwischen gekreuzten Polarisationsfiltern auf und ist daher ebenfalls doppelbrechend. Allerdings zeigt es die Farben nur andeutungsweise, weil sie von dem Farbstoff, den das Haar natürlicherweise enthält, überdeckt werden.

Barthaare. Wir tupfen etwas von den Bartstoppeln, die man mit dem elektrischen Rasierapparat gewinnt, auf einen Objektträger in einen Tropfen Speiseöl und bedecken sie mit einem Deckglas. Neben unregelmäßigen Abschilferungen von der Haut sieht man mit dem Objektiv 40:1 kurze Abschnitte von Haaren, die unterschiedlich dick sind. Die dicksten haben ein Mark, die dünneren sind marklos.

Längen- und Dickenmessungen unter dem Mikroskop. Wir haben bereits auf Seite 45

erfahren, daß man mit Hilfe der Sehfeldzahl des Okulars und der Maßstabszahl der Objektive berechnen kann, wie groß der Durchmesser des Gesichtsfeldes ist, das man in einem Präparat überblickt. Daraus läßt sich die Größe der Objekte abschätzen, die im Präparat vorliegen. Natürlich liefert eine solche Schätzung keine sehr genauen Ergebnisse, sondern nur Anhaltswerte.

Längen und Breiten können mit dem Mikroskop aber auch sehr genau gemessen werden. Dazu ist ein Mikrometerokular (Meßokular) erforderlich, das eine Skala für Längenmessungen enthält. Leider kostet ein Meßokular 5mal soviel wie ein normales Okular. Es geht aber auch billiger. Man kann nämlich fast genausogut ein Okular-Mikrometer benutzen, das aus einem runden Glasplättchen mit aufgetragener Skala besteht und auf die Lochblende eines normalen Okulars kommt.

Wer ein Präparat mit einem Meßokular oder einem gewöhnlichen Okular, in das ein Okular-Mikrometer gelegt wurde, untersucht, sieht die Präparatstrukturen von der Skala überdeckt. Ist die Skala nicht scharf genug, schraubt man die Augenlinse etwas aus dem Okular heraus. Teure Meßokulare sind zur Scharfeinstellung der Skala mit einer verstellbaren Augenlinse versehen.

Wir wollen jetzt die Dicke eines Haares messen. Dazu muß zunächst einmal die im Okular befindliche Skala geeicht werden. Das geschieht mit einem weiteren Hilfsmittel, nämlich einem Objektmikrometer. Es handelt sich dabei um einen Objektträger mit einer Skala, auf der 1 mm in 100 Teile unterteilt ist (manchmal auch 2 mm in 200 Teile). Die Eichung muß mit jedem unserer Mikroskopobjektive gesondert vorgenommen werden. Beginnen wir mit dem Objektiv 5:1. Wir stecken das Meßokular in den Tubus und stellen das Objektmikrometer scharf ein. Dann verschieben wir das Objektmikrometer auf dem Objekttisch so, daß sich die darauf befindliche Skala mit der des Meßokulars überlagert (Abb. 35). Man stellt dabei z. B. fest, daß der ganze auf dem Objektmikrometer befindliche Millimeter von insgesamt 23 Teilstrichen des Meßokulars überlagert wird. Der Abstand zwischen zwei Teilstrichen auf der Skala des Meßokulars entspricht dann einer Länge von 1 mm : 23 = 0,043 mm im Präparat. In der Mikroskopie werden aber – wie schon gesagt – Längen in µm angegeben, so daß 1 mm im Meßokular 43 µm im Präparat entspricht. Dieses Ergebnis ist der sogenannte Mikrometerwert, der für das Objektiv 5:1 und das damit benutzte Okular gilt.

Genauso geht man mit dem Objektiv 10:1 vor. Nur wird hier wegen der stärkeren Maßstabzahl der Millimeter des Objektmikrometers von 62 Teilstrichen des Meßokulars überdeckt, so daß sich ein Mikrometerwert von 16 µm ergibt. Noch einfacher ist die Eichung bei stärkeren Objektiven. Hier ist das Gesichtsfeld so klein, daß von dem auf dem Objektmikrometer befindlichen Millimeter nur noch ein Teil sichtbar und von der Okularskala überlagert wird. Man findet z. B., daß eine Strecke von 0,43 mm vom Objektmikrometer unter 100 Teilstrichen des Meßokulars liegt. Der Mikrometerwert ergibt sich somit einfach durch Kommaverschiebung und beträgt 0,0043 mm, was 4,3 µm entspricht.

Manche Firmen haben neben anderen Objektivdaten auch die Mikrometerwerte in Listen verzeichnet, so daß man sie dort nur ablesen muß.

Jetzt endlich können wir mit der Dickenmessung eines Haares anfangen. Dazu ist ein weißes, mit Mark versehenes Haar besonders gut geeignet. Wir schieben es in die Mitte des Gesichtsfeldes, weil das Bild dort die beste Qualität hat. Das Meßokular wird so im Tubus gedreht, daß die Striche auf der Skala parallel zu den Kanten des Haares verlaufen. Dann zählt man, wieviele Teilstriche der Skala des Meßokulars auf eine Haaresbreite kommen. Dieser Wert wird jetzt nur noch mit dem Mikrometerwert des benutzten Objektivs multipliziert; es resultiert die Dicke des Haares in µm.

Beispiel: Wir verwenden das Objektiv 40:1 und finden, daß von der einen Seite des Haares bis zur nächsten 54 Teilstriche im Meßokular zu zählen sind. Wenn der Mikrometerwert dieses Objektivs 4,3 µm beträgt,

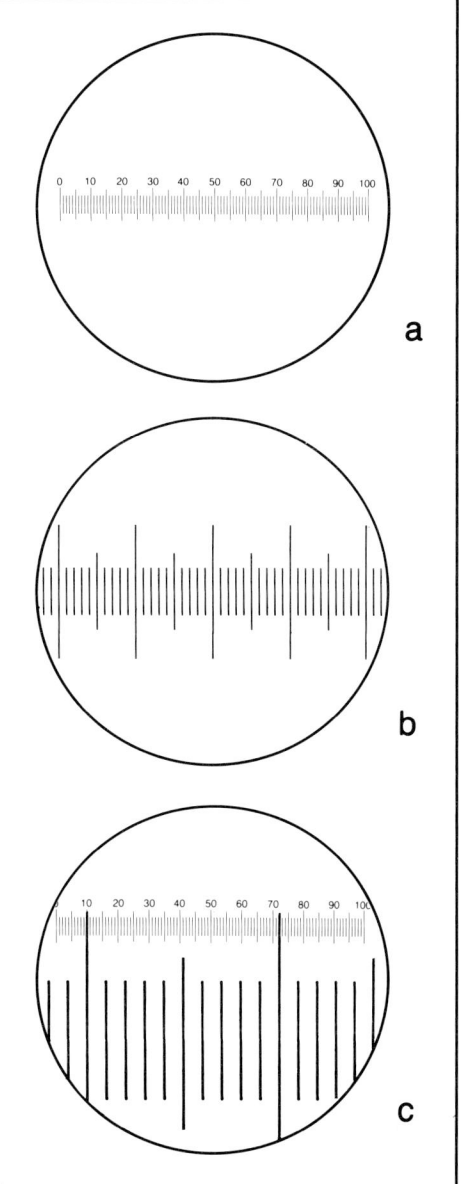

Abb. 35: **a** Okularmikrometer (Meßokular) mit Skaleneinteilung. **b** Ausschnitt aus dem Objektmikrometer, mit Objektiv 40:1 betrachtet. **c** Okularmikrometer und Objektmikrometer mit Objektiv 100:1 betrachtet: 100 Teilstrichabstände des Okularmikrometers entsprechen 16 Teilstrichabständen des Objektmikrometers. Mikrometerwert = 0,16 µm. Aus ERB, MATHEIS, Pilzmikroskopie, Kosmos-Verlag 1983.

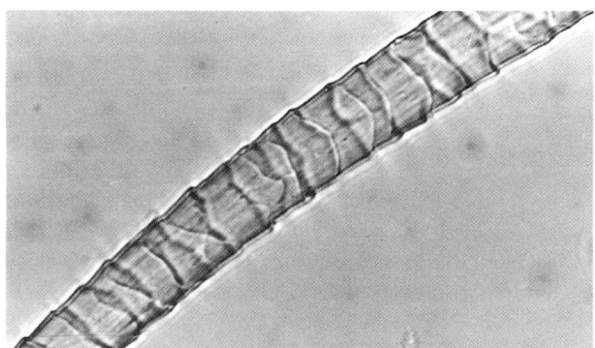

Abb. 36: Schafhaar. Obj. 40:1, 10×.

ergibt sich für die Dicke unseres Haares 54 · 4,3 µm = rund 232 µm. An dem weißen Haar läßt sich auch leicht feststellen, wie dick das Mark ist. Bei Verwendung des Objektivs 40:1 zählt man für das Mark z. B. 20 Teilstriche auf der Okularskala, was bei einer Mikrometerzahl von 4,3 µm eine Dicke von 86 µm ergibt.

Es fällt auf, daß die menschlichen Haare keine einheitliche Stärke haben. Wir haben ja bereits bei den Bartstoppeln durch bloße Beobachtung festgestellt, daß sie unterschiedlich dick sind. Die Dicke der Kopfhaare hängt u. a. auch von der Haarfarbe ab.

Haare vom Meerschweinchen. Da Meerschweinchen oft als Haustiere gehalten werden, dürfte es nicht schwer sein, an ein entsprechendes Haar zu gelangen. Wir untersuchen das Meerschweinchenhaar zunächst mit Luft als Einschlußmedium. Man sieht deutlich die Schuppen der Cuticula, die hier jedoch mehr wellenförmige Linien bilden und wesentlich dicker als beim Menschenhaar sind. Wir übertragen das Haar in einen Tropfen Öl und sehen uns den inneren Bau des Haares an. Wir können eine verhältnismäßig dünne Rindenschicht von einem Mark unterscheiden, das wesentlich mächtiger als beim Menschenhaar ausgeprägt ist. Das Mark besteht aus etwas zusammengedrückten, unregelmäßig geformten Zellen, in denen – außer bei weißem Haar – Farbstoffe angehäuft und deshalb keine weiteren Einzelheiten zu erkennen sind. Die Rindenschicht ist leicht bräunlich gefärbt und enthält zahlreiche schwarze Punkte und Striche. An der Spitze des Meerschweinchenhaares sind die Schüppchen der Cuticula in Seitenansicht als feine Zähnchen deutlich zu sehen.

Schafwolle. Untersucht man ein Wollhaar vom Schaf in Luft, fallen wiederum die Schüppchen der Cuticula als erstes auf. Auch sie sind von viel dickeren Linien umgrenzt als beim Menschenhaar (Abb. 36). Legt man das Schafwollhaar in einen Tropfen Speiseöl, erscheint im Inneren ein dunkles Mark, das allerdings keinen einheitlichen Strang bildet, sondern mehrfach unterbrochen ist. Die Rinde ist viel dicker als beim Meerschweinchenhaar. Stellt man den Rand des Schafwollhaares scharf ein, werden wiederum die Zähnchen der Cuticula sichtbar, die hier jedoch etwas kräftigere Zacken bilden.

Schafwolle kann auch mit dem Polarisationsmikroskop untersucht werden. Bei gekreuzten Polarisationsfiltern kommt es zum Teil zu den gleichen leuchtenden Farben wie beim weißen menschlichen Haar (Farbbild 8, S. 51).

Die Schafwolle hat die größte technische Bedeutung unter allen Tierhaaren erlangt. Daneben werden aber noch weitere Haare industriell verarbeitet, wie z. B. die Wolle der Angora-Ziege oder Kamelhaar. In den meisten Fällen kann man bei Tierhaaren zwischen einem dünnen Flaumhaar (ohne Mark) und einem dickeren, markhaltigen Grannenhaar unterscheiden. Flaumhaare dienen der Wärmeisolation, während Grannenhaare als Deckhaare vor allem einen mechanischen Schutz darstellen.

Fasern

Baumwolle. Neben der Schafwolle ist die Baumwolle als Rohstoff für die menschliche Bekleidung äußerst wichtig. Obwohl beide Bezeichnungen am Ende das Wort „Wolle" tragen, handelt es sich um völlig verschiedene Produkte, was die Herkunft, den Bau und die chemische Zusammensetzung betrifft. Die Schafwolle setzt sich ja aus Haaren zusammen. Das läßt sich bereits ohne Mikroskop feststellen, indem man etwas Wolle anbrennt. Der Rauch hat den typischen Geruch verbrannter Haare. Zündet man dagegen einige Fäden aus reiner Baumwolle an, riecht der Rauch nach verbranntem Papier. Tierische und menschliche Haare werden aus Zellen aufgebaut, die verhornt sind, wobei die Hornsubstanz eine Art Eiweiß ist. Baumwollfasern bestehen dagegen aus Zellulose. Wir haben ja gelegentlich Baumwollfasern als unerwünschte Beimengung in unseren Präparaten gefunden und festgestellt, daß sie wie flache, verdrehte Fäden aussehen (S. 24). Sie stammen von Pflanzen, die zu den Malvengewächsen gehören und in den heißen Zonen sowohl der Alten als auch der Neuen Welt vorkommen. Die Baumwollpflanzen bilden als Früchte Kapseln, die etwa so groß wie eine Walnuß werden und im Inneren erbsengroße Samen enthalten. Die ganze Oberfläche der Samen ist von haarartigen Fäden bedeckt, die eine Länge von 5 cm erreichen können und der Verbreitung der Samen durch den Wind dienen. Das ist die Baumwolle. Sie setzt sich also aus pflanzlichen Haaren zusammen, die aber ganz anders gebaut sind als tierische Haare. Pflanzliche Haare stellen Bildungen der obersten Zellschicht – der Epidermis – dar, wobei bei der Baumwolle ganze Epidermiszellen haarförmig auswachsen. Sie sind am reifen Baumwollsamen bereits abgestorben, enthalten also keinen Zellinhalt mehr und bestehen demnach nur noch aus der Zellwand, die sich in erster Linie aus Zellulose zusammensetzt.

Wir wollen jetzt Baumwollfasern genauer untersuchen. Zu diesem Zweck geben wir auf einen Objektträger einen Tropfen Wasser, legen einige Wattefasern hinein und bedecken das ganze mit einem Deckglas. Für das Präparat muß man die richtige Watte benutzen, denn unter der Bezeichnung „Watte" sind ganz verschiedene Produkte im Handel. Die teuerste Sorte ist die sogenannte „Augenwatte". Sie besteht ausschließlich aus Baumwolle. Eine andere Sorte enthält nur zu 50% Baumwolle, die mit anderen Fasern (Viskosefasern, s. u.) vermischt ist. Die billigste Sorte setzt sich allein aus Viskosefasern zusammen und eignet sich natürlich nicht für unser Präparat. Wir stellen die Wattefasern mit dem Objektiv 10:1 ein. Wenn wir eine Watte haben, die nur zu 50% Baumwolle enthält, sehen wir neben den typischen verdrehten Baumwollfasern auch andere Fasern von fast gleichmäßiger Dicke, die nicht verdreht sind. Es handelt sich dabei um Viskosefasern. Jetzt wollen wir uns aber auf die Baumwolle konzentrieren. Wir bringen eine solche Faser in die Mitte des Gesichtsfeldes und untersuchen sie mit dem Objektiv 40:1 genauer. Wir sehen ziemlich dicke Zellwände, die einen breiten Hohlraum einschließen. In diesem Hohlraum befand sich im lebenden Haar das Protoplasma zusammen mit den Organellen und der Vakuole. Betrachten wir die Zellwände genauer, dann erkennen wir an ihren Außenseiten je eine besonders dunkle Linie, die hell wird, wenn wir den Feintrieb leicht verstellen. Das ist die Cuticula, die sich aber grundlegend von der Cuticula der tierischen und menschlichen Haare unterscheidet. Die Cuticula der pflanzlichen Zellwände besteht nämlich nicht aus Zellen, sondern aus dem wachsartigen Stoff Cutin, der die Oberfläche der Zellwand wie eine Lackschicht überzieht. Cutin ist für Wasser kaum durchlässig und schützt daher die Zelle vor dem Austrocknen. Das war für das Haar natürlich wichtig, als es noch am Leben war. Jede Baumwollfaser stellt also ein pflanzliches Haar dar, das aus einer einzigen toten Zelle besteht. Ihre Form weicht völlig von der Gestalt der bisher behandelten Pflanzenzellen ab. Wir werden aber gleich weitere Beispiele für extrem lange und schmale Zellen kennenlernen.

Flachs (Lein). Die Samenhaare der Baumwolle sind die einzigen pflanzlichen Haare, die sich für eine Verarbeitung in der Textilindustrie eignen. Alle übrigen pflanzlichen Fasern gehören zu einem ganz anderen Gewebe, das im Inneren von Sprossen oder Blättern vorkommt und der Festigung dient. Es besteht aus langen, schmalen Zellen mit ziemlich dicken Zellwänden und zugespitzten Enden. Die Wände umschließen wie bei der Baumwolle einen Hohlraum, in dem kein Zellinhalt mehr vorhanden ist. Diese Zellen, die ebenfalls abgestorben sind, bezeichnet man als Sklerenchymfasern. Sie liegen meistens zu mehreren zusammengepackt, bilden also Sklerenchymfaserbündel. Zu dieser Gruppe pflanzlicher Fasern gehören z. B. der Flachs, der Hanf oder die Jute. Der Flachs ist eine der ältesten Kulturpflanzen und findet sich bereits in der ersten Hälfte des 3. vorchristlichen Jahrhunderts bei den Pfahlbauern am Bodensee. Die Sklerenchymfaserbündel kommen im Stengel vor, aus dem sie mit Hilfe eines Verfahrens, das man als „Röste" bezeichnet, isoliert werden. Um diesen Vorgang verstehen zu können, erinnern wir uns an die Fruchtfleischzellen (S. 31). Dort wurde gesagt, daß während der Reife die Kittsubstanz, die die Zellen im Gewebe zusammenhält, aufgelöst wird, so daß sie sich leicht isolieren und untersuchen lassen. Bei der Flachsröste erfolgt eine derartige Isolierung künstlich mit Hilfe von Bakterien. Dazu werden die Stengel entweder in Wasser oder auf Erde gelegt. In beiden Fällen entwickeln sich Bakterien, die die Kittsubstanz, die zwischen den Sklerenchymfaserbündeln und den angrenzenden Geweben besteht, auflösen. Danach lassen sich die Faserbündel mechanisch vom Rest des Stengels isolieren.

Eine Flachsfaser ist also nicht eine einzige Zelle, wie das bei einer Baumwollfaser der Fall war, sondern umfaßt ein ganzes Bündel von Zellen. Um einzelne Zellen mit dem Mikroskop untersuchen zu können, müssen sie erst voneinander getrennt werden. Wir schneiden dazu von einer Flachsfaser mit der Schere ein ca. 5 mm langes Stück ab und legen es auf einen Objektträger in einen Tropfen Wasser. Dann wird die Faser mit Hilfe zweier Stecknadeln zu einem feinen Brei zerzupft. Man legt ein Deckglas auf und sucht mit dem Objektiv 5:1 in dem Präparat zunächst eine Stelle, an der die Faser besonders fein zerzupft ist. Mit dem Objektiv 40:1 sind dort dicke, gerade verlaufende Zellwände zu erkennen, die einen sehr schmalen Hohlraum umschließen.

In gleicher Weise untersuchen wir Hanffasern aus einem Bindfaden oder Jutefasern aus einem Kartoffelsack. In beiden Fällen sehen wir wiederum dicke Zellwände und schmale Hohlräume ohne Zellinhalt. Die Hanffasern ähneln sehr den Flachsfasern und haben gerade verlaufende Zellwände, während die Innenwände der Jutefasern leicht gewellt sind. Alle pflanzlichen Fasern können auch mit dem Polarisationsmikroskop untersucht werden. Dabei zeigen die Sklerenchymfasern die schönsten Farben, wenn sie richtig orientiert sind (Farbbild 9, S. 51).

Chemische Fasern. Neben den Garnen, die aus pflanzlichen oder tierischen Rohstoffen gewonnen werden, gibt es andere, die chemisch hergestellt werden. Dabei unterscheidet man zwischen halbsynthetischen und vollsynthetischen Fasern. Von den halbsynthetischen Fasern wollen wir hier nur die Viskosefaser näher behandeln.

Viskosefaser. Zur Herstellung von Viskosefasern wird Zellulose in bestimmten Chemikalien gelöst. Fäden entstehen, wenn der Zellulosebrei nach einigen weiteren Behandlungsstufen durch feine Öffnungen (Spinndüsen) in ein sogenanntes Spinnbad gedrückt wird. Wir nehmen jetzt Watte, die ausschließlich oder zu 50% aus Viskosefasern besteht, und stellen davon ein Präparat mit Wasser als Einschlußmedium her. Die Viskosefasern sind nicht gedreht und zeigen zahlreiche längs verlaufende dunkle Linien. Das sind kantige bis rundliche Leisten oder Rillen, die auf der Oberfläche der Faser verlaufen.

Nylon, Perlon. Zu den vollsynthetischen Fa-

Abb. 37: Vogelfeder.
Obj. 10:1, Ok. 10×.

sern gehören z. B. Nylon oder Perlon. Man kann sie genauso wie alle anderen Fasern mit Waser als Einschlußmedium präparieren und mit dem Mikroskop untersuchen. Nur bieten sie wenig Interessantes. Man sieht gewöhnlich glatte Fasern ohne weitere Strukturen. Allerdings sind sie ebenso wie die Viskosefasern doppelbrechend und deshalb für eine Untersuchung mit dem Polarisationsmikroskop geeignet.

Seide. Bei der industriellen Herstellung von halb- und vollsynthetischen Fasern wird also ein bestimmter Stoff durch eine Spinndüse ausgepreßt, so daß schließlich ein Faden entsteht. Dieses Prinzip der Faserherstellung wurde jedoch schon vor langer Zeit von der Natur erfunden, beispielsweise von der Raupe des Seidenspinners, eines Schmetterlings, der in China beheimatet ist. Vor ihrer Verpuppung erzeugt die Raupe aus den beiden Speicheldrüsen ein eiweißartiges Sekret, das an der Luft zu zwei Fäden erhärtet, die sofort miteinander verkleben und von einer gemeinsamen Hülle umgeben werden. Bei der technischen Verarbeitung der Seide wird der Verband der beiden Fäden in der Regel gelöst. Deswegen sind meistens nur einzelne Fäden zu sehen, wenn man Seide im Mikroskop untersucht. Nur lassen sie ebenso wie Nylon oder Perlon keine weiteren Einzelheiten erkennen. Seidenfasern

sind doppelbrechend und schillern im Polarisationsmikroskop in schönen Farben.

Federn

Federn kommen ausschließlich bei Vögeln vor. Wir besorgen uns eine Flügel- oder Schwanzfeder. Jede dieser Federn wird der Länge nach von der Federachse (auch Federkiel genannt) durchzogen. Sie wird in Spule und Schaft untergliedert. Solange sich die Feder noch am Flügel bzw. Schwanz befindet, steckt sie mit ihrer Spule in der Haut. Nur der Schaft ragt darüber hinaus. Er trägt die sogenannte Federfahne. Sie besteht aus den Ästen, die schräg nach oben verlaufen. Wenn man über die Fahne streicht, halten die Äste ziemlich fest zusammmen. Warum das so ist, wollen wir jetzt untersuchen. Dazu schneiden wir vom Rande der Fahne einer Flügel- oder Schwanzfeder mit der Schere ein kleines Stück von höchstens 5 mm Kantenlänge ab, übertragen es auf einen Objektträger in einen Tropfen Speiseöl und bedecken es mit einem Deckglas. Mit dem Objektiv 10:1 sind die verhältnismäßig dikken Äste zu erkennen, von denen nach beiden Seiten kürzere Zweige abgehen, die als Strahlen bezeichnet werden. Nun untersuchen wir das Präparat mit dem Objektiv 40:1. Jetzt fallen im äußersten Abschnitt der

Strahlen feine Häkchen auf, die den benachbarten Strahl umfassen und so letztlich für den Zusammenhalt sämtlicher Äste sorgen (Abb. 37).

Dauerpräparate

Wenn wir für die Präparate Wasser als Einschlußmedium benutzen, verdampft das Wasser mit der Zeit. Man muß ab und zu einen Wassertropfen an den Deckglasrand setzen, sonst wird das Präparat unbrauchbar. Wir haben aber auch Präparate von Haaren und Federn mit Speiseöl als Einschlußmedium hergestellt. Da Öl nicht eintrocknet, sind solche Präparate lange haltbar. Nur läßt sich das Deckglas leicht verschieben, wenn

man versehentlich daran stößt. Deshalb umranden wir es sicherheitshalber mit Alleskleber: Wir tragen mit der Tube am Deckglasrand einen Rahmen aus Alleskleber auf, der jeweils einige Millimeter auf das Deckglas und den Objektträger übergreift. Wenn der Klebstoff trocken geworden ist, läßt sich das Deckglas nicht mehr verschieben, und das Präparat ist lange haltbar. Man hat es so in ein Dauerpräparat verwandelt, das jetzt nur noch beschriftet werden muß. Dazu nimmt man Selbstklebeetiketten, auf die die Art des Objektes, also z. B. „Flügelfeder der Taube", Stichworte zur Präparation (z. B. Art des Einschlußmittels) und das Datum geschrieben werden.

Insekten und Spinnen

Ungefähr 75% aller heute bekannten Tierarten sind Insekten. Deshalb wollen wir uns jetzt einigen Vertretern dieser wichtigen Gruppe zuwenden.

Stubenfliege

Wir beginnen mit der Stubenfliege, weil dieses Insekt für die meisten Mikroskopiker am einfachsten zu erreichen sein dürfte. Wir erlegen also mehrere Exemplare davon mit der Fliegenklatsche. Falls die Fliegen nicht sofort weiterverarbeitet werden können, bewahren wir sie in verdünntem Brennspiritus auf. Dazu füllen wir ein sauberes Tablettenröhrchen aus Glas zu drei Vierteln mit Brennspiritus und geben darauf so viel Leitungswasser, daß sich das Röhrchen noch mit dem Stopfen verschließen läßt. Auf diese Weise bekommen wir etwa 70%igen Alkohol. Wir schütteln gut um und übertragen

dann die toten Fliegen in die Flüssigkeit. Andere Insekten lassen sich ebenso konservieren. Man kann sich auf diese Weise eine Materialsammlung für den Winter anlegen.

Fliegenbein. Als erstes stellen wir ein Präparat von einem Fliegenbein her. Wir schütten den Inhalt des Tablettenröhrchens in eine kleine Schale und nehmen die Fliege mit einer Pinzette heraus. Ihr Körper gliedert sich wie bei allen Insekten in Kopf, Bruststück und Hinterleib. Diese drei Teile sind durch tiefe Einschnitte voneinander abgegrenzt. Das führte zu den Bezeichnungen „Insekten" (lateinisch „insectare" = einschneiden) oder „Kerbtiere". Das Bruststück trägt 6 Beine und bei der Fliege 2 Flügel. Wir reißen der toten Fliege mit einer spitzen Pinzette ein Bein ab, indem wir es möglichst nahe am Bruststück anfassen. Das Bein kommt auf einen Objektträger in einen

Tropfen Glycerin. Man kann das Präparat sofort untersuchen oder es vorher durch Umranden des Deckglases in ein Dauerpräparat umwandeln (S. 66). Im vorliegenden Fall kann man statt Alleskleber auch Nagellack verwenden, der sich leichter verarbeiten läßt. Wir streichen mit dem Lackpinsel am Deckglasrand entlang, so daß ein Nagellackstreifen entsteht, der auf den Objektträger übergreift.

Das Okular als Lupe. Wir stellen das Präparat zunächst mit dem Objektiv 5:1 ein. Dabei erweist sich das Fliegenbein als so groß, daß man es nicht auf einmal überblicken kann, sondern nur bestimmte Teile davon sieht. Wer sich trotzdem einen Gesamtüberblick verschaffen will, ist auf eine Lupe angewiesen. Wenn gerade keine Lupe zur Hand ist, kann man sich mit einem gewöhnlichen Mikroskopokular behelfen. Nur müssen wir dann im Gegensatz zur sonst üblichen Praxis durch die Feldlinse (also die untere Linse) blicken und das Präparat vor die Augenlinse halten. Mit einem Okular der Eigenvergrößerung 6× ist dann das ganze Bein gut zu sehen, wenn man das Präparat samt Okular gegen das Licht hält.

Man erkennt bereits bei schwacher Vergrößerung, daß das Fliegenbein aus verschiedenen Teilen gebaut ist, die größtenteils deutlich voneinander abgesetzt sind. Der Teil, mit dem das Bein am Bruststück gelenkig befestigt ist, wird als Hüfte bezeichnet. Darauf folgt der Schenkelring, der sich in unseren Präparaten jedoch meist nicht deutlich genug von der Hüfte abhebt und daher schlecht von ihr zu unterscheiden ist. Der nächste Beinabschnitt wird von dem verhältnismäßig langen Schenkel gebildet. Ihm schließt sich die etwas kürzere Schiene an. Der Fuß bildet den letzten Teil des Fliegenbeines und besteht aus 5 hintereinanderliegenden, deutlich voneinander abgesetzten Fußgliedern (Abb. 38).

Jetzt erst legen wir das Präparat wieder auf den Objekttisch des Mikroskops und untersuchen es mit dem Objektiv 10:1, wobei wir uns zunächst auf den Fuß konzentrieren. Sein letztes Glied endet mit zwei scharfen

Abb. 38: Fliegenbein. Lupenvergrößerung.

Abb. 39: Fliegenfuß. Obj. 5:1, Ok. 10×.

Krallen, zwischen denen zwei rundliche Gebilde liegen, die heller sind und von dunklen Linien durchzogen werden (Abb. 39). Das sind die sogenannten Haftballen. Sie machen es der Fliege zusammen mit den beiden Krallen möglich, sowohl auf rauhen als auch auf spiegelglatten Oberflächen zu laufen. Handelt es sich um eine rauhe Unterlage, sind die Krallen nach unten und die Haftballen nach oben geklappt. Landet die Fliege dagegen auf einer Glasscheibe, schwenken die Krallen nach innen, so daß die Haftbal-

Flügel der Fliege. Wir reißen der toten Fliege mit einer Pinzette am Bruststück einen Flügel heraus und legen ihn auf einen Objektträger in einen Tropfen Glycerin. Wenn man das Deckglas mit Alleskleber oder Nagellack umrandet, entsteht wiederum ein Dauerpräparat.

Stellt man das Präparat mit dem Objektiv 5:1 ein, ist der gesamte Flügel nicht auf einmal zu überblicken. Deshalb untersuchen wir ihn zunächst mit der Lupe oder einem umgedrehten Okular. Man erkennt dabei

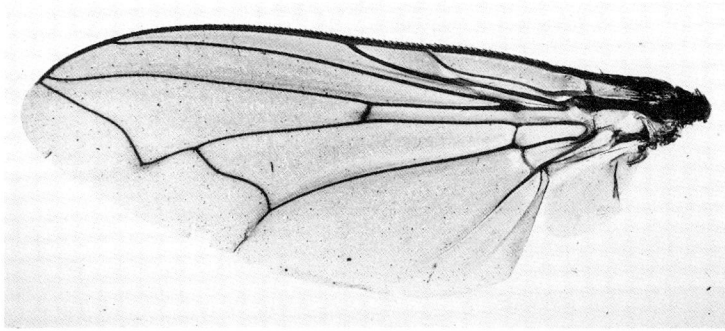

Abb. 40: Fliegen-
flügel. Lupen-
vergrößerung.

len Kontakt mit der glatten Fläche bekommen. Sie werden mit einer Flüssigkeit befeuchtet und saugen den Fuß an der Glasscheibe fest.

Im übrigen sind alle Teile des Fliegenbeines dicht von Haaren besetzt. Weil das ganze Bein tief schwarz gefärbt ist, sind die Haare aber nur an den Rändern der einzelnen Beinteile deutlicher zu sehen. Besonders lange und kräftige Borsten stehen am unteren Ende der Schiene. Diese Haare dienen der Körperpflege, wobei die Fliege oft mit ihren Beinen über Kopf, Bruststück und Hinterleib wischt, die ebenfalls behaart sind.

Alle Teile des Beines bestehen aus einer festen Wand aus Chitin und sind miteinander durch Gelenke verbunden. Die Chitinwand umschließt jeweils einen Hohlraum, der von Muskeln und winzigen Röhrchen ausgefüllt ist, die der Luftversorgung der Muskeln dienen. Allerdings ist das alles wegen der Schwarzfärbung an unseren Präparaten nicht zu erkennen. Nur manchmal ragen Teile von Muskeln aus dem abgerissenen Ende der Hüfte heraus.

auf dem Flügel ein Netz aus dunklen Linien – den sogenannten Adern (Abb. 40). Dieses Adernetz ist für den Fliegenspezialisten wichtig, weil er daran erkennen kann, um welche Fliegenart es sich handelt. Dann untersuchen wir unser Präparat näher mit dem Mikroskop. Mit dem Objektiv 10:1 ist zu sehen, daß der ganze Flügel von kleinen, spitzen Härchen besetzt ist. Die Adern erscheinen jetzt deutlicher. Sie sind hohl und dienen deshalb nicht nur zur Versteifung der Flügel, sondern u. a. auch zur Leitung der Blutflüssigkeit. Der Fliegenflügel ist ein sogenannter Hautflügel, also ein Auswuchs der Haut. Er besteht aus zwei Schichten, die dicht übereinanderliegen und nur dort auseinanderweichen, wo die Adern verlaufen.

Biene

Die beiden Insektenarten, die für den Menschen die größte wirtschaftliche Bedeutung erlangt haben, sind der bereits erwähnte Seidenspinner und die Honigbiene. Mit der Bienenzucht haben sich bereits die alten

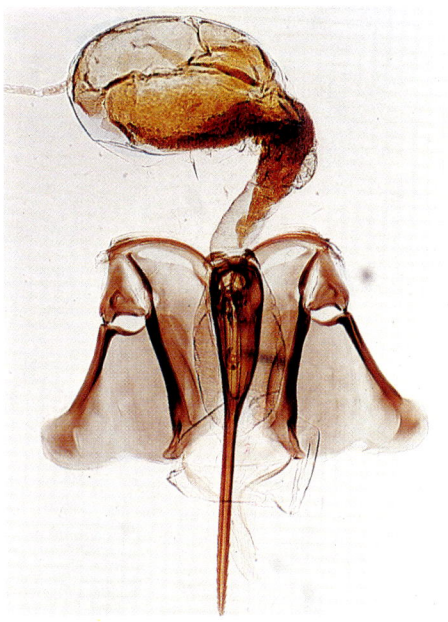

13 Biene. Stachel des Stechapparates. Obj. 5:1, Ok. 10×. (S. 72)

14 Biene. Stechapparat. Lupenvergrößerung. (S. 72)

15 Schuppen vom Flügel einer Stechmücke. Obj. 40:1, Ok. 10×. (S. 75)

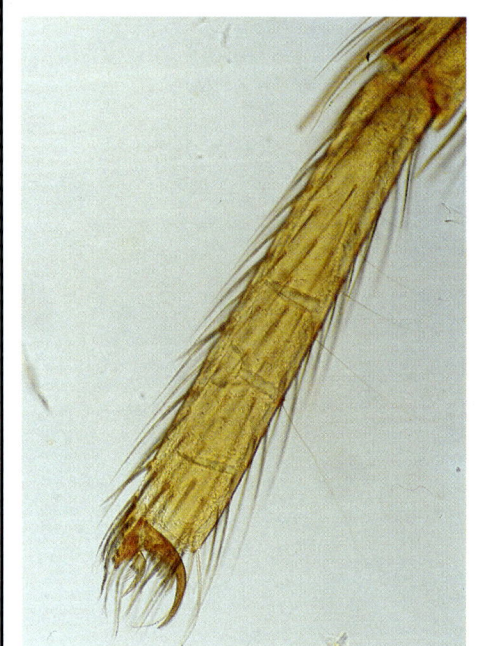

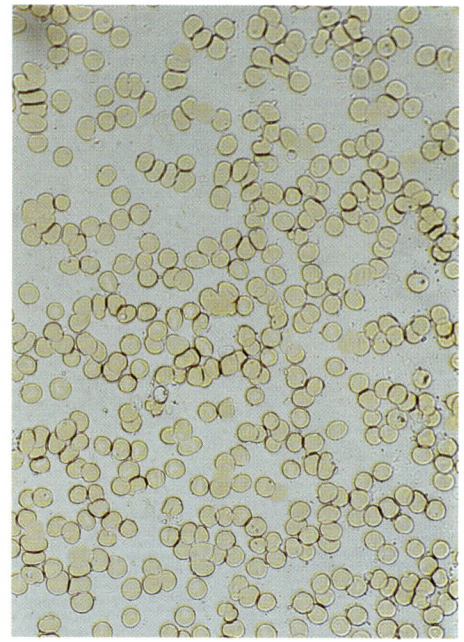

16 Bein einer Spinne. Obj. 10:1, Ok. 10×.
(S. 75)

17 Blut des Menschen. Obj. 40:1, Ok. 10×.
(S. 107)

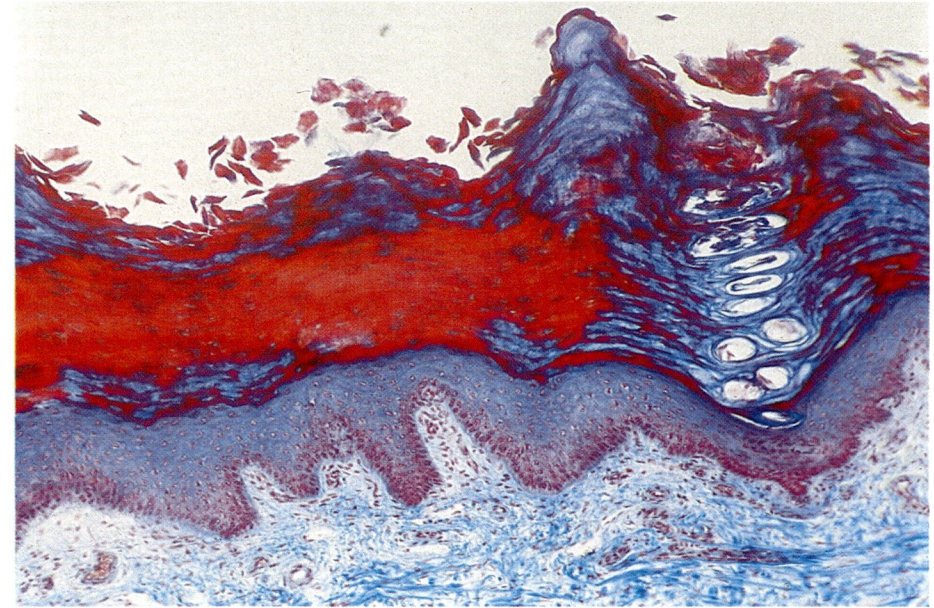

18 Mensch: Haut, quer. Obj. 10:1, Ok. 10×. (S. 15)

Ägypter vor 5000 Jahren befaßt, nachdem man vorher den Honig wilder Bienen gesammelt hatte. Jedenfalls war der Bienenhonig jahrtausendelang der einzige Süßstoff, der dem Menschen zur Verfügung stand. Daneben sind die Bienen wichtig als Produzenten von Bienenwachs und für die Bestäubung der Blüten. Tote Bienen besorgt man sich am einfachsten von einem Imker.

Beine der Biene. Bei der Fliege dienen die Beine im wesentlichen zum Laufen und zum Putzen des Körpers. Bei der Biene übernehmen sie darüber hinaus noch andere Aufgaben, die sich auch in ihrem Bau zeigen. Man stellt zunächst je ein Dauerpräparat von einem Vorderbein, einem Mittelbein sowie den beiden Hinterbeinen her. Dabei hat man darauf zu achten, daß bei den Hinterbeinen im Präparat eines mit seiner Außenseite und das andere mit seiner Innenseite nach oben weist.

Vorderbein. Wie alle Insektenbeine ist auch das Bienenbein am Bruststück mit der Hüfte gelenkig verbunden. Im Gegensatz zum Fliegenbein hebt sich der darauffolgende Schenkelring deutlich ab. Als nächste Beinglieder kommen der Schenkel und die etwas kürzere Schiene. Der Fuß besteht wie bei der Fliege aus 5 Teilen, von denen der erste fast so lang und nur nicht ganz so breit wie die Schiene ist. Es handelt sich dabei um die Ferse. Dann folgen drei kürzere Fußglieder und ein etwas längeres, das an seinem unteren Ende die Krallen und Haftballen trägt. Der obere Teil der Ferse weist innen eine Einbuchtung auf, die feine Borsten trägt: die Putzscharte. Zur Reinigung werden die Fühler durch diese Scharte gezogen. Damit sie dabei in der Putzscharte bleiben, wird diese von einem Sporn abgeschlossen, der mit einem Gelenk an der Unterseite der Schiene sitzt. Er trägt am Rande ein Chitinläppchen, das ebenfalls der Reinigung der Fühler dient (Farbbild 10, S. 52). Alle Teile des Vorderbeines sind bis auf die Krallen und die Haftlappen behaart. Dabei tragen Hüfte, Schenkelring und Schenkel einen dichten Pelz verhältnismäßig langer, dünner Haare, von denen viele spitz auslaufende Seitenzweige ab-

gehen. Die Haare der anderen Beinteile sind etwas kürzer, am Grunde ziemlich breit und laufen gegen das Ende zu ebenfalls spitz aus.

Hinterbeine. Die Hinterbeine sind genauso gegliedert wie alle anderen Insektenbeine. Die Schiene ist jedoch erheblich größer als der Schenkel und erweitert sich bis zu ihrem Ende trompetenförmig. Auch das erste Fußglied – die Ferse – ist stark verbreitert, aber etwas kürzer als die Schiene. Es folgen drei weitere Fußglieder, von denen das erste, das sich an die Ferse anschließt, das größte und das letzte das kleinste ist. Den Schluß des Fußes bildet ein etwas längeres Glied, das unten mit Krallen und Haftlappen versehen ist (Farbbild 11, S. 52).

Schiene und Ferse zeigen noch einige Besonderheiten, die dem Einsammeln des Pollens dienen. So ist die gesamte Innenseite der Ferse mit einem bürstenartigen Haarbesatz versehen. Die Außenseite der Schiene bildet eine flache Vertiefung, die unten von einem Chitinwulst abgegrenzt wird und mit vielen langen, dünnen Haaren besetzt ist: das Körbchen. Am inneren unteren Schienenrand steht eine dichte, kammartige Borstenreihe, die man als Schienenrandborsten oder Pollenkamm bezeichnet. Der gesamte untere Schienenrand bildet den Pollenkneter. Der oberste Rand der Ferse ist bis zum Gelenk, das sie mit der Schiene verbindet, leicht ausgebuchtet und stellt den Fersenkopf oder Fersenschenkel dar, dessen Rand als Pollenschieber bezeichnet wird. Pollenkneter und Pollenschieber bilden zusammen den Pollenknetapparat, den man auch Pollenzange nennt.

Die Strukturen an Ferse und Schiene dienen – wie schon gesagt – dem Sammeln des Pollens. Wenn eine Biene eine Blüte besucht, wird der dichte Haarpelz auf ihrem Körper mit Pollen eingepudert. Während die Biene zur nächsten Blüte fliegt, putzt sie die Pollenkörner mit den Vorderbeinen nach hinten. Gleichzeitig werden sie dort mit der Bürste an der Hinterbeinferse ausgebürstet. Dann werden die beiden Hinterbeine gegeneinander gerieben, wobei der Kamm des einen Beines den Pollen aus der Bürste des anderen entfernt. Dabei gelangt der Pollen in den Pollenknetapparat, wo er zu einem Klumpen zusammengeknetet und dann in das Körbchen geschoben wird. Wenn die Körbchen voll mit Pollen sind, sieht es aus, als habe die Biene „Höschen" an.

Mittelbein. Wir sehen auch hier die uns vertraute Gliederung in Hüfte, Schenkelring, Schenkel, Schiene und den aus fünf Teilen bestehenden Fuß. Aus dem oberen Ende der Hüfte ragen, wie bei vielen ausgerissenen Insektenbeinen, Reste von Muskelfasern heraus. Die Ferse ist auch hier deutlich verlängert. Am unteren Ende der Schiene befindet sich ein auffallender Sporn, der schräg absteht. Damit kratzt die Biene, wenn sie in den Stock zurückgekehrt ist, den Pollen aus dem Körbchen und schiebt ihn in eine Wabe.

Flügel. Die Biene besitzt auf jeder Seite zwei, also insgesamt vier Flügel. Das ist der Normalfall bei geflügelten Insekten, während die Fliegen mit ihren insgesamt zwei Flügeln eine Ausnahme darstellen. Allerdings sind auch bei ihnen die beiden hinteren Flügel wenigstens in stark umgewandelter Form und sehr versteckt vorhanden. Es handelt sich dabei um die sogenannten Schwingkölbchen, mit denen die Fliege beim Fliegen das Gleichgewicht hält.

Wir stellen von den beiden Bienenflügeln einer Seite ein Präparat her. Die Flügel werden von Adern durchzogen und tragen auf der Oberfläche viele kleine, spitze Härchen. Der hintere Rand des Vorderflügels ist ein Stück weit umgebogen und bildet so eine Rinne. In diese Rinne greifen Häkchen ein, die sich am Vorderrand des kleineren Hinterflügels befinden. Die beiden Flügel einer Seite können also zusammengehakt werden und beim Fliegen eine einheitliche Fläche bilden (Farbbild 12, S. 52).

Fühler (Antennen). Sie sind für die Bienen nicht nur zum Tasten, sondern auch als Geruchsorgan wichtig. Weil sie zwei Fühler hat, die noch dazu beweglich sind, kann sie nicht nur die Art eines Geruches feststellen, sondern auch aus welcher Richtung er kommt.

Wir stellen ein Präparat von einem Fühler der Biene her. Mit dem Objektiv 5:1 sieht man, daß er sich aus vielen Gliedern zusammensetzt. Das erste davon, welches den Fühler am Kopfstück verankert, ist das längste und wird als Basalglied bezeichnet. Darauf folgt das sogenannte Wendeglied, das die Verbindung zum restlichen Teil, der Fühlergeißel, herstellt. Die Fühlergeißel erscheint vom Basalglied aus gesehen fast rechtwinklig abgeknickt; man spricht daher beim Bienenfühler von einem geknieten Fühlertyp. Die Biene bewegt ihre Fühler mit Hilfe von Muskeln, die sich ausschließlich im Basalglied befinden, was an unseren Präparaten allerdings nicht zu sehen ist. Dafür erkennen wir Haare, die am Basalglied und am Wendeglied am längsten sind. Die Oberfläche der Glieder der Geißel ist von zahlreichen Härchen bedeckt, die der Reizaufnahme dienen. Hinzu kommen viele Vertiefungen, die man wegen der dunklen Färbung der Fühler jedoch nur schlecht sehen kann. Sie fehlen auf den ersten Gliedern der Geißel, die sich dem Wendeglied anschließen.

Stechapparat. Wir wollen jetzt ein Präparat vom Stechapparat der Biene herstellen. Dazu fassen wir den Hinterleib einer toten Biene und drücken ihn ganz leicht zusammen.

Dabei tritt am Ende der Stachel als ganz feine Spitze hervor, die wir mit einer Pinzette herausziehen. In der Regel wird nicht nur der Stachel, sondern der gesamte Stechapparat (s. u.) mit herausgerissen. Es kann aber auch vorkommen, daß beim Druck auf den Hinterleib am Ende keine feine Spitze sichtbar wird. Dann schneiden wir das letzte Drittel des Hinterleibes mit einer Schere ab und legen es auf einen Objektträger. Wir zupfen dort das Hinterleibsende mit zwei Stecknadeln auseinander, bis die feine Spitze des Stachels sichtbar wird, an der noch weitere Teile hängen. Die Spitze kommt samt Anhang auf einen Objektträger in einen Tropfen Glycerin und wird mit einem Deckglas bedeckt.

An diesem Präparat interessiert natürlich zunächst einmal der Stachel. Er besteht aus einer dünnwandigen, meist schlecht erkennbaren Rinne, die als Stilett bezeichnet wird und unten mit einer gebogenen Schneide versehen ist (Farbbild 13, S. 69). In der Rinne gleiten zwei kräftige Stechborsten, die an ihren Außenseiten mit großen Widerhaken versehen sind. Der Stachel wird von einer Stachelscheide aus zwei breiten, unten abgerundeten, behaarten Borsten umgeben, die in den Präparaten manchmal mehr oder weniger zur Seite gebogen sind oder ganz fehlen. Zum Stechen benötigt die Biene aber nicht nur den Stachel, sondern auch Vorrichtungen zur Herstellung und Lagerung des Giftes sowie einen Mechanismus zum Einführen des Stachels in den Körper des Feindes. Alle diese Teile bilden zusammen den Stechapparat, der gewöhnlich am Stachel haften bleibt, wenn man ihn präpariert. Zur Untersuchung des gesamten Stechapparates benützen wir das Objektiv 5:1. Die beiden Stechborsten sind ein Stück weit von der Spitze entfernt nicht mehr mit Widerhaken besetzt und biegen schließlich um. Das Ende eines jeden dieser Bögen ist mit einer etwa dreieckigen Chitinplatte – dem Winkelstück – verbunden, das seinerseits mit einer pyramidenstumpfförmigen Chitinplatte (der sogenannten „quadratischen Platte") Kontakt hat. An diesen Platten sitzen Muskeln, die für das Eindringen des Stachels in den Körper des Opfers sorgen. Das Stilett bildet nach oben zu einen dunkelbraunen, umgekehrt vasenförmigen Hohlraum. Dieser Hohlraum ist durch eine feine Röhre mit der Blase verbunden, in der das Bienengift gespeichert wird. Wenn die Biene lange Zeit in verdünntem Brennspiritus gelegen hat, erkennt man das Bienengift als braune Schollen. Es wird in einer langen, gabelig verzweigten Giftdrüse produziert, die sich an die Giftblase anschließt. Im Bienengift ist u. a. Ameisensäure enthalten; es reagiert deshalb sauer. Das eigentliche Gift besteht aus Eiweißsubstanzen, die chemisch ähnlich aufgebaut sind wie bestimmte Schlangengifte. Eine weitere kurze, schlauchförmige, gegen das Ende etwas aufgeblasene Drüse mündet in das Rohr, das die Giftblase mit dem Hohlraum verbindet, der vom Stilett gebildet wird (Farbbild 14, S. 69). Die Biene dringt mit ihrem Stachel in die Haut ihres Opfers ein, indem sie die Stechborsten gegenläufig nach oben und unten bewegt. Will sie den Stachel schließlich wieder aus der Haut herausziehen, ist das nicht möglich, wenn sie einen Menschen oder ein Säugetier gestochen hat. Denn Säugetierhaut ist so elastisch, daß die Widerhaken darin hängenbleiben und der ganze Stechapparat aus der Biene herausgerissen wird, so daß sie ihren Angriff mit dem Leben bezahlen muß. Der Stechapparat bleibt aber trotzdem noch eine kurze Zeit lang aktiv. Denn mit ihm zusammen werden auch die Nerven aus dem Bienenkörper herausgerissen, die die Muskeln des Stechapparates versorgen. So haben diese Muskeln noch ausreichend Gelegenheit, das gesamte in der Blase befindliche Gift in die Wunde zu pressen und die Wirkung des Stiches zu optimieren. Dagegen kann die Biene ihren Stachel problemlos wieder herausziehen, wenn sie ein anderes Insekt gestochen hat.

An den Chitinplatten des Stechapparates sieht man die Muskelfasern als schmale, gelbliche bis bräunliche Bänder mit quer verlaufenden Streifen. Muskeln wollen wir aber erst später genauer besprechen. Daneben kommen noch weiße Röhren vor. Sie sind durch schraubig verlaufende Leisten ausgesteift, die eine so flache Steigung haben, daß leicht der falsche Eindruck entstehen kann, die Röhren seien beinahe quergestreift. Sie verzweigen sich stellenweise in kleinere Röhrchen, die genauso ausgesteift sind. Alle diese Röhren werden als Tracheen bezeichnet. Sie dienen der Atmung. Durch sie gelangt Sauerstoff in den Körper der Insekten. Umgekehrt wird im Körper entstandenes Kohlendioxid über die Tracheen abgegeben.

Wespe

Nahe verwandt mit den Bienen sind die Wespen. Man kann sie in den Monaten August und September leicht fangen, weil sie sich dann auf Marmelade oder Obstkuchen ansammeln. Sie werden, wie alle Insekten, in verdünntem Brennspiritus aufbewahrt.

Beine der Wespe. Die Beine zeigen die uns bereits bekannte Gliederung: Auf die Hüfte und den Schenkelring folgt der Schenkel, der das längste und dickste Glied des Beines darstellt. An den Schenkel schließt sich die etwas kürzere und dünnere Schiene an, an sie die Fußglieder.

Vorderbein. Das erste Fußglied – die Ferse – ist besonders lang. Die nächsten drei Fußglieder sind wesentlich kürzer, während das letzte wieder etwas länger und nach unten zu trichterförmig erweitert ist. Es trägt am Ende die Haftlappen samt Krallen. Schiene und Fuß sind nicht nur mit einigen kräftigen Borsten, sondern gleichzeitig von einem dichten Pelz aus kurzen, feinen Haaren besetzt. Das Vorderbein der Wespe weist wie bei der Biene eine Vorrichtung zum Putzen der Fühler auf. Zu diesem Zweck trägt die Schiene an ihrem Ende einen beweglichen Sporn, während das obere Ende der Ferse mit einer Vertiefung versehen ist, die bei der Wespe jedoch viel flacher ist als bei der Biene. Der Sporn trägt auf seiner der Vertiefung zugewandten Seite eine kammförmige Chitinplatte. Die Vertiefung der Ferse wird von dichtstehenden Haaren bürstenartig ausgekleidet. Die Vorderbeine der Wespe sind kürzer als die beiden anderen Beinpaare.

Mittel- und Hinterbein. Das Hinterbein ist länger als das Mittelbein, ist aber sonst fast gleich gebaut. In beiden Fällen ist der Schenkelring deutlich von der Hüfte abgesetzt. Am unteren Ende der Schiene befinden sich zwei spitz auslaufende, schräg nach unten gerichtete Sporne. Ihnen gegenüber an der Ferse des Hinterbeines befindet sich eine ganz flache Vertiefung. Die der Vertiefung zugewandten Seiten der Sporne tragen Haare, die einen Kamm bilden und im Vergleich mit den anderen Haaren etwas breiter und nicht zugespitzt sind.

Flügel. Die Wespe trägt auf beiden Seiten ihres Bruststückes je zwei Flügel: einen größeren Vorderflügel und einen kleineren Hinterflügel. Beide werden wie bei der Biene duch eine Koppelungsvorrichtung zusammengehalten. Dazu ist das Hinterende des Vorderflügels ein Stück weit verstärkt und

umgebogen, so daß eine Rinne entsteht, in die kleine, kräftige Häkchen greifen, die am Vorderrand des Hinterflügels stehen.

Fühler. Der Wespenfühler gehört zum geknieten Fühlertyp und ist mit dem Basalglied im Kopf verankert. Darauf folgt das ziemlich kurze Wendeglied, an das sich die aus vielen Gliedern bestehende Geißel anschließt. Das Glied, das unmittelbar auf das Wendeglied folgt, ist das längste Glied der Geißel. Es trägt ebenso wie alle anderen Geißelglieder einen dichten Pelz feiner, spitzer Härchen.

Stechapparat. Der Stechapparat der Wespe wird wie der der Biene präpariert und ist im Grunde genommen genauso gebaut wie dieser. Jedoch sind die Widerhaken an den Stechborsten viel feiner als bei der Biene. Die Wespe kann daher ihren Stachel nach dem Stich ohne Schaden selbst aus der elastischen Haut eines Menschen wieder herausziehen.

Präparate von anderen Gliederfüßern

Ameise. Bei sehr kleinen Insekten kann man auch die ganzen Tiere zu einem Präparat verarbeiten. Man spricht dann von einem „Totalpräparat". Gut geeignet dazu sind z. B. die kleinen Ameisen, die man im Sommer etwa unter Steinen findet und die gelegentlich sogar als ungebetene Gäste in unseren Wohnungen auftauchen. Man bewahrt sie in verdünntem Brennspiritus auf, überträgt sie wie Insektenteile auf einen Objektträger in einen Tropfen Glycerin und bedeckt das Ganze mit einem Deckglas. Mit der Lupe oder einem umgedrehten Okular ist die Gliederung des Körpers in Kopfstück, Bruststück und Hinterleib deutlich zu erkennen. Am Kopfstück sind die Fühler befestigt. Vom Bruststück gehen die sechs Beine ab. Hat man im Sommer das Glück, geflügelte Ameisen fangen und präparieren zu können, ist zu sehen, daß auch die Flügel am Bruststück befestigt sind. Der Hinterleib besteht aus mehreren Ringen, die teleskopartig ineinandergeschoben sind. Solche Totalpräpa-

Abb. 41: Schuppen
vom Flügel eines
Schmetterlings.
Obj. 40:1, Ok. 10×.

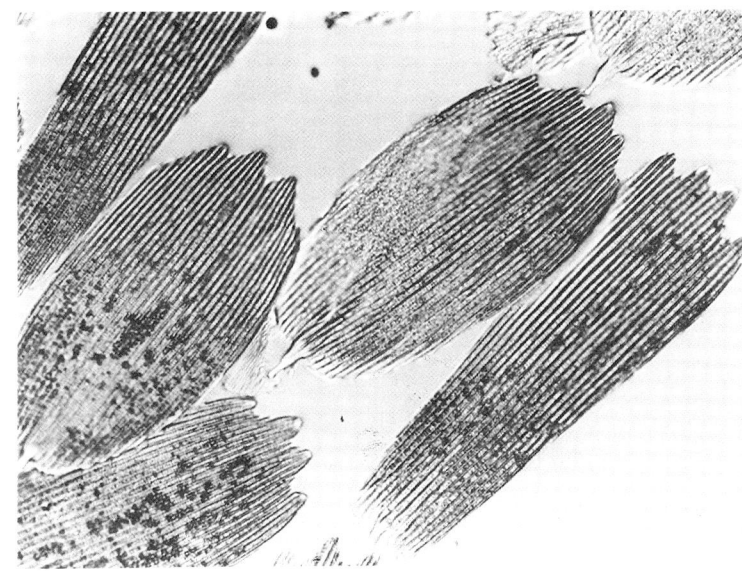

rate zeigen also sehr schön den Gesamtaufbau eines Insekts. Allerdings sind sie verhältnismäßig dick und können deswegen im Mikroskop nur mit schwächeren Objektiven untersucht werden.

Schmetterlingsschuppen. Schmetterlinge haben ebenfalls Hautflügel; sie sind jedoch von einer Vielzahl kleiner Schuppen wie mit Dachziegeln bedeckt. Um diese Schuppen im Mikroskop sichtbar zu machen, muß man nur die Flügel eines toten Schmetterlings leicht gegen ein Deckglas drücken, so daß die Schuppen daran haften bleiben. Dann klebt man auf den Rand der Schichtseite dieses Deckglases mit Alleskleber ca. 2–3 mm breite Streifen Zeichenpapier oder anderes Papier ähnlicher Stärke. Nachdem die Klebstellen trocken geworden sind, wird das Deckglas mit dem Papierstreifen auf einen Objektträger geklebt. Damit ist das Präparat fertig und kann sofort untersucht werden. Man sucht mit dem Objektiv 10:1 eine passende Stelle aus und wechselt dann auf das Objektiv 40:1 über. Die Schmetterlingsschuppen sehen wie feine Gabeln aus, deren Zinken durch zarte gewellte Linien miteinander verbunden sind. Die Schuppen stehen mit einem dünnen Stielchen auf dem Haut-

flügel und sorgen u. a. für seine Farbe (Abb. 41). Abgesehen von diesen sogenannten Deckschuppen kommen noch wesentlich kleinere Duftschuppen vor.

Schuppen vom Flügel einer Stechmücke. Schöne Schuppen finden wir auch auf den Flügeln von Stechmücken. Wir stellen davon ein Präparat her, indem wir einer toten Stechmücke mit einer Pinzette einen Flügel aus dem Bruststück herausreißen, ihn auf einen Objektträger in einen Tropfen Glycerin übertragen und mit einem Deckglas bedecken. Das Präparat wird wieder mit dem Objektiv 10:1 eingestellt und dann mit dem Objektiv 40:1 genauer untersucht. Die Schuppen des Stechmückenflügels sind etwas kleiner und schmäler als die Schmetterlingsschuppen (Farbbild 15, S. 69).

Bein einer Spinne. Spinnen werden nicht zu den Insekten, sondern zu einer eigenen Tiergruppe, den Spinnentieren, gerechnet, die man wiederum mit den Krebstieren und den Insekten zu den Gliederfüßern zusammenfaßt. Die Spinnen unterscheiden sich von den Insekten schon äußerlich. Einmal ist ihr Kopfstück mit dem Bruststück zum Kopfbruststück verwachsen, so daß sich ihr Körper nur in zwei Teile, eben in das Kopfbruststück und den Hinterleib, gliedert. Außerdem besitzen die Spinnen im Gegensatz zu den Insekten acht Beine.

Wir stellen von einem Spinnenbein ein Präparat her und gehen dabei wie bei der Präparation eines Insektenbeines vor. Bereits mit der Lupe erkennt man, daß sich auch das Spinnenbein aus verschiedenen Teilen zusammensetzt. Es ist mit dem Kopfbruststück durch die <u>Hüfte</u> verbunden, an die sich der <u>Schenkelring</u> anschließt. Dieser trägt den langen und breiten Schenkel, auf den oft ein Glied folgt, das bei Insektenbeinen fehlt und als <u>Knie</u> bezeichnet wird. Das nächste Beinglied ist die <u>Schiene</u>, die ihrerseits den meist zweigliedrigen <u>Fuß</u> trägt. Sein erstes Glied ist besonders lang und wird wie bei den Insekten als <u>Ferse</u> bezeichnet. Das letzte Fußglied trägt unten zwei kammartig gestaltete <u>Klauen</u> mit glatten Zähnchen (Farbbild 16, S. 70). Damit greift die Spinne in die Fäden ihres Netzes und kann so darauf herumlaufen, ohne es zu zerreißen. Zwischen den kammartig gestalteten Klauen befindet sich noch eine kleinere, hakenförmig gebogene Kralle, die als Vorklaue bezeichnet wird. Neben dieser Vorklaue stehen außerdem einige gebogene und gesägte Borsten, die zusammen mit der Vorklaue als Greifer bei der Herstellung des Spinnennetzes dienen. Dieses Greiforgan ist am besten an den Hinterbeinen ausgeprägt, die für die Herstellung des Netzes besonders wichtig sind.

Nachdem wir uns Teile von Insekten und Spinnen angesehen haben, wollen wir uns wieder einmal der Mikroskop-Optik zuwenden.

Demonstration des Zwischenbildes. Auf Seite 11 wurde gesagt, unsere Mikroskope enthielten u. a. eine Art Projektionsapparat, der von dem Präparat ein vergrößertes Bild projiziert, das seinerseits durch eine Lupe betrachtet und dabei nochmals vergrößert wird. Wenn das stimmt, müßte man das projizierte Bild, das sogenannte Zwischenbild, sehen können, wenn man im Mikroskop an der richtigen Stelle eine Projektionswand anbringt. Das wollen wir jetzt machen. Als

Projektionswand dient ein Stück Schreibmaschinen-Durchschlagpapier, ein Stück Butterbrotpapier oder irgendein anderes Stück durchscheinendes Papier. Davon wird ein Streifen von ca. 1 cm Breite und 5 cm Länge abgeschnitten. Man faltet diesen Streifen zunächst U-förmig mit zwei 2 cm langen Schenkeln und einem 1 cm langen Boden. Dann knicken wir die obere Hälfte der beiden Schenkel so nach außen, daß sich das Gebilde in den Tubus hängen läßt, nachdem das Okular daraus entfernt wurde. Vorerst stecken wir es aber wieder in den Tubus und stellen mit dem Objektiv 5:1 ein möglichst kontrastreiches Präparat ein. Gut geeignet ist dafür z. B. ein Fliegenbein, wobei für eine möglichst helle Beleuchtung des Präparates zu sorgen ist. Dann wird das Okular aus dem Tubus entfernt und dafür der zurechtgefaltete Papierstreifen eingehängt. In einem nicht zu hellen Zimmer ist jetzt auf dem Streifen das projizierte Fliegenbein deutlich zu erkennen. Nur erscheint es dort wesentlich kleiner als beim Blick durch das Okular. Das ist auch ganz verständlich. Denn jetzt fehlt ja die zweite, durch das Okular bewirkte Vergrößerungsstufe, und das Fliegenbein wird nur durch das Objektiv allein vergrößert.

Dieser Versuch liefert nur dann ein gutes Resultat, wenn man ein Präparat mit einem sehr kontrastreichen Objekt benutzt. Kontrastärmere Strukturen wie z. B. Stärkekörner, die nicht mit einer Jodlösung behandelt wurden, würden auf dem Transparentpapierstreifen kaum auffallen.

Das Okular wirkt wie eine Lupe. Das Okular soll also im Prinzip genauso wie eine Lupe wirken. Wenn das stimmt, müßte man ein Okular durch eine Lupe ersetzen und trotzdem im Mikroskop ein Bild von dem Präparat sehen können. Auch das wollen wir ausprobieren. Dazu lassen wir den Papierstreifen zunächst noch im Tubus und betrachten das Zwischenbild durch eine Lupe, die unmittelbar über den Tubusrand gehalten wird. Man sieht das mikroskopische Bild jetzt mit einer stärkeren Vergrößerung; nur stört die Eigenstruktur des Papiers. Daher entfernen wir das Papier und blicken erneut durch die dem Tubusrand aufsitzende Lupe. Jetzt ist das Bild praktisch genauso deutlich wie durch das Okular zu erkennen. Das beweist, daß das Okular im Grunde genommen die Aufgabe einer Lupe übernimmt.

Normale Lupen unterscheiden sich aber trotzdem in einem Punkt von Mikroskopokularen. Letztere bestehen ja aus einem längeren oder kürzeren Rohr, an dessen Anfang und Ende meistens je eine Linse eingeschraubt ist. Dabei wirkt als eigentliche Lupe die Linse, durch die man normalerweise ins Mikroskop blickt. Man bezeichnet sie als Augenlinse. Die untere Linse des Okulars ist dagegen die Feldlinse. Ihre Aufgabe besteht lediglich darin, das Gesichtsfeld zu vergrößern. Deshalb muß man auch ein Okular umdrehen, wenn man es, wie auf Seite 67 geschildert, als gewöhnliche Lupe verwenden will. Denn wegen der Feldlinse könnten sonst die Objekte nicht nahe genug an die Augenlinse gebracht werden.

Wirkung der Feldlinse. Von der Wirkung der Feldlinse kann man sich ganz leicht überzeugen, indem man sie aus dem Okular herausschraubt, das Okular anschließend wieder in den Tubus steckt und damit ein Präparat untersucht. Das Gesichtsfeld ist jetzt viel kleiner und außerdem am Rand unschärfer als bei eingeschraubter Feldlinse. Die Feldlinse hat in der Regel eine ebene (plane) und eine vorgewölbte (konvexe) Fläche. Wird sie wieder ins Okular geschraubt, ist darauf zu achten, daß die vorgewölbte Fläche nach außen und die ebene nach innen weist. Das ist wichtig zu wissen, weil nicht alle Feldlinsen in einer Fassung eingekittet sind, sondern manchmal nur lose mit einem Rändelring ins Okular geschraubt werden.

Kondensor und Wirkung der Kondensorblende. Wir wissen bereits, daß durch Öffnen und Schließen der Kondensorblende das Bild im Mikroskop nicht bloß heller bzw. dunkler wird, sondern daß die Auflösung um so schlechter und der Kontrast um so besser ausfallen, je enger diese Blende geschlossen wird. Mit Hilfe dieser Blende

läßt sich die Lichtstärke des Kondensors vergrößern oder verkleinern. Man kann auch sagen, daß aus dem Kondensor mehr Licht austritt, wenn die Blende geöffnet ist. Das läßt sich leicht sichtbar machen. Man benötigt dazu ein Mikroskop mit Ansteckleuchte oder eingebauter Beleuchtung. Außerdem ist ein durchsichtiger Deckel von einem Schächtelchen für mikroskopische Deckgläser erforderlich. Man füllt ihn zu etwa 3/4 mit Leitungswasser, gibt mit einem Plastik-Trinkröhrchen einen Tropfen roter Tinte hinzu und rührt die Lösung gut um. Der Schachteldeckel samt Flüssigkeit kommt dann auf einen Objektträger, den man so verschiebt, daß sich die Lösung über der Frontlinse des Kondensors befindet. Bei eingeschaltetem Mikroskopierlicht fluoresziert die verdünnte rote Tinte dort, wo sie von Licht durchstrahlt wird, gelbgrün. Dadurch kann man sehen, wie das Licht aus dem Kondensor hervortritt. Es hat dabei die Gestalt eines Kegels. Der Winkel an der Kegelspitze (der sogenannte Öffnungswinkel) wird kleiner, wenn man die Kondensorblende schließt, und größer, wenn man sie öffnet. In gleicher Weise wird die Basis des Lichtkegels kleiner bzw. größer.

Das Mikroskop als Präparierlupe. Wir haben bereits gesehen, daß man manchmal ziemlich schwache Vergrößerungen benötigt. Das ist der Fall, wenn erheblich größere Gesichtsfelder gebraucht werden, als sie mit einem normalen Mikroskop zu erzielen sind. Man muß dann zu Lupen oder umgedrehten Okularen greifen. Es gibt aber auch spezielle Mikroskope, die sogenannten Stereomikroskope, die besonders für Untersuchungen bei schwächeren Vergrößerungen und großen Gesichtsfeldern vorgesehen sind. Außerdem liefern sie – wie bereits ihr Name andeutet – ein plastisches Bild. Das ist besonders angenehm, wenn z. B. Insekten oder Moose mit Nadeln zergliedert werden müssen. Leider haben solche Stereomikroskope den großen Nachteil, daß sie in der Regel soviel wie ein gutes Mikroskop kosten.

Wenn man aber auf ein plastisches Bild

verzichten kann, besteht eine Behelfsmöglichkeit. Wir können unser Mikroskop so umbauen, daß es eine wesentlich schwächere Vergrößerung mit einem erheblich größeren Gesichtsfeld als bei normaler Anwendung liefert. Der Umbau hat außerdem den Vorteil, daß wir die Optik nicht wie bei der Lupe oder beim umgedrehten Okular mit einer Hand halten müssen, sondern daß beide Hände, z. B. für Präparationsarbeiten, frei bleiben.

Grundlage des Verfahrens ist die folgende Beobachtung: Wenn wir ein Mikroskop benutzen, bei dem das Licht über einen Spiegel ins Präparat geschickt wird, kommt es nicht selten vor, daß man außer den Präparatstrukturen auch Objekte aus der näheren und weiteren Umgebung, wie z. B. Fensterkreuze, Bäume oder Häuser aus der Nachbarschaft, zusammen mit dem Präparat sehen kann. Das ist der Fall, weil der Kondensor eine verhältnismäßig kurze Brennweite hat. Er entwirft daher von relativ weit entfernten Gegenständen ein Bild, das ein ganz kleines Stück über seiner obersten Linse gelegen ist. So kann es leicht vorkommen, daß ein solches Bild genau ins Präparat gelangt und vom Mikroskop zusammen mit den Präparatstrukturen abgebildet wird. Normalerweise stören solche Bäume oder Fensterkreuze, und man macht sie unsichtbar, indem man ein Mattfilter in den Filterhalter des Kondensors einlegt.

Daß der Kondensor Gegenstände abbildet, kann man auch ausnutzen, um Präparate bei schwachen Vergrößerungen zu untersuchen. Dazu muß man das Präparat nicht, wie sonst üblich, auf den Objekttisch, sondern unter den Kondensor legen. Das bereitet die geringsten Probleme, wenn das Mikroskop mit einer eingebauten Lichtquelle versehen ist. Dann kommt das Präparat einfach auf die im Mikroskopfuß befindliche Lichtaustrittsöffnung. Nur muß man darauf achten, daß die Präparate dort nicht zu stark erwärmt und dadurch beschädigt werden. Unter Umständen darf man sie dort nur für kurze Zeit belassen. Jetzt wirkt der Kondensor wie das Objektiv eines gewöhnlichen Fotoapparates, das heißt, er entwirft von dem Präparat ein Bild, das stark verkleinert ist und unter das Mikroskopobjektiv zu liegen kommt. Wenn man mit dem Grob- und Feintrieb das Mikroskop auf dieses vom Kondensor entworfene Bild einstellt, wird es wie ein normales Präparat abgebildet. Nur handelt es sich im vorliegenden Fall eben nicht um ein richtiges Präparat, sondern bereits um ein Bild davon, das vom Kondensor beträchtlich verkleinert wurde. Infolgedessen muß auch die Vergrößerung im Mikroskop erheblich kleiner ausfallen als im Normalfall, wenn ein auf dem Objekttisch befindliches Präparat abgebildet werden soll.

Allerdings hat diese Methode einen Nachteil. Der Kondensor ist ja nur für die Beleuchtung des Präparats vorgesehen und deswegen zur Ersparung unnötiger Kosten verhältnismäßig einfach gebaut. Das hat zur Folge, daß er von dem Präparat ein Bild liefert, das etwas verzerrt und von bunten Rändern umgeben ist. Man sieht daher das Präparat zwar nur schwach vergrößert und mit einem großen Gesichtsfeld, aber eben leider in schlechter Bildqualität.

Da kann man sich behelfen, indem der Kondensor durch ein umgedrehtes Mikroskopobjektiv ersetzt wird. Dafür ist ein Objektiv 10:1 am besten geeignet, für das man aber zunächst einmal eine passende Halterung basteln muß: Aus einem 10 × 5 cm großen Stück nicht zu dünner Pappe schneidet man in der Mitte ein kreisrundes Loch mit einem Durchmesser von 19 mm. In dieses Loch steckt man das Mikroskopobjektiv mit seinem Gewinde. Dann wird das Pappstück mit dem Objektiv nach oben auf den Objekttisch des Mikroskops gelegt und mit zwei Präparateklemmen festgeklemmt. Man entfernt den Kondensor und schaltet mit dem Revolver das Objektiv 5:1 ein. Nun wird der Objekttisch mit dem Grobtrieb so weit gehoben, daß sich die Frontlinsen der beiden Objektive fast berühren. Dann verschiebt man die Pappe, bis beide Frontlinsen genau übereinanderstehen. Wichtig ist, daß das in der Pappe eingeklemmte Objektiv ganz genau senkrecht steht. Ist es schief, kommt kein brauchbares Bild zustande. Nun legt man das Präparat auf die Lichtaustrittsöffnung des Mikroskopfußes und verstellt den Grobtrieb, bis ein scharfes Bild entsteht. Es ist meistens noch ziemlich flau. Diese Störung kommt durch das Streulicht zustande, das zwischen den beiden Objektiven verläuft. Man kann es leicht ausschalten, indem man beide Objektive mit einem Rohr verbindet. Wir können dazu eine Papprolle verwenden, auf die Klopapier aufgewickelt war und die innen mit Tusche schwarz angemalt worden ist. Man muß eine solche Rolle nur noch auf die passende Länge zurechtschneiden und dann zwischen die beiden Objektive stellen.

Mit dieser Vorrichtung können natürlich auch undurchsichtige Objekte, z. B. ganze, unzerteilte Insekten oder Fossilien, untersucht werden (Abb. 42). Nur muß man sie dann mit einer Tischlampe beleuchten, die dicht neben dem Mikroskop aufgestellt wird. Arbeitet man mit einem Mikroskop, das keine eingebaute Beleuchtung hat, sondern mit einem Beleuchtungsspiegel versehen ist, baut man sich für die Untersuchung durchsichtiger Präparate ein Gestell, auf das das Mikroskop geschraubt wird. Das Präparat kommt dann auf eine Glasplatte, die man auf den Mikroskopfuß legt.

Die Gesamtvergrößerung, die man mit dieser Vorrichtung erhält, hängt natürlich einmal von den Maßstabzahlen der beiden Objektive sowie von der Eigenvergrößerung des Okulars ab; zum andern aber auch vom Abstand zwischen dem Präparat und dem umgedrehten Objektiv. Und zwar wird die Vergrößerung um so stärker, je näher das Präparat vor dem umgedrehten Objektiv liegt.

Allerdings kann man nicht jedes Mikroskop auf diese Weise in eine schwach vergrößernde Präparierlupe umwandeln. Bei manchen Stativen läßt sich nämlich der Objekttisch nicht weit genug in der Höhe verstellen, so

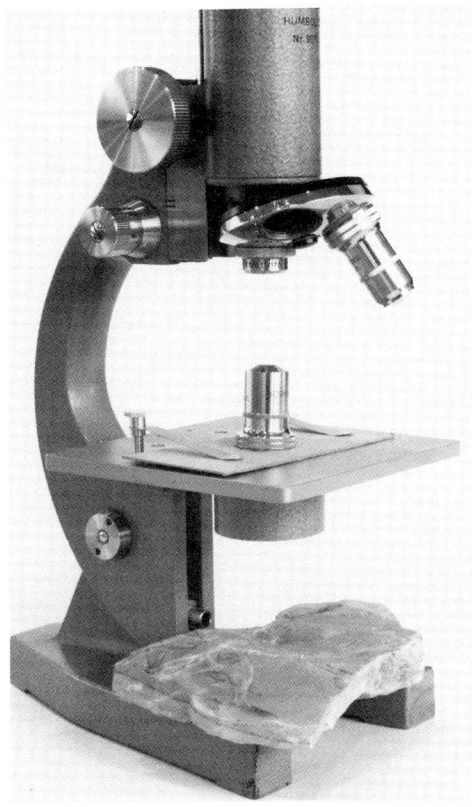

Abb. 42: Ein als Präparierlupe umgebautes Mikroskop. Das Lichtschutzrohr zwischen den beiden Objektiven ist entfernt worden.

daß kein scharfes Bild entsteht, wenn man das umgedrehte Objektiv benutzt. Einen Ausweg gibt es, wenn das Mikroskop mit einer in der Höhe verstellbaren Kondensorhalterung versehen ist: Dann kann man das Pappstück mit dem eingeklemmten Objektiv auch auf die Kondensorhalterung legen und anschließend versuchen, durch Verstellen des Grobtriebes und der Kondensorhöheneinstellung ein scharfes Bild zu erhalten.

Der Feinbau von Pflanzen

Zunächst sei nochmals daran erinnert, daß man mit dem Mikroskop in der Regel nur solche Objekte untersuchen kann, die durchsichtig sind, und daß man Objekte, die von Haus aus undurchsichtig sind, vor der Untersuchung mit dem Mikroskop eben erst durchsichtig machen muß. Wie das beispielsweise zu bewerkstelligen ist, haben wir im Kapitel über die Polarisationsmikroskopie auf Seite 55 an der Möhre gesehen. Wir haben von der Möhre mit einer Rasierklinge ein dünnes, durchsichtiges Scheibchen abgeschnitten und untersucht. Man spricht von sogenannten „Handschnitten". Diese Präparationstechnik ist außerordentlich wichtig, wenn man sich mit dem Feinbau von Pflanzen beschäftigen will. Wer sich also mit dem Kapitel über die Polarisationsmikroskopie noch nicht befaßt hat, schlage auf Seite 55 zurück und übe das Handschneiden an einer Möhre, so wie es dort geschildert ist. Man benötigt zur Untersuchung dieser Schnitte keineswegs ein Polarisationsmikroskop.

Flaschenkork. Wir beginnen unsere Untersuchungen an pflanzlichen Objekten mit einem Korkstopfen von einer Weinflasche. Dabei ist wichtig, daß der Korken massiv und nicht aus vielen kleinen Bröseln zusammengesetzt ist. Wir schneiden aus einem solchen Korken mit einem scharfen Taschenmesser ein bleistiftdickes Stück ab und stellen davon Handschnitte her. Dabei gehen wir genauso wie bei der Möhre vor. Die Schnitte kommen auf einen Objektträger in einen Tropfen Glycerin und werden mit einem Deckglas bedeckt. Ist der Kork von guter Qualität, geht das Anfertigen der Handschnitte sogar noch leichter als bei der Möhre. Wir stellen das Präparat mit dem Objektiv 10:1 ein und untersuchen den dünnsten Schnitt mit dem Objektiv 40:1 genauer.

Man sieht ein Netz heller Linien, die vieleckige Maschen bilden (Abb. 43). Es handelt sich dabei um die Wände von Zellen. Sie sind bereits abgestorben und erscheinen daher leer. Die Wände bestehen in diesem Fall nicht vorwiegend aus Zellulose, sondern sind zusätzlich mit einem bestimmten Stoff durchsetzt, der Korkstoff oder Suberin genannt wird. Er ist für Wasser außerordent-

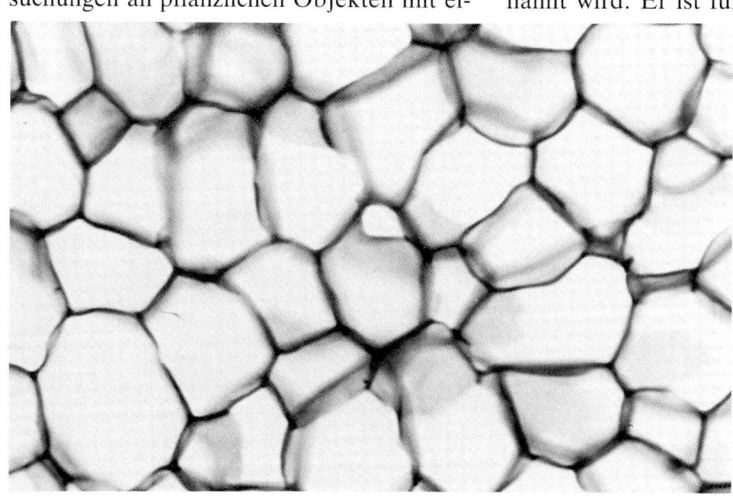

Abb. 43: Zellen vom Flaschenkork.
Obj. 40:1, Ok. 10×.

lich schwer durchlässig und schützt daher vor dem Austrocknen. Allerdings ist von der Existenz des Suberins an unseren Präparaten so ohne weiteres nichts zu sehen. Wer will, kann das Präparat durch Umranden mit Alleskleber oder Nagellack in ein Dauerpräparat umwandeln.

Der Schnitt durch den Flaschenkork zeigt also die Zellen nicht so isoliert, wie das bei den Fruchtfleischzellen der Fall war, sondern im natürlichen Verband. Trotzdem wird manch einer denken, daß die im Kapitel „Zellen" vorgestellten Fruchtfleischzellen mit ihrem Zellinhalt viel interessanter waren als die hier gezeigten toten Korkzellen, und es taucht wohl verschiedentlich die Frage auf, warum man überhaupt das Präparat angefertigt hat, das doch so wenig Neues bietet.

Die Entschuldigung dafür liefert die Wissenschaftsgeschichte. Im Jahre 1665 erschien nämlich ein von dem Engländer ROBERT HOOKE verfaßtes Buch unter dem Titel „Micrographia or some Physiological Descriptions of Minute Bodies, Made by Magnifying Glasses with Observations and Inquiries thereupon" (Micrographia oder einige physiologische Beschreibungen winziger Körper, die mit Vergrößerungsgläsern gemacht wurden, mit Beobachtungen und Nachforschungen). Dies war das erste Buch überhaupt, das sich ausführlich mit mikroskopischen Untersuchungen befaßte. HOOKE teilte darin seine Beobachtungen über die verschiedenartigsten Dinge wie z. B. Nadelspitzen, Schimmelpilze oder Flöhe mit. Die Beobachtung Nr. 18 trägt die Überschrift:»Of the Schematism or Texture of Cork, and the Cells and Pores of some other such frothy Bodies« (Über den Schematismus oder die Textur von Kork sowie die Zellen und Poren einiger anderer derartiger schaumiger Körper). Darin beschreibt HOOKE den mikroskopischen Bau des Flaschenkorks, von dem er mit Hilfe eines Federmessers Handschnitte angefertigt hatte. Er verglich das Gewebe mit Bienenwaben, die aus Zellen bestehen, und so entstand der heute noch übliche Begriff „Zelle" für die kleinsten, für sich allein lebensfähigen Bestandteile der

Lebewesen. Daher hat der Flaschenkork für die Biologie historische Bedeutung.

Wir haben für den Handschnitt durch den Kork Glycerin als Einschlußmedium benutzt. Leider bilden sich da oft störende Luftblasen. Gibt man den Schnitt dagegen auf einen Objektträger in einen Tropfen Wasser, treten die Luftblasen viel seltener auf. Dafür erscheinen dann besonders die dickeren Schnitte längst nicht so durchsichtig und deutlich wie in Glycerin. Diese Schwierigkeit läßt sich folgendermaßen umgehen: Man gibt auf den Objektträger zunächst einen ganz kleinen Wassertropfen und überträgt die Schnitte dorthin. Dann kommt darüber ein kleiner Tropfen Glycerin, bevor das Deckglas aufgelegt wird. Dabei unterbleibt die Luftblasenbildung weitgehend, während sich die Schnitte genügend aufhellen.

Wegen der Wasserundurchlässigkeit des Suberins schützen Korkzellen – wie schon gesagt – die darunterliegenden, lebenden Zellen vor dem Austrocknen. Korkzellen kommen deshalb nicht nur bei der Korkeiche vor, die den Flaschenkork liefert, sondern bei vielen anderen Pflanzen, wie z. B. bei den Kartoffeln.

Kartoffeln. Kartoffeln entstehen an Seitensprossen der Kartoffelpflanze, die unterirdisch wachsen und deren Enden schließlich zu einer Kartoffelknolle anschwellen. Man spricht von „Rhizomknollen". Sie sind außen zum Schutz der darunterliegenden Zellen von Korkzellen umgeben. Wir schneiden ein kleines Stück von einer Kartoffel ab und stellen mit der Rasierklinge einen Handschnitt her. Dabei muß der Schnitt so geführt werden, daß ein Querschnitt von der braunen Schale und von dem daranhängenden weißen Gewebe entsteht. Der Schnitt kommt auf einen Objektträger in einen Tropfen Glycerin und wird mit einem Deckglas bedeckt. Man sucht mit dem Objektiv 10:1 eine besonders dünne Stelle und betrachtet sie mit dem Objektiv 40:1 genauer. Unter dem braunen Rand des Schnittes liegen flache, viereckige Zellen wie Ziegelsteine übereinander. Sie bilden jeweils Stapel von drei bis vier Zellen. Darüber liegen Zellen, die stark zusammengequetscht und deren Wände braun gefärbt sind. Sie sind bereits abgestorben, und ihre Zellwände sind von dem Korkstoff Suberin durchsetzt. Unter diesen regelmäßigen Zellstapeln liegen wesentlich größere, rundliche Zellen. Man bezeichnet sie als Parenchymzellen; sie enthalten die uns bereits bekannten Kartoffelstärkekörner. Diese leuchten hell auf und zeigen das vertraute Malteserkreuz, wenn man das Präparat im Polarisationsmikroskop bei gekreuzten Polarisationsfiltern untersucht. Gleichzeitig werden die Zellwände hell, wenn das Präparat richtig orientiert ist. Bei der Herstellung des Handschnittes sind natürlich verschiedene Parenchymzellen aufgeschnitten worden, so daß sich Stärkekörner aus diesen Zellen im Präparat verteilen konnten. Deshalb stößt man überall auf herumliegende Kartoffelstärkekörner, wenn man den Objektträger auf dem Objekttisch verschiebt.

Abb. 44: Schale einer Zitrone, quer geschnitten. Obj. 10:1, Ob. 10×.

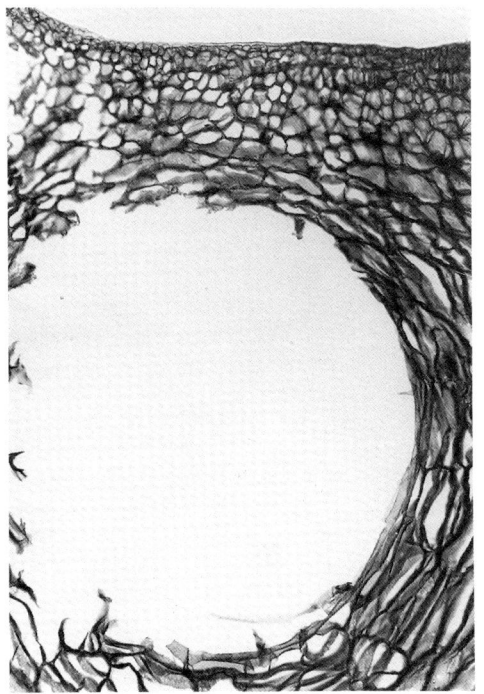

Zitronen- oder Orangenschale. Nicht alle Teile von Pflanzen werden außen von einer Korkschicht umgeben. Wir haben bereits auf Seite 39 gesehen, daß beispielsweise die Schuppen der Küchenzwiebel von einem Gewebe bedeckt sind, das als Epidermis bezeichnet wird. Epidermiszellen finden sich auch auf den Fruchtschalen von Apfelsinen oder Zitronen. Wir stellen Querschnitte von den äußeren Bereichen einer solchen Schale her und geben sie auf einen Objektträger in einen Tropfen Glycerin.

Mit dem Objektiv 40:1 sind an besonders dünnen Stellen die Epidermiszellen zu sehen, die auffallend klein und fast würfelförmig erscheinen. Daran schließt sich ein Gewebe aus rundlichen, leicht abgeflachten Zellen an, die nach innen zu immer größer werden. Man bezeichnet sie als Parenchymzellen. Einige von ihnen enthalten einen Kristall, den man besonders deutlich erkennt, wenn die Untersuchung in einem Polarisationsmikroskop bei gekreuzten Polarisationsfiltern vorgenommen wird. In dem Parenchymgewebe fallen noch einige große, rundliche Hohlräume auf. Das sind die Ölbehälter (Abb. 44). Sie enthalten den Aromastoff, den man z. B. beim Backen verwendet, wenn geriebene Zitronenschalen dem Teig beigemengt werden. Die Ölbehälter sind von einigen Schichten aus großen, flachen Zellen ausgekleidet. Die Hohlräume entstanden durch Auflösung von Zellen, die reichlich Sekret enthielten.

Epidermis eines Eichenblattes. Auch die Blätter der Bäume, Sträucher und Kräuter werden außen von einer Epidermis umgeben. Sie kann man am einfachsten an einem sogenannten Abdruckpräparat untersuchen. Wir geben dazu auf die Oberfläche eines Eichenblattes einen ganz kleinen Tropfen des Klebstoffes „Uhu hart", verstreichen ihn gleichmäßig mit der Fingerkuppe und warten, bis er trocken ist. Dann kratzen wir mit einer spitzen Pinzette leicht auf dem trockenen Klebstoffilm, bis er irgendwo einreißt. Dort fassen wir ihn mit der Pinzette und ziehen ihn ab. Das so gewonnene Häutchen kommt auf einen Objektträger in einen

Abb. 45: Uhu-hart-Abdruck von der Unterseite eines Eichenblattes. Obj. 40:1, Ok. 10×.

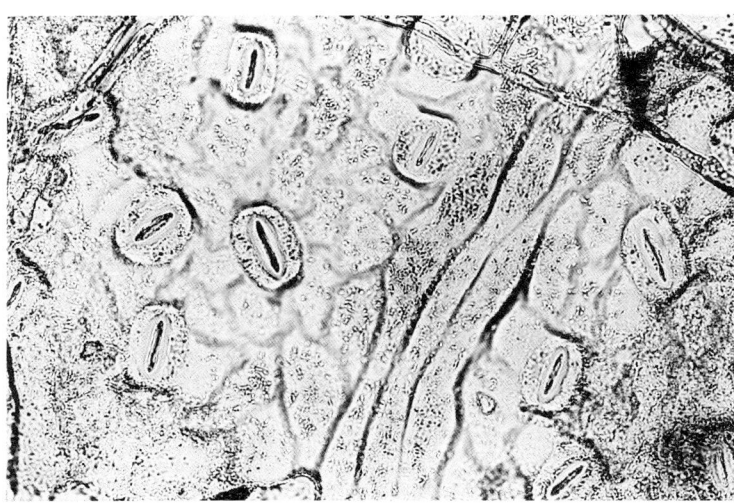

Tropfen Leitungswasser und wird mit einem Deckglas bedeckt.

Wir betrachten zunächst ein Häutchen, das von der Blattoberseite abgezogen wurde. Mit dem Objektiv 5:1 erkennen wir das Netz, das von den Blattnerven gebildet wird. Das sind die Leitungsbahnen, die das Blatt mit Wasser und den darin gelösten Salzen versorgen und die bei der Photosynthese im Blatt gebildeten Assimilate abtransportieren. Mit dem Objektiv 10:1 und eng geschlossener Kondensorblende leuchten die Wände der Epidermiszellen hell auf. Die Epidermiszellen zwischen den Blattnerven sind meist unregelmäßig vier- bis fünfeckig, während die auf den Blattnerven gelegenen Epidermiszellen mehr in die Länge gestreckt und an den Enden zugespitzt sind. Abgesehen von den Epidermiszellwänden sieht man noch verschiedene Schmutzteilchen, die sich im Laufe der Zeit auf dem Blatt abgelagert haben.

Als nächstes untersuchen wir einen Uhu-hart-Abdruck von der Unterseite eines Eichenblattes. Mit dem Objektiv 5:1 ist wiederum das Netz der Blattnerven zu erkennen, die von Epidermiszellen bedeckt werden, die etwas in die Länge gestreckt sind. Man erkennt sie mit dem Objektiv 10:1 ebenso wie die Wände der Epidermiszellen zwischen den Nerven, die hier in der Mehrzahl unregelmäßige Sechsecke bilden. Au-

ßerdem finden sich viele schmale, längliche, an den Enden zugespitzte Spalte. Sie werden jeweils von zwei bohnenförmigen Zellen umgeben, die mit ihren Flachseiten gegeneinandergerichtet sind. Die nach außen gewölbten Wände der bohnenförmigen Zellen kann man oft nur schlecht erkennen (Abb. 45).

Die beiden bohnenförmigen Zellen werden zusammen mit dem dazwischenliegenden Spalt als Spaltöffnung bezeichnet. Durch den Spalt nimmt die Pflanze Luft auf und gibt den bei der Photosynthese gebildeten Sauerstoff ab. Außerdem dringt durch den Spalt Wasserdampf nach außen. Der Spalt kann mit den bohnenförmigen Zellen – den sogenannten Schließzellen – geöffnet oder geschlossen werden.

Die Abdruckpräparate lassen sich sehr einfach herstellen, haben aber den Nachteil, daß sie nur die Zellwände zeigen. Will man sich auch über den Zellinhalt informieren, muß man einen Flachschnitt herstellen.

Flachschnitt von der Unterseite eines Eichenblattes. Man spannt ein Eichenblatt – wie in Abb. 46 gezeigt – über den Korken einer Weinflasche und stellt von der Blattoberfläche kleine, dünne Handschnitte mit der Rasierklinge her. Sie kommen auf einen Objektträger in einen Tropfen Wasser und werden mit einem Deckglas bedeckt.

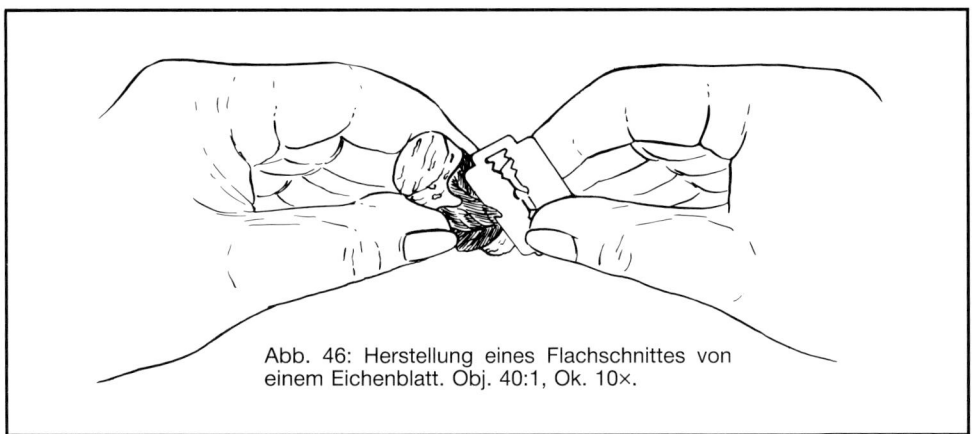

Abb. 46: Herstellung eines Flachschnittes von einem Eichenblatt. Obj. 40:1, Ok. 10×.

Mit dem Objektiv 5:1 ist auch hier der Verlauf der Blattnervatur sehr gut zu erkennen. Meistens erfaßt man mit dem Schnitt nicht nur die Epidermis, sondern auch Teile des darunterliegenden Gewebes. Dadurch erscheinen die Wände der Epidermiszellen nicht mit der gleichen Deutlichkeit wie im Abdruckpräparat. Die Spalte der Spaltöffnungen sind von Luft erfüllt und daher schwarz. Die Umrisse der bohnenförmigen Schließzellen lassen sich im Schnittpräparat viel klarer erkennen, und außerdem sieht man, daß diese Zellen sehr kleine Chloroplasten enthalten. In allen übrigen Epidermiszellen kommen dagegen keine Chloroplasten vor. Die meisten Epidermiszellen, die über den Blattnerven liegen, enthalten einen großen, würfelförmigen Kristall, den man im Polarisationsmikroskop besonders deutlich sieht. Alle Epidermiszellen und auch die Spaltöffnungen untersucht man am besten am Rande des Schnittes, wo er in der Regel am dünnsten ist. Außerdem erscheinen diese Objekte am deutlichsten, wenn der Schnitt so im Präparat liegt, daß seine Außenseite nach oben weist.

Meistens enthält der Schnitt Teile des über der Epidermis liegenden Gewebes. Es besteht aus verästelten Zellen, die kurze, röhrenförmige Auswüchse bilden und damit aneinanderstoßen. Diese Zellen enthalten Chloroplasten, die erheblich größer sind als die in den Schließzellen. Zwischen den röhrenförmigen Auswüchsen dieser Zellen liegen große Hohlräume, die der Durchlüftung des Blattes dienen und mit den Spaltöffnungen in Verbindung stehen. Man bezeichnet Hohlräume, die sich zwischen den Zellen erstrecken, als Interzellularen. Wegen des porösen Aussehens wird dieses Gewebe als Schwammgewebe bezeichnet. Es läßt sich am besten untersuchen, wenn der Schnitt mit seiner Außenseite nach unten im Präparat liegt.

Flachschnitt von der Oberseite eines Eichenblattes. Abgesehen vom Verlauf der Blattnerven sowie von den Wänden der Epidermiszellen, die alle keine Chloroplasten enthalten, sind auch Teile des Gewebes zu erkennen, das sich unter der Epidermis erstreckt. Seine Zellen sehen aber kreisrund aus, schließen meist dicht aneinander und lassen nur hin und wieder Interzellularen frei. Alle diese Zellen besitzen Chloroplasten, die jeweils an die Zellwände gedrückt sind. Vom Bau dieser chloroplastenhaltigen Zellen gewinnt man an Hand des vorliegenden Präparates leicht einen falschen Eindruck. Denn sie sind nicht kugelförmig, wie man vielleicht glauben könnte, sondern bilden kleine Stäbchen mit rundem Querschnitt. Man bezeichnet das Gewebe, das sie aufbauen, als Palisadengewebe.

In gleicher Weise können wir natürlich die Blätter anderer Pflanzen untersuchen. Größere Unterschiede zu den bisher gemachten Beobachtungen werden wir besonders dann feststellen, wenn die Blätter mancher einkeimblättriger Pflanzen, z. B. von Gräsern, untersucht werden.

Abdruckpräparat von der Oberfläche eines Grasblattes. Wir stellen mit Uhu-hart einen Abdruck von der Oberfläche eines Blattes von irgendeinem Gras her und untersuchen ihn in einem Tropfen Wasser. Wir sehen langgestreckte Epidermiszellen, die etwas an die Zellen erinnern, die wir in der Epidermis der Zwiebelschuppe gesehen haben. Die Spaltöffnungen liegen stets zwischen den Querwänden zweier Epidermiszellen. Die Schließzellen erscheinen hier etwas in die Länge gestreckt und knochenförmig. Sie liegen nebeneinander und lassen zwischen sich den Spalt frei. Allerdings ist die zwischen beiden Schließzellen bestehende Trennwand in der blasenförmigen Erweiterung oberhalb und unterhalb des Spaltes nicht

Abb. 47: Uhu-hart-Abdruck von einem Grasblatt. Obj. 40:1, Ok. 10×.

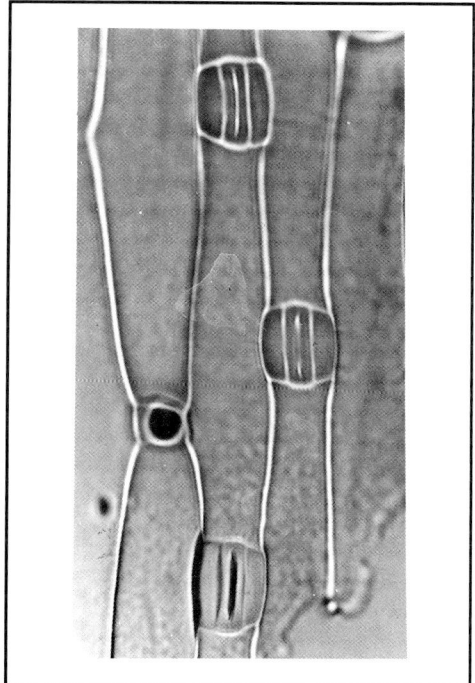

immer deutlich genug zu sehen. An den Flanken der Schließzellen befindet sich noch je eine halbmondförmige Zelle. Sie wird als Nebenzelle bezeichnet (Abb. 47).
Nun stellen wir noch ein Abdruckpräparat von der anderen Seite des Grasblattes her und stellen fest, daß die Epidermis genauso gebaut ist und ebenfalls Spaltöffnungen enthält. Die Oberfläche der Grasblätter ist also auf beiden Seiten fast gleich strukturiert.

Querschnitt durch ein Keimblatt einer Walnuß. Nachdem bei den Blütenpflanzen die Befruchtung erfolgt ist, entwickelt sich die Frucht zusammen mit den in ihr befindlichen Samen. Im Samen liegt der junge Keimling (der Embryo), der in einem Ruhezustand bleibt, bis die Keimung beginnt. Zur Versorgung des Keimlings enthalten viele Samen in einem besonderen Nährgewebe – dem Endosperm – reichlich Reservestoffe wie z. B. Fett oder Stärke. Die Reservestoffe können aber auch im Keimling selbst, etwa in seinen Keimblättern, abgelagert sein, wie das bei der Walnuß der Fall ist. Wir knacken eine Nuß (bei der es sich im streng botanischen Sinn allerdings nicht um eine Nuß, sondern um eine Steinfrucht handelt) und gelangen so zu dem Keimling, an dem die großen, braunen, vielfältig zerfurchten Keimblätter besonders auffallen. Wir stellen von einem der beiden Keimblätter mit einer Rasierklinge dünne Querschnitte her, übertragen sie auf einen Objektträger in einen Tropfen Glycerin und bedecken sie mit einem Deckglas.
Mit dem Objektiv 10:1 ist auf dem Schnitt nur eine grobkörnige Masse zu erkennen. Nähere Einzelheiten fallen erst dann auf, wenn man einen Rand des Schnittes einstellt, der besonders dünn ist, und wenn man auf das Objektiv 40:1 überwechselt. Die Körnung erscheint jetzt aus vielen kleinen, rundlichen, leicht gelblichen Gebilden zusammengesetzt, mit denen die Zellen so vollgestopft sind, daß die Wände nur an den dünnsten Stellen des Schnittes sichtbar werden. Es fragt sich natürlich, woraus diese Gebilde bestehen. Sie zeigen im Polarisationsmikroskop bei gekreuzten Polarisa-

tionsfiltern kein Stärkekreuz. Legt man einen weiteren Schnitt auf einen Objektträger in einen Tropfen Lugolscher Lösung, so sieht man nach dem Auflegen des Deckglases mit dem Objektiv 40:1, daß sich die rundlichen Gebilde gelb angefärbt haben. Damit sind wir uns zunächst einmal sicher, daß sie nicht aus Stärke bestehen. Vielmehr handelt es sich bei ihnen um Öltropfen (Abb. 48).

einem umgedrehten Okular der gleichen Vergrößerung untersucht. Dabei fallen auf dem Holz und auf der Rinde einige winzig kleine, klebrige Tröpfchen auf, die aromatisch riechen. Es handelt sich dabei um Harz. Wir dürfen bei dieser Untersuchung mit der Lupe oder der Augenlinse des Okulars auf keinen Fall auf die Schnittfläche des Zweiges stoßen, weil sonst die Glasoberfläche vom Harz beschmutzt wird.

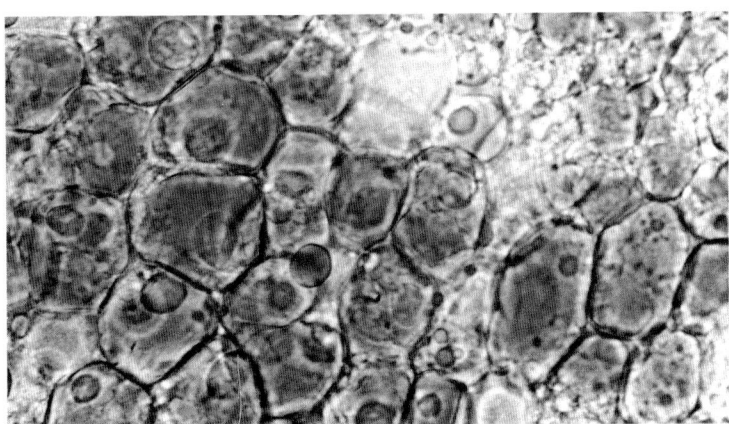

Abb. 48: Zellen aus einem Keimblatt der Walnuß mit Fettkugeln, quer. Obj. 40:1, Ok. 10×.

Hölzer

Holz der Kiefer. Wir schneiden oder sägen einen ca. 1 cm dicken Zweig von einer Kiefer ab und glätten zunächst die Schnittfläche, indem wir mit einem scharfen Taschenmesser feine Späne abschneiden, bis eine einigermaßen ebene Oberfläche entstanden ist. Die Schnittfläche betrachten wir zunächst mit bloßem Auge. Man erkennt das rotbraune oder blaßgelbe Holz, das von der dünnen braunen Rinde umgeben ist. In der Nähe des Zentrums des Holzes befindet sich ein kleiner dunkler Punkt, das Mark. Um das Mark herum verlaufen mehrere konzentrische Kreise, die Jahresringe. Bekanntlich wird in jedem Jahr ein Jahresring angelegt, so daß man aus der Anzahl der Ringe auf das Alter des Zweiges schließen kann.
Die Jahresringe werden noch deutlicher sichtbar, wenn man die Schnittfläche mit einer ca. 10fach vergrößernden Lupe oder

Querschnitt. Von dem Holz werden zunächst Querschnitte hergestellt. Dazu ist eine wirklich scharfe Rasierklinge erforderlich. Außerdem fallen die Schnitte nur dann dünn genug aus, wenn sie sehr klein sind, d. h. Kantenlängen aufweisen, die beträchtlich unter 1 mm liegen. Solche Schnitte kommen auf einen Objektträger in einen Tropfen Glycerin und werden mit einem Deckglas bedeckt. Für ein Dauerpräparat kann man das Deckglas noch mit Alleskleber oder Nagellack umranden. Man wählt mit dem Objektiv 10:1 in den Schnitten die dünnste Stelle aus und untersucht sie zunächst mit dem gleichen Objektiv weiter (Abb. 49).
Dabei fallen sofort Zellen auf, die meistens viereckig erscheinen, manchmal aber auch einen fünf- oder sechseckigen Umriß aufweisen und von einer ziemlich dicken Wand umgeben sind. Es handelt sich um die sogenannten Tracheiden. Sie enthalten weder Zytoplasma noch Organellen, sind also ab-

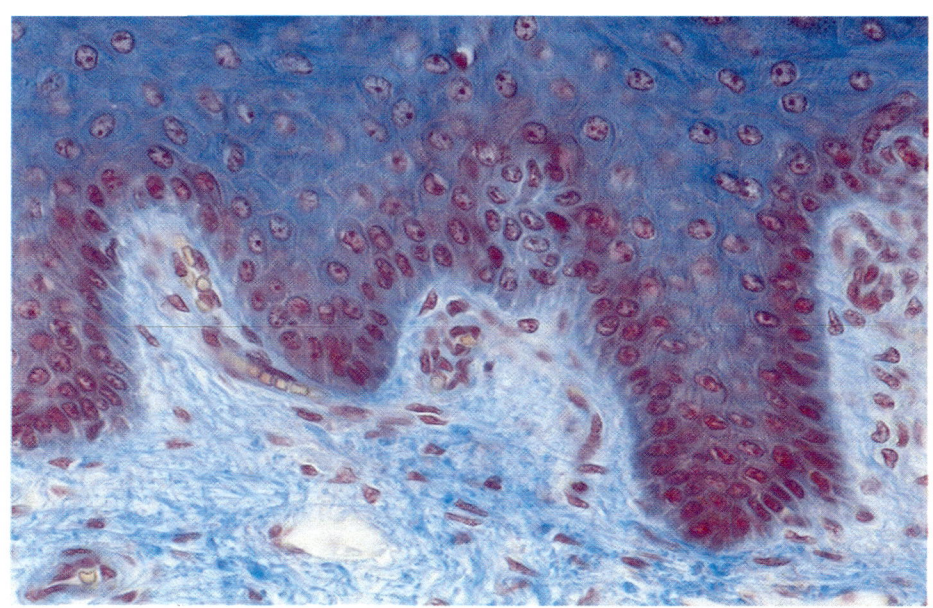

19 Mensch: Epidermis der Haut, quer. Obj. 40:1, Ok. 10×. (S. 116)

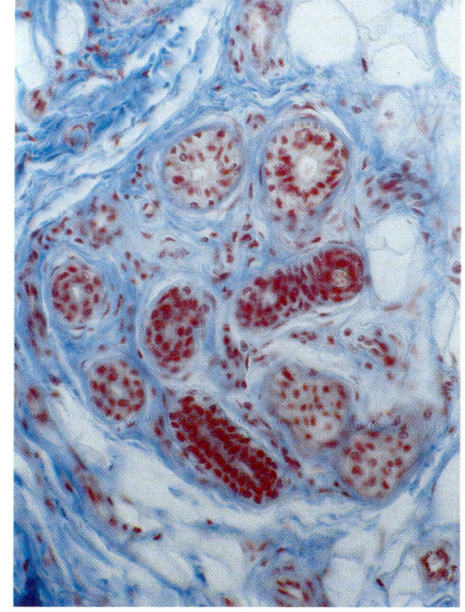

20 Mensch: Schweißdrüsen aus der Haut. Obj. 40:1, Ok. 10×. (S. 117)

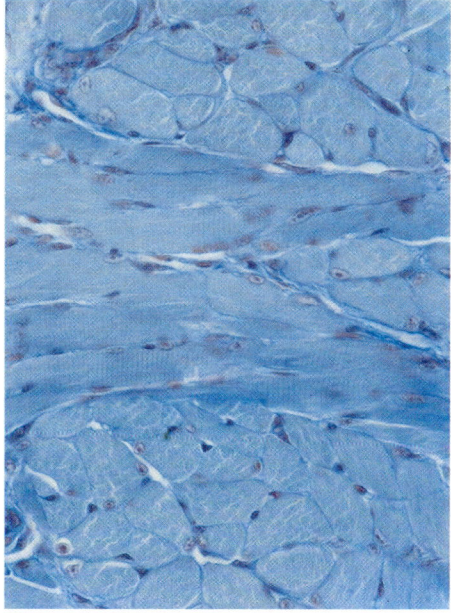

21 Goldhamster. Quergestreifte Muskulatur aus der Zunge, längs und quer. Obj. 40:1, Ok. 10×. (S. 119)

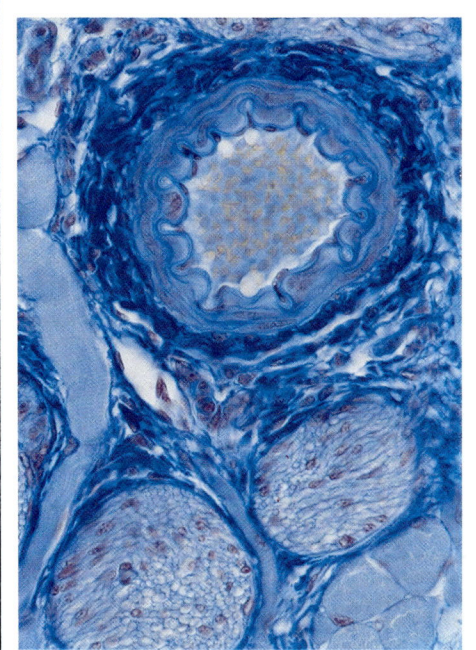

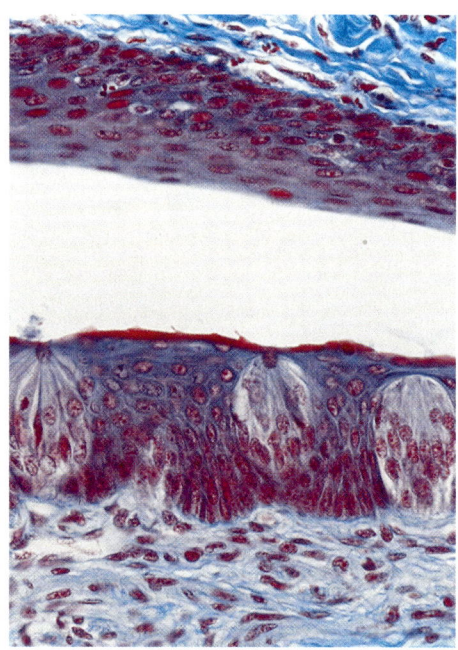

22 Arterie (oben) und 2 Nerven (unten) aus der Zunge eines Goldhamsters. Obj. 10:1, Ok. 10×. (S. 120)

23 Geschmacksknospen aus der Zunge, quer. (S. 120)

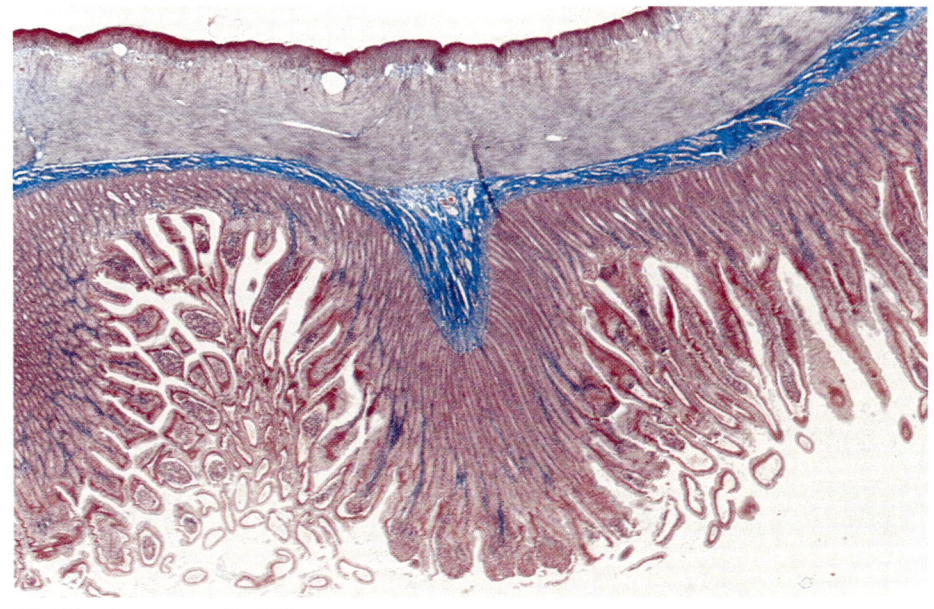

24 Dünndarm, quer. (S. 120)

gestorben. Trotzdem haben sie für die Kiefer eine große Bedeutung, weil sie selbst im toten Zustand noch zwei Aufgaben erfüllen. Einmal sorgen sie für die Festigkeit des Stammes, und zum andern dienen sie als Leitungsrohre, in denen das von den Wurzeln aufgenommene Wasser und die darin gelösten Salze nach oben bis zu den Nadeln geleitet werden. Wir werden erst später auf den Längsschnitten sehen, daß die Tracheiden in die Länge gestreckte Röhrchen sind. Sie liegen meistens in Reihen hintereinander, die vom Rande des Holzes zur Mitte des Astes reichen. Die Tracheiden sind also wie auf den Speichen eines Rades angeordnet. Man spricht daher auch von einer radiären Anordnung; da der Ast mit der Zeit an Umfang zunimmt, verdoppelt sich gelegentlich eine Tracheidenreihe.

Die Wände der Tracheiden bestehen nicht nur aus Zellulose, sondern sind von einem weiteren Stoff, nämlich dem Holzstoff (Lignin) durchsetzt. Lignin ist schlecht wasserdurchlässig und ziemlich druckfest. Es vermindert zwar etwas die Elastizität der Zellwand, verleiht ihr aber eine solche Beständigkeit, daß Holz nur von bestimmten Pilzen sowie einigen wenigen Bakterien abgebaut werden kann. Wenn wir die hintereinanderliegenden Tracheiden auf einer radialen Reihe verfolgen, fällt auf, daß sie nicht gleich groß sind. Man findet z. B. eine auffallend flache Tracheide, auf die nach außen zu plötzlich viel größere folgen. Daran schließen sich zunächst weitere größere Tracheiden an, die langsam immer kleiner und schließlich ziemlich flach werden. Als nächstes kommen erneut sehr große Tracheiden. Dabei sind die Tracheiden, die nebeneinanderliegen, gleich groß, obwohl sie zu verschiedenen radialen Reihen gehören. Dieser Gestaltwandel erklärt sich aus der Bildung der Tracheiden. Wenn im Frühjahr eine neue Vegetationsperiode einsetzt, werden zunächst die großen Tracheiden angelegt. Neigt sich der Sommer seinem Ende zu, entstehen immer kleinere, bis sie schließlich auf dem Querschnitt nur noch flach erscheinen. Im Herbst und Winter unterbleibt die Neuanlage von Tracheiden, um im nächsten Frühjahr erneut einzusetzen, wobei zunächst wieder auffallend große Tracheiden angelegt werden. Damit kommt es zu einer scharfen Grenze zwischen den im vergangenen Jahr zuletzt und den im neuen Jahr zuerst gebildeten Tracheiden. Diese Grenze ist uns allen unter der Bezeichnung „Jahresring" bekannt. Deshalb kann man auch fest-

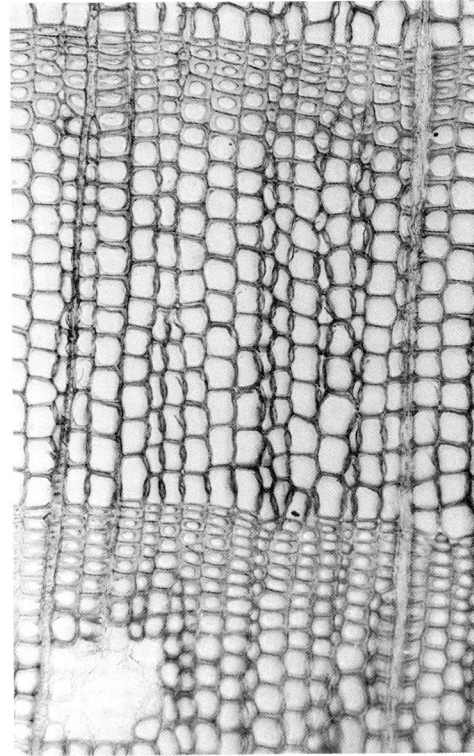

Abb. 49: Kiefernholz, quer. Obj. 10:1, Ok. 10×.

stellen, wie alt ein Ast ist, wenn man seine Jahresringe abzählt. Man bezeichnet die auf dem Querschnitt flach aussehenden Tracheiden, die einen Jahresring abschließen, in ihrer Gesamtheit als Spätholz und die darauffolgenden größeren Tracheiden als Frühholz.

Nun betrachten wir die Zellwände zwischen nebeneinanderliegenden Tracheiden mit dem Objektiv 40:1 genauer. Man bezeichnet sie als Radialwände. Sie bilden vorgewölbte,

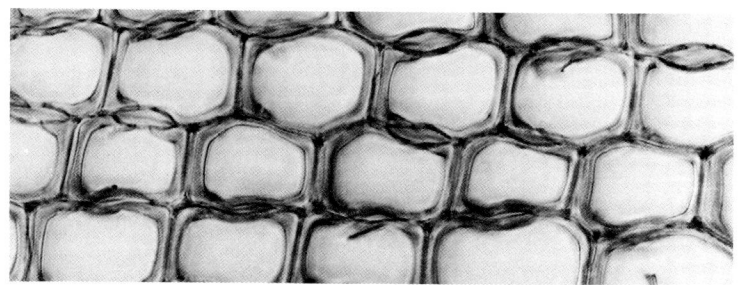

Abb. 50: Kiefernholz, quer. Radialwände mit Hoftüpfeln. Obj. 40:1, Ok. 10×.

linsenförmige Bläschen, die innen hohl sind und dort einen scharfen Strich zeigen, der jedoch nicht ganz bis zu den beiden Enden des Bläschens reicht. Das Bläschen weist auf beiden Seiten je eine Öffnung auf (Abb. 50). Bei dem ganzen Gebilde handelt es sich um einen Hoftüpfel, dessen genauen Bau wir jedoch erst dann vollständig erfassen können, wenn wir von dem Kiefernholz auch Längsschnitte untersucht haben.

Auf dem Querschnitt sind aber nicht nur Tracheiden zu sehen. Zwischen den radialen Tracheiden-Reihen kommen gelegentlich lange, schmale, hintereinanderliegende Zellen vor, die man mit dem Objektiv 10:1 bereits gut erkennt. Das sind die Markstrahlen, die die Verbindung zwischen den lebenden Geweben außerhalb des Holzes und dem Mark herstellen, das sich in der Mitte des Astes erstreckt. Der größte Teil der Markstrahlzellen lebt noch und hat keine verholzten Zellwände. Sie sind mit den angrenzenden Tracheiden durch große Öffnungen verbunden.

Auf dem Querschnitt fallen weiterhin verschiedene größere Hohlräume auf, die von blasenförmigen oder leicht abgeflachten Zellen mit dünnen, nicht verholzten Wänden umgeben sind, die eine oder mehrere Schichten bilden. Bei den Hohlräumen handelt es sich um die Harzgänge, die das Harz speichern, das in den dünnwandigen Zellen gebildet wird. Dazu sind natürlich bestimmte Rohstoffe erforderlich. Sie werden durch die Markstrahlen antransportiert, mit denen die dünnwandigen Zellen an manchen Stellen verbunden sind.

Weiteren Aufschluß über den Bau des Kiefernholzes erhält man durch die Untersu-

chung von Längsschnitten, von denen zwei verschiedene erforderlich sind, und zwar je ein Radialschnitt und ein Tangentialschnitt (Abb. 51).

Radialschnitt durch Kiefernholz. Wir spalten ein ca. 1 cm langes Stück des Kiefernastes mit einem scharfen Taschenmesser so, daß der Schnitt genau durch die Mitte geht, und glätten die Schnittfläche. Dann stellen wir davon mit der Rasierklinge kleine Handschnitte her, die wiederum auf einen Objektträger in einen Tropfen Glycerin kommen und dann mit einem Deckglas bedeckt werden.

Jetzt ist zu sehen, daß es sich bei den Tracheiden um sehr lange Zellen handelt. Auch auf diesem Radialschnitt lassen sich die schmalen Tracheiden des Spätholzes deutlich von den breiteren des Frühholzes unter-

Abb. 51: Kurzer Abschnitt eines Kiefernzweiges, schematisch. **a** Radialschnitt, **b** Tangentialschnitt.

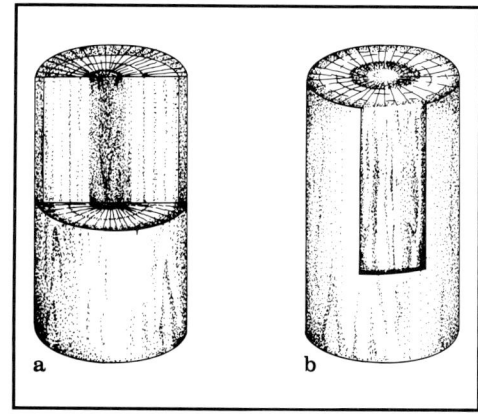

a   b

scheiden. Die Hoftüpfel erscheinen jetzt als zwei konzentrische Kreise. Dabei bildet der innere Kreis die Begrenzung der Öffnung, während der äußere Kreis die Stelle umschreibt, an der sich das linsenförmige Bläschen von der übrigen Zellwand abhebt. Man bezeichnet die Öffnung als Porus. In dem Bläschen ist eine kleine Platte an Zellulosefäden aufgehängt. Man sieht die Platte auf dem Querschnitt als scharfen Strich. Wenn wir uns nach der Funktion eines derartigen Hoftüpfels fragen, so sei nochmals daran erinnert, daß die Tracheiden u. a. die Wasserleitung besorgen. Es kann nun einmal vorkommen, daß eine Tracheide beschädigt und dann von Luft erfüllt wird. Dann drückt das in den benachbarten Tracheiden befindliche Wasser auf die Platte in dem Bläschen, die dadurch an den gegenüberliegenden Porus gepreßt wird. Das führt zu einer Unterbrechung der Verbindung in die verletzte Tracheide. Dagegen kann zwischen benachbarten, intakten Tracheiden Wasser ausgetauscht werden, indem es durch einen Porus eindringt, die Zellulosefäden, die die Platte halten, umfließt und schließlich durch den gegenüberliegenden Porus wieder ausströmt. Auf dem Radialschnitt sieht man auch die Markstrahlen. Sie bestehen aus mehreren übereinanderliegenden, langgestreckten, nicht verholzten, dünnwandigen Zellen. Sie stehen mit den angrenzenden Tracheiden über große Öffnungen, die fast die ganze Breite der Tracheide einnehmen, die sogenannten Fenstertüpfel, in Verbindung. Die oberen und unteren Begrenzungen der Markstrahlen werden von verholzten Zellen gebildet, die stark gewellte und unregelmäßig zackenförmig verdickte Außenwände aufweisen und untereinander durch Hoftüpfel in Verbindung stehen. Das sind die tracheidalen Zellen der Markstrahlen (Abb. 52).

In seltenen Fällen trifft man auf Radialschnitte, die einen Harzgang enthalten. Er erscheint als breiter, parallel zu den Tracheiden verlaufender Hohlraum, der innen von dünnwandigen, nicht verholzten Zellen ausgekleidet ist. An günstigen Stellen ist zu sehen, daß manche dieser dünnwandigen Zellen mit einem Markstrahl in Verbindung stehen.

Tangentialschnitt durch Kiefernholz. Der zweite Längsschnitt durch das Kiefernholz, den wir untersuchen, ist der Tangentialschnitt. Dafür werden von dem Kiefernast zunächst alle Gewebe, die das Holz umgeben, abgeschält. Dann stellen wir mit einer scharfen Rasierklinge einen Schnitt von der Oberfläche des Holzkörpers her und verarbeiten ihn wie die beiden anderen Holzschnitte zu einem Präparat. Mit dem Objektiv 10:1 sehen wir, daß die langgestreckten Tracheiden weit ausgezogene Spitzen haben. Dort befinden sich auch besonders viele Hoftüpfel, die im übrigen gleich aussehen wie auf dem Querschnitt. Durch die langausgezogenen Spitzen werden besonders große Kontaktflächen zwischen den einzelnen Tracheiden geschaffen, was den Was-

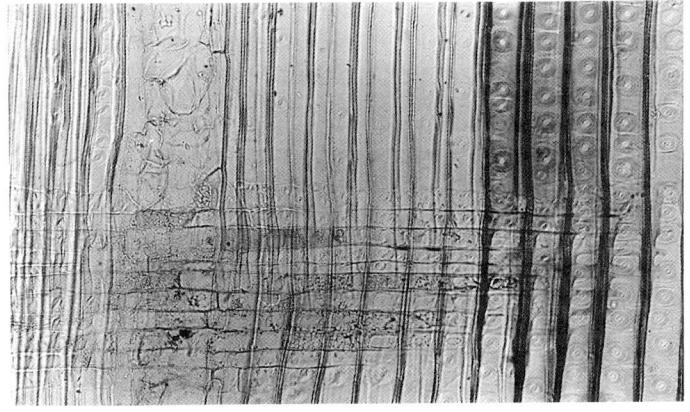

Abb. 52: Radialschnitt durch Kiefernholz. Rechts im Bild sind die Hoftüpfel in den Tracheiden besonders deutlich. Die zarten, quer verlaufenden Zellen gehören zu einem Markstrahl. Obj. 10:1, Ok. 10×.

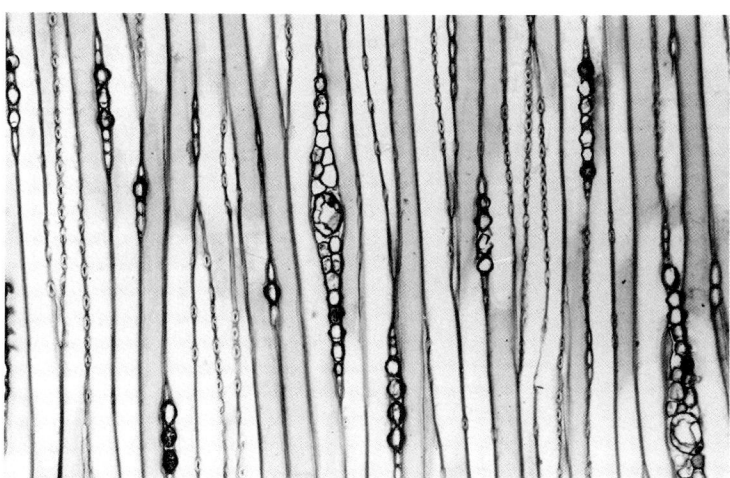

Abb. 53: Tangential-schnitt durch Kiefern-holz. Obj. 10:1, Ok. 10×.

seraustausch und somit die Wasserleitung überhaupt erleichtert. Die Markstrahlen erscheinen als Stapel übereinanderliegender, rundlicher Zellen, die oben und unten von einer oder mehreren Schichten verholzter, tracheidaler Markstrahlzellen abgeschlossen werden (Abb. 53).

Andere Nadelhölzer. Ebenso wie das Kiefernholz läßt sich natürlich auch das Holz anderer Nadelbäume zu Handschnitten verarbeiten und mit dem Mikroskop untersuchen. Bei den Querschnitten stoßen wir in allen Fällen auf Tracheiden, die in radialen Reihen hintereinanderliegen. Das ist das typische Merkmal für die Nadelhölzer und unterscheidet sie so sofort von den Laubhölzern, mit denen wir uns später befassen wollen. Trotzdem weisen die Hölzer der verschiedenen Nadelbäume auch einige Unterschiede auf, so daß man an Hand mikroskopischer Präparate in vielen Fällen sagen kann, von welchem Baum das Holz stammt.

Bestimmen von Nadelhölzern mit dem Mikroskop. Wir stellen zunächst Querschnitte her und prüfen mit dem Objektiv 5:1 oder 10:1, ob in dem Holz Harzgänge enthalten sind oder nicht. Kommen keine vor, kann es sich um Tannen- oder Eibenholz handeln. Zur Entscheidung zwischen den beiden Möglichkeiten sind Radial- oder Tangential-

schnitte erforderlich. In diesen Präparaten zeigen die Tracheiden des Eibenholzes auf der Innenseite der Wände schraubenförmige Aussteifungen, die den Tracheiden des Tannenholzes fehlen. Hat man auf dem Querschnitt Harzgänge gefunden, kann, abgesehen vom Kiefernholz, beispielsweise auch Lärchen- oder Fichtenholz vorliegen. Allerdings kommen die Harzgänge beim Lärchen- und Fichtenholz manchmal recht spärlich vor, so daß auf den ziemlich kleinen Schnitten zuweilen keine Harzgänge getroffen werden. Man muß daher mehrere Querschnitte aus verschiedenen Stellen der Holzprobe untersuchen, bevor man sicher sagen kann, ob das Holz Harzgänge enthält oder nicht. Für das Kiefernholz ist typisch, daß die Harzgänge innen von dünnwandigen Zellen ausgekleidet sind und daß der obere und untere Abschluß der Markstrahlen von tracheidalen Markstrahlzellen gebildet wird, die man an den unregelmäßigen zackenförmigen Verdickungen ihrer Außenwände erkennt. Sie fehlen den tracheidalen Markstrahlzellen sowohl im Lärchen- als auch im Fichtenholz. Außerdem haben bei diesen beiden Hölzern die Zellen an der Innenseite der Harzgänge ziemlich dicke Wände. Jedoch ist die Unterscheidung zwischen Lärchen- und Fichtenholz mit dem Mikroskop allein recht unsicher. Zwar kommen in den Tracheiden des Lärchenholzes nicht selten

Hoftüpfel vor, die zu zweit nebeneinanderliegen. Auf derartige Hoftüpfelpaare kann man allerdings in Tracheiden des Fichtenholzes ebenfalls treffen, wenn auch nur in sehr seltenen Ausnahmefällen. Andererseits gibt es Proben von Lärchenholz, in denen man lange nach Hoftüpfeln suchen muß, die zu zweit nebeneinanderliegen. Deshalb ist dieses Merkmal zu unsicher, um eine wirklich klare Entscheidung zwischen den beiden Holzarten fällen zu können.

Dickenwachstum des Kiefernastes. Nun wollen wir noch herausfinden, warum die Tracheiden im Kiefernholz in radialen Reihen angeordnet sind und warum ein solcher Baumstamm im Laufe der Zeit an Dicke zunimmt. Dazu schneiden wir von einem Ast einen Kiefernzweig, der höchstens 5 mm dick ist. Wir bringen auf dem Querschnitt mit einem scharfen Messer eine glatte Schnittfläche an, so daß sich mit einer Rasierklinge Handschnitte herstellen lassen. Dabei wird die Klinge so geführt, daß Querschnitte entstehen, die ein kleines Stückchen vom Holz und gleichzeitig etwas von der sich außen anschließenden Rinde erfassen. Es ist nicht einfach, Schnitte herzustellen, die für die anschließende Untersuchung dünn genug sind. Deshalb stellen wir am besten fünf oder mehr Schnitte her, die alle auf einen Objektträger in einen Tropfen Glycerin kommen und mit einem Deckglas bedeckt werden. Mit dem Objektiv 10:1 suchen wir die dünnste Stelle und untersuchen sie mit dem gleichen Objektiv weiter. Wir suchen zunächst die uns vertrauten Tracheiden des Holzes und verschieben das Präparat langsam auf das Gewebe zu, das sich außen an das Holz anschließt. Wo der Schnitt besonders dünn ist, sieht man, daß am Rande des Holzkörpers auf die Tracheiden mit ihren gelblich gefärbten Zellwänden ganz anders aussehende Zellen mit weißen Wänden folgen. Sie erscheinen noch flacher als die Tracheiden des Spätholzes, liegen aber auch in radialen Reihen hintereinander, die nur wesentlich kürzer sind als die Reihen, die die Tracheiden bilden. Etwa die dritten auf die Tracheiden folgenden Zellen mit den weißen Wänden bilden um den ganzen Ast herum einen einschichtigen Ring von Zellen, die zusammen als Kambium bezeichnet werden. Die Kambiumzellen teilen sich ziemlich häufig, wobei sehr viele Tochterzellen nach innen und nur sehr wenige nach außen abgegeben werden. Die nach innen abgegebenen Tochterzellen unterscheiden sich anfänglich überhaupt nicht von den Kambiumzellen. Mit der Zeit lagern sie aber in ihren Wänden Lignin ein, so daß der Zellinhalt schließlich abstirbt. Die Zellen, die das Kambium nach innen abgibt, wandeln sich also in Tracheiden um. Daher liegen die Tracheiden auch alle in radialen Reihen hintereinander. Das ergibt sich ganz zwangsläufig, weil sie eben Abkömmlinge von Kambiumzellen sind. Wenn laufend Tracheiden gebildet werden, nimmt der Ast natürlich an Umfang zu. Das Kambium muß das berücksichtigen und ebenfalls an Umfang zunehmen, indem sich seine Zellen hin und wieder quer teilen, so daß aus einer Kambiumzelle zwei nebeneinanderliegende entstehen. Von denen bildet jede für sich Tochterzellen, die sich in Tracheiden umwandeln. Dadurch entsteht der Eindruck, als hätten sich einige Tracheidenreihen geteilt. Kambiumzellen, die an Markstrahlen stoßen, geben Zellen ab, die sich anschließend in Markstrahlzellen umwandeln.

Nach außen geben die Kambiumzellen viel weniger Tochterzellen ab als nach innen. Ihre Wände bleiben weiß und werden auch nicht dicker. Die nach außen abgegebenen Zellen des Kambiums wandeln sich in die sogenannten Siebzellen um. Sie sehen fast so flach aus wie die Kambiumzellen und sind von diesen in unseren Präparaten kaum zu unterscheiden. Die Aufgabe der Siebzellen besteht darin, die bei der Photosynthese in den Kiefernnadeln gebildeten Assimilate im ganzen Baum bis hinunter zu den Wurzeln zu verteilen. Der Name »Siebzelle« rührt von feinen Poren her, die die Querwände durchsetzen. Zu Gruppen angeordnet, sehen sie wie Siebe aus. Allerdings ist das in unseren Präparaten nicht zu erkennen. Die außen liegenden Siebzellen sind plattgequetscht. Sie stellen nämlich nach einer gewissen Zeit die Assimilatleitung ein, wobei sich auf die siebartigen Porengruppen eine bestimmte Substanz, die Kallose, ablagert. Dadurch sterben die Siebzellen ab und werden von den noch lebensfrischen Zellen aus der Nachbarschaft plattgequetscht. Unterdessen vergrößern sich andere Zellen, die im Verband der Siebzellen liegen, mehr und mehr, speichern Stärke, Kristalle sowie andere Stoffe und sterben nicht ab. Das sind die Siebparenchymzellen. Der aus Siebzellen und Siebparenchymzellen bestehende Gewebeverband wird als Bast bezeichnet. Er enthält ebenfalls Markstrahlen, die sich geradlinig in den Markstrahlen des Holzes fortsetzen (Abb. 54).

Man bezeichnet alle Gewebe, die von einem Kambium abstammen, als sekundäre Gewebe. Bei den aus Tracheiden bzw. Siebzellen bestehenden Zellverbänden handelt es sich demnach um sekundäres Gewebe. Alle anderen Gewebe, die ihren Ursprung nicht der Teilungstätigkeit eines Kambiums verdan-

Abb. 54: Holz, Kambium und Rinde der Kiefer, quer. Obj. 40:1, Ok. 10×.

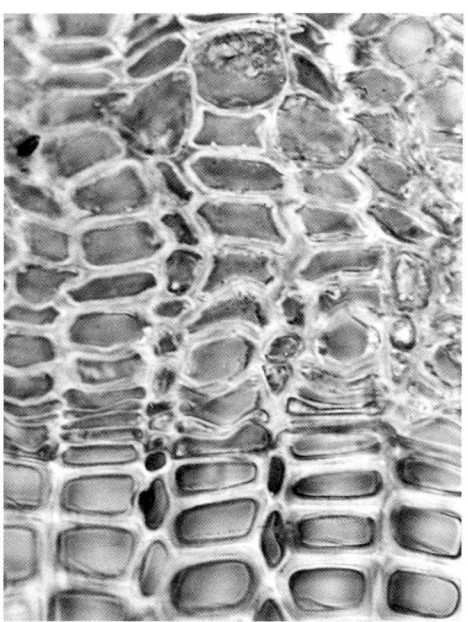

ken, sind die primären Gewebe. Sie lassen sich meist ganz einfach von den sekundären Geweben unterscheiden, da die Zellen der sekundären Gewebe oft in deutlichen radialen Reihen hintereinanderliegen.

Nun erinnern wir uns an das Präparat mit dem Querschnitt durch die Kartoffelschale. Hier lagen die Korkzellen wie die Tracheiden oder die Siebzellen aus dem Kiefernzweig in radialen Reihen hintereinander, während das bei den parenchymatischen Zellen, die die Stärkekörner enthalten, nicht der Fall war. Demnach ist das Korkgewebe, aus dem sich die Kartoffelschale aufbaut, ein sekundäres Gewebe, während es sich bei dem stärkehaltigen Parenchym um ein primäres Gewebe handelt.

Holz der Linde. Als Beispiel für ein Laubholz wollen wir zunächst einmal das Holz der Linde näher untersuchen. Es wird dazu ein frischer Zweig von ca. 8 mm ⌀ vom Baum abgeschnitten und wie beim Kiefernzweig eine glatte Querschnittsfläche hergestellt. Man erkennt dort bereits mit bloßem Auge das gelbliche bis bräunliche Holz mit seinem Mark und den vielen konzentrischen Jahresringen. Außen ist das Holz von der Rinde umgeben, die sich wie beim Kiefernzweig leicht mit dem Daumennagel vom Holz lösen läßt. In der Rinde fallen viele, nach außen zu spitz auslaufende dunkelbraune Zacken auf, deren Zwischenräume von keilförmigen Zonen ausgefüllt sind, die heller erscheinen. Wir stellen nun mit einer Rasierklinge einige Querschnitte her, übertragen sie auf einen Objektträger in einen Tropfen Wasser oder Glycerin und legen ein Deckglas auf. Das Präparat wird zunächst mit dem Objektiv 5:1 untersucht. Dabei fallen im Holz sofort die Jahresringe auf, von denen manche sehr breit und andere ziemlich dünn sind. Die Jahresringe werden von feinen dunklen Linien wie von den Speichen eines Rades durchkreuzt. Das sind die Markstrahlen. Außerdem erkennt man bereits bei dieser schwachen Vergrößerung, daß das Lindenholz sich größtenteils nicht aus solch regelmäßig radial hintereinander angeordneten Zellreihen zusammensetzt, wie das beim

Abb. 55: Holz der Linde, quer. Lupenvergrößerung.

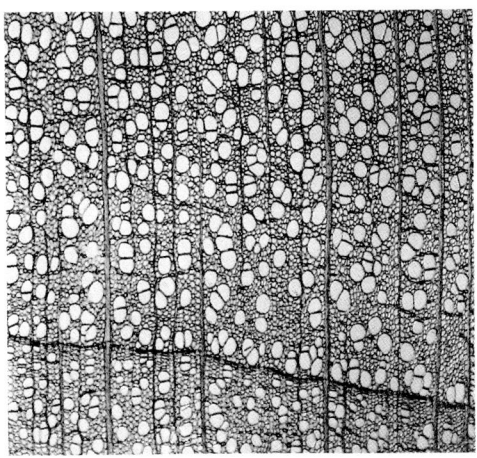

Kiefernholz und den anderen Nadelhölzern
der Fall war.
Mit dem Objektiv 10:1 sehen wir, daß das
Lindenholz aus Zellen sehr unterschiedlicher Größe besteht. An den Grenzen der
Jahresringe liegen einige flache Zellen in
sehr kurzen radialen Reihen hintereinander.
Diese Zellen wurden jeweils im Spätsommer
angelegt und gehören demnach zum Spätholz. Daran schließen sich nach außen zu
erheblich größere Zellen an, die allerdings
teilweise auch von einigen kleineren Zellen
umgeben sind. Das ist das Frühholz des näch-

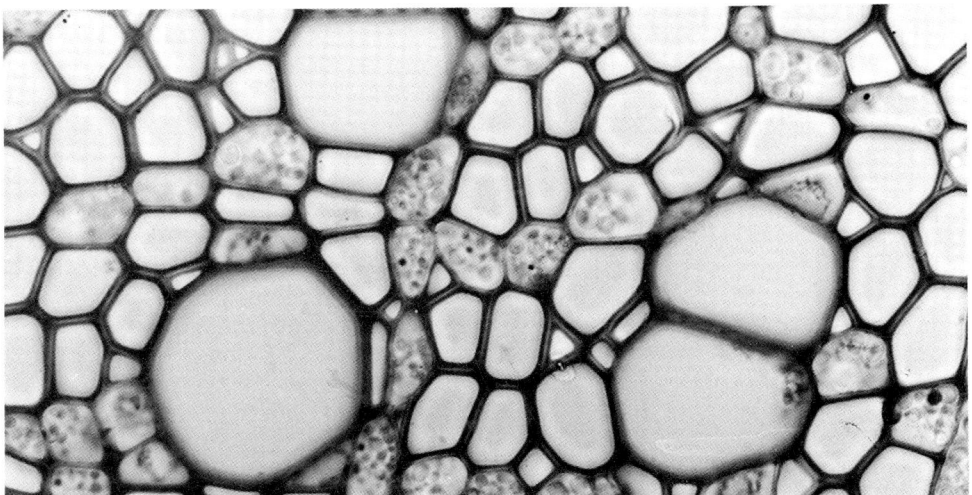

Abb. 56: Holz der Linde, quer. Obj. 40:1, Ok. 10×.

sten Jahresringes, der wie der vorhergehen-
de von einigen flachen, in radialen Reihen
hintereinanderliegenden Zellen abgeschlossen wird, die das Spätholz bilden.
Unter den ersten Zellen des Frühholzes finden sich besonders viele große. Verfolgt
man den Jahresring in Richtung Spätholz
weiter, nimmt die Anzahl der kleineren Zellen immer mehr zu. Trotzdem sind auch
dort noch einige große Zellen anzutreffen.
Sie fehlen nur in der letzten Schicht des
Spätholzes, die aus den bereits erwähnten

flachen, in radialen Reihen hintereinander
angeordneten Zellen besteht (Abb. 55).
Außer den bereits genannten Zellen sind
noch die Markstrahlen zu sehen. Sie bestehen aus langgestreckten Zellen, von denen
meist mehrere nebeneinanderliegen und die
nicht selten Stärkekörner enthalten. Einige
der Markstrahlen reichen von der Rinde bis
zum Mark. Man bezeichnet sie als primäre
Markstrahlen. Daneben gibt es andere, die
zwar ebenfalls von der Rinde ausgehen,
dann aber blind im Holz enden und nicht
das Mark erreichen. Das sind die sekundären Markstrahlen.
Nun wollen wir uns den Querschnitt durch

das Lindenholz noch genauer ansehen und benutzen dazu das Objektiv 40:1 (Abb. 56). Wir betrachten zunächst einige der größten Zellen. Sie werden als Tracheen bezeichnet. Dort, wo zwei Tracheen aneinandergrenzen, erscheint die Trennwand undeutlich gestrichelt. Eine Deutung dieser merkwürdigen Erscheinung wird uns erst möglich sein, wenn wir Längsschnitte durch das Lindenholz untersucht haben. An die Tracheen grenzen verschiedene kleine Zellen. Manche von ihnen sind sowohl untereinander als auch von den Tracheen durch Wände getrennt, die ebenfalls die soeben erwähnte unscharfe Strichelung zeigen. Diese Zellen sind die Tracheiden. Sie dienen ebenso wie die Tracheen der Wasserleitung. Andere kleinere Zellen werden von scharfen, ungestrichelten Wänden umgeben. Einige davon enthalten besonders im Herbst und Winter Stärkekörner. Man sieht die Stärke deutlicher, wenn man den Schnitt auf einen Objektträger in einen kleinen Tropfen Lugolscher Lösung überträgt, einen kleinen Tropfen Glycerin hinzugibt und dann das Deckglas auflegt. Die Stärkekörner fallen nun durch die bekannte Schwarzfärbung auf, während die Wände der im Holz befindlichen Zellen gelb erscheinen und dadurch ebenfalls deutlicher zu sehen sind. Die stärkehaltigen Zellen sind die Holzparenchymzellen. Sie enthalten allerdings manchmal nur wenig Stärke, so daß man sie etwas länger suchen muß. Holzparenchymzellen besitzen Zytoplasma und Zellorganellen und sind demnach im intakten Holz – ebenso wie die Markstrahlzellen – lebendig. Schließlich gibt es noch kleine Zellen mit glatten, ungestrichelten Zellwänden, die weder Protoplasma noch Stärkekörner enthalten. Sie dienen der Festigung des Holzes und werden als Holzfasern oder Libriformfasern bezeichnet.

Das Lindenholz entsteht ebenso wie das Kiefernholz durch Teilung eines Kambiums, von dem das Holz außen umgeben ist. Jede der vom Kambium nach innen abgegebenen Zellen wandelt sich anschließend in eine der im Lindenholz vorkommenden Zellarten um. Dabei vergrößern sich die Tracheen besonders und bringen so die ursprünglich radiäre Anordnung der Zellen zumindest im Frühholz ziemlich durcheinander.

Man kann die an das Holz grenzenden Kambiumzellen auch in unseren Präparaten sehen. Dabei gibt es kaum Schwierigkeiten, wenn man die Schnitte durch den frischen Lindenzweig im Herbst oder Winter anfertigt. Im Frühjahr oder Sommer sind die Kambiumzellen jedoch so wenig stabil, daß sie beim Schneiden leicht zerreißen. Sollen sie trotzdem intakt bleiben, zerschneidet man den Lindenzweig in ca. 1 cm lange Stücke und wirft sie in ein Gemisch, das aus gleichen Teilen Brennspiritus und Glycerin besteht. Darin bleiben sie einige Tage lang. Anschließend ist das Kambium so widerstandsfähig geworden, daß die Schnitte wie üblich mit der Rasierklinge angefertigt werden können.

Das Kambium besteht aus einem Ring flacher Zellen, die das ganze Holz umgeben. Darüber und darunter liegen Stapel aus je zwei Zellen, die sich von den eigentlichen Kambiumzellen kaum unterscheiden lassen. Das sind die vom Kambium abgegebenen Tochterzellen. Ihre Wände erscheinen weiß, und sie verändern diese Färbung selbst nach Einwirkung von Lugolscher Lösung nicht. Die Kambiumzellen geben nicht nur nach innen bzw. nach außen Tochterzellen ab, sondern teilen sich gelegentlich auch quer. Dadurch wird der Durchmesser des Kambiumringes vergrößert; wegen der allmählichen Verdickung des Zweiges ist dies unumgänglich.

Rinde der Linde. Die Tochterzellen, die das Kambium des Lindenzweiges nach außen abgibt, wandeln sich in Zellen um, die zusammen die Rinde aufbauen. Wenn wir uns die Querschnittsfläche des Zweiges mit dem bloßen Auge oder der 10fach vergrößernden Lupe ansehen, fällt in der Rinde ein zickzackförmiges Muster auf. Es sind dunkelbraune Zacken zu sehen, zwischen denen sich helle Zonen erstrecken, die nach außen zu immer breiter werden. Um diese Strukturen genauer beobachten zu können, stellen wir mit der Rasierklinge Querschnitte durch die Rinde eines ca. 8 mm dicken Lindenzweiges her, übertragen sie auf einen Objektträger in einen Tropfen Wasser oder Glycerin und bedecken sie mit einem Deckglas.

Mit einem Objektiv 5:1 untersuchen wir zunächst eine der hellen Zonen, die sich nach außen zu verbreitern. Es handelt sich dabei um einen der Markstrahlen der Rinde, die sich über das Kambium in das Holz fortsetzen. Die Zellen der in der Rinde verlaufenden Markstrahlen sehen viereckig aus und sind lebendig. Außerdem teilen sie sich, um der ständigen Dickenzunahme des Zweiges nachzukommen. So erhalten diese Markstrahlen ein Aussehen, das an Trompeten erinnert. Ihre Zellen enthalten häufig Stärkekörner. Das läßt sich an der Schwarzfärbung nachweisen, die nach Einwirkung von Lugolscher Lösung zu beobachten ist. Außerdem ist auch ohne Jodlösung im Polarisationsmikroskop das für Stärkekörner typische Malteserkreuz zu sehen. Andere Zellen der Markstrahlen enthalten je einen großen, sternförmigen Kristall, der als Kristalldruse bezeichnet wird.

Zwischen den Markstrahlen befindet sich ein Gewebekomplex, der sich aus abwechselnden Schichten von Zellen mit extrem verdickten bzw. dünnen Wänden zusammensetzt. Diese Schichtung erscheint im Polarisationsmikroskop bei gekreuzten Polarisationsfiltern besonders deutlich, weil dann bei richtiger Orientierung des Präparates die Zellschichten mit den stark verdickten Wänden besonders hell aufleuchten.

Um den Aufbau der einzelnen Zellen besser erkennen zu können, benützen wir jetzt das Objektiv 40:1. Beginnen wir mit den Zellen mit den stark verdickten Wänden. Sie sind geschichtet, erscheinen weiß und werden gelegentlich von hauchdünnen Tüpfelkanälen durchzogen. Der Hohlraum, den die Wände umschließen (das Lumen der Zelle), ist äußerst klein und erinnert auf dem Querschnittsbild an einen Nadelstich. Der Inhalt dieser Zellen ist bereits abgestorben. Die einzelnen Zellen werden als Bastfasern bezeichnet, die insgesamt den sogenannten Hartbast bilden.

Zwischen zwei Hartbastschichten liegen Zellen mit erheblich dünneren Wänden, und zwar viele große und kleine. Einige der großen Zellen enthalten Stärke (was man wiederum mit der Lugolschen Lösung oder dem Polarisationsmikroskop nachweisen kann) und werden als Bastparenchymzellen bezeichnet. Die anderen großen Zellen sehen fast leer aus und kommen stets in Gesellschaft mit einer kleineren Zelle vor. Die großen Zellen sind die sogenannten Siebröhren, in denen die in den Blättern gebildeten Assimilate transportiert werden. Man könnte sie also mit den Siebzellen vergleichen, die wir in der Rinde der Kiefer gefunden hatten. Allerdings bestehen einige Unterschiede. So enthalten die Siebröhren keine Zellkerne und werden deshalb von Geleitzellen begleitet, die mit je einem Zellkern versehen sind. Siebröhren, Geleitzellen und Bastparenchymzellen werden unter der Be-

Abb. 57: Bast der Linde, quer. Obj. 40:1, Ok. 10×.

zeichnung „Weichbast" zusammengefaßt (Abb. 57).

Man beobachtet also in der Rinde zwischen den Markstrahlen jeweils abwechselnde Schichten von Hart- und Weichbast, was zu Vergleichen mit den Jahresringen im Holz herausfordert. Allerdings werden pro Jahr nicht nur je eine Schicht Hart- bzw. Weichbast gebildet, sondern mehrere. Hart- und Weichbast sowie die in der Rinde befindlichen Markstrahlen bestehen aus Zellen, die durch Teilungen vom Kambium abgegeben worden sind. Bei dieser Rinde handelt es sich also um ein sekundäres Gewebe, so daß man nicht nur vom Bast, sondern auch von der „sekundären Rinde" spricht.

Die Zellen, die sich bei diesem verhältnismäßig dünnen Zweig auf die sekundäre Rinde nach außen zu anschließen, liegen nicht mehr in regelmäßigen Reihen hintereinander. Daraus ist sofort zu erkennen, daß sie keine Abkömmlinge eines Kambiums darstellen und deswegen ein primäres Gewebe aufbauen. Sie bilden zusammen die sogenannte primäre Rinde. Ihre äußeren Zellen enthalten meist viele Chloroplasten. Die primäre Rinde ist ursprünglich einmal von einer Epidermis umgeben gewesen. Diese wurde jedoch zerstört, als der Zweig dicker wurde, und durch ein Korkgewebe ersetzt, das sich an die chloroplastenhaltigen Zellen anschließt. Das Korkgewebe besteht aus auffallend flachen Zellen, die in radialen Reihen hintereinanderliegen und demnach ein sekundäres Gewebe darstellen. Die Wände der innersten Zellschicht erscheinen noch weiß, während die sich nach außen anschließenden Zellwände immer dunkler braun werden.

Tangentialschnitt durch das Holz eines Lindenzweiges. Kehren wir zum Holz der Linde zurück. Wir müssen ja noch klären, woher die unscharfe Strichelung auf den Zellwänden der Tracheen kommt, die an andere Tracheen oder auch an Tracheiden grenzen.

Hierzu fertigen wir ein Präparat von einem Tangentialschnitt durch das Holz mit Wasser oder Glycerin als Einschlußmittel an. Wir beginnen die Untersuchung mit dem Objektiv 5:1. Zunächst bietet sich uns ein recht verwirrendes Bild. Deshalb wollen wir uns nur auf zwei Punkte konzentrieren. Einmal sieht man rundliche Zellen, die übereinanderliegen. Das sind die quergeschnittenen Markstrahlen. Anschließend suchen wir unter den längsverlaufenden Zellen die breitesten aus und wechseln dann auf das Objektiv 40:1 über. Bei den dicken Zellen handelt es sich natürlich um Tracheen. Wir suchen uns eine davon heraus, bei der eine der längsverlaufenden Zellwände besonders deutlich in Aufsicht zu erkennen ist. Mit ziemlich stark geschlossener Kondensorblende sieht man dann zahlreiche bienenwabenartig umgrenzte Hoftüpfel, die ganz erheblich kleiner als die rundlichen Hoftüpfel sind, die wir von der Kiefer kennen. Wer will, kann den Durchmesser eines Linden-Hoftüpfels mit dem Meßokular bestimmen. Dabei ergeben sich Werte um 5 µm. Wenn man annimmt, daß selbst ein guter Querschnitt durch den Lindenzweig erheblich dicker als 10 µm ist, bedeutet das, daß in der Zellwand, die man im Querschnitt von oben betrachtet, viele Hoftüpfel übereinanderliegen. Da die Tiefenschärfe bei Verwendung des Objektivs 40:1 und des Okulars 10× nur etwa 2,5 µm beträgt, können nie alle diese Hoftüpfel zusammen scharf erscheinen, so daß sich die unscharfe Strichelung ergibt.

Wenn wir den Querschnitt durch das Lindenholz mit dem durch ein Nadelholz vergleichen, dann fällt auf, daß die Anordnung der Zellen im Nadelholz viel regelmäßiger ist. Dazu kommt es, weil im Holz der Linde u. a. auch Tracheen mit besonders großem Durchmesser gebildet werden. Außerdem werden die meisten Querwände hintereinanderliegender Tracheen aufgelöst. So entsteht ein Röhrensystem, das sich für die Wasserleitung wesentlich besser eignet als die Tracheiden, mit denen die Nadelhölzer auskommen müssen. Die verbesserte Wasserleitung ist für die Laubbäume allerdings lebenswichtig, da ihr Wasserverbrauch erheblich größer ist als der der Nadelbäume.

Querschnitt durch Eichenholz. Mit einer Rasierklinge stellen wir durch das Holz eines frisch abgeschnittenen Eichenzweiges Querschnitte her, übertragen sie auf einen Objektträger in einen Tropfen Wasser oder Glycerin und bedecken sie mit einem Deckglas.

Es fällt bereits mit dem Objektiv 5:1 auf, daß die Jahresringgrenzen beim Eichenholz noch viel deutlicher hervortreten als beim Lindenholz, weil die großlumigen, d. h. mit weitem Innenraum ausgestatteten Tracheen ausschließlich im Frühholz vorkommen. Zwar enthält auch das Spätholz Tracheen, doch ihr Querschnitt ist erheblich kleiner als im Frühholz. Daneben finden sich Tracheiden, stärkehaltige Holzparenchymzellen sowie Holzfasern, die von besonders dicken Zellwänden umgeben sind, in denen man manchmal hauchdünne Tüpfelkanäle erkennen kann. Außerdem wird das Holz von Markstrahlen durchzogen.

Der Hauptunterschied zwischen Eichen- und Lindenholz besteht also darin, daß die großlumigen Tracheen beim Eichenholz nur im Frühholz vorkommen, während sie beim Lindenholz daneben noch im Spätholz, wenn auch in geringerer Anzahl, anzutreffen sind. Man rechnet daher das Eichenholz zu den sogenannten ringporigen Hölzern und das Lindenholz zu den zerstreutporigen. Beispiele für weitere ringporige Hölzer sind die Esche oder die Ulme und für zerstreutporige Ahorn, Birke, Buche und Pappel.

Pollenkörner (Blütenstaub)

Wir wollen noch die Pollenkörner von Blütenpflanzen untersuchen, wobei die Präparation besonders einfach ist. In einen Tropfen Glycerin auf einem Objektträger tupft man ein reifes Staubblatt. Nach dem Auflegen des Deckglases ist das Präparat fertig.

Man kann es aber auch in ein Dauerpräparat umwandeln. Zu diesem Zweck muß nur das Deckglas mit Nagellack oder Alleskleber umrandet werden, wie das auf Seite 66 bereits geschildert wurde. So kann man ziemlich schnell eine umfangreiche Sammlung

von Pollenkörnern der verschiedenen Pflanzen anfertigen. Das hat für Vergleichszwecke große Bedeutung. Denn die äußere Form des Pollens und die Struktur seiner Oberfläche sind für jede Pflanzenart charakteristisch, so daß man allein nach dem Aussehen des Pollens sagen kann, von welcher Pflanze er stammt.

Die Pollenkörner enthalten Zytoplasma, mehrere Zellkerne sowie Öl oder Stärke als Reservestoffe. Das alles können wir in unseren Präparaten nicht erkennen, so daß wir uns auf die Untersuchung der äußeren Gestalt beschränken, die für sich allein bereits viel Abwechslung bietet. Die meisten Pollenkörner sind kugelig, oval oder drei- bis mehreckig. Nur die Kiefern-, Fichten- und Tannenpollen weichen von diesen Typen ab. Sie besitzen nämlich zwei blasenförmige Luftkammern, die links und rechts an dem rundlichen bis ovalen Pollenkorn angesetzt sind (Abb. 58a). Die Pollenkörner werden von einer dünneren inneren Wand und einer dickeren, außerordentlich widerstandsfähigen äußeren Wand umgeben. Letztere weist an manchen Stellen Unterbrechungen auf. Sie können faltenförmig (Keimfalten) oder rundlich (Keimporen) aussehen. Es kommen aber auch Falten vor, die mit Poren versehen sind (z. B. Buche). Dabei ist die Anzahl der Poren und Falten je nach Pollenart verschieden, jedoch für eine Pollenart nicht selten konstant. So kommen bei den Gräsern und beim Rohrkolben eine, bei der Linde, der Haselnuß (Abb. 58b) und der Birke drei und bei der Erle fünf Keimporen vor, die ganz verschieden angeordnet sein können.

Linde, Birke und Haselnuß haben annähernd dreieckige Pollenkörner. Jedoch befinden sich die Keimporen beim Lindenpollen jeweils auf der Mitte der Dreiecksseiten, während sie bei der Haselnuß und der Birke an den Ecken lokalisiert sind. Dabei können die Keimporen von der Pollenoberfläche deutlich hervorspringen (z. B. bei der Birke) oder kaum vorspringen (z. B. bei der Brennnessel oder dem Hopfen). Es kommen auch Pollenkörner mit sehr vielen Keimporen vor, so beim Wegerich ungefähr 10, bei der Wal-

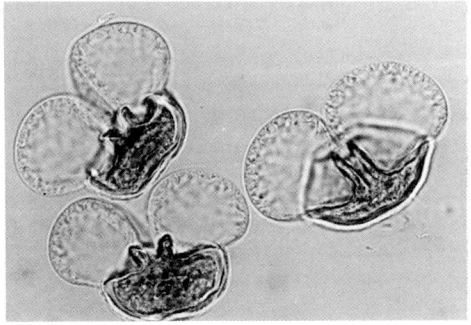

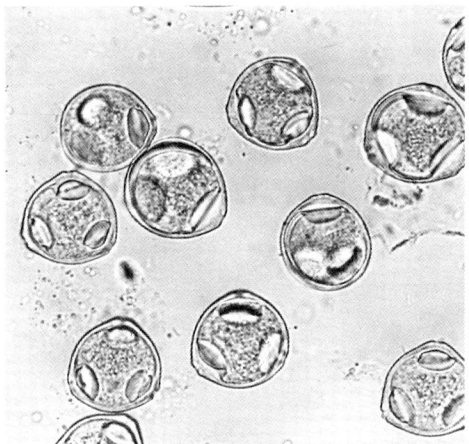

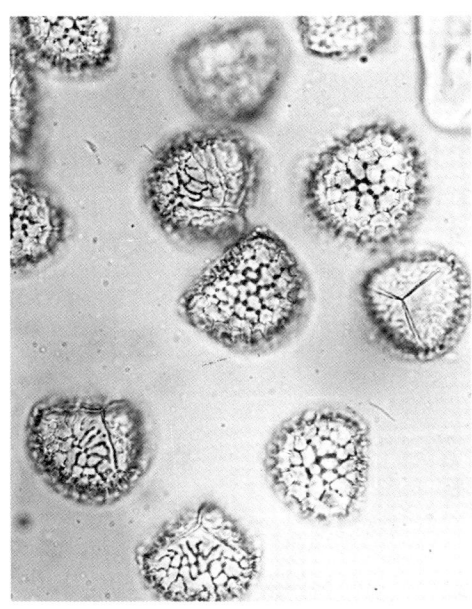

Abb. 58: **a** Pollenkörner der Kiefer. Obj. 40:1, Ok. 10×. **b** Pollenkörner der Haselnuß. Obj. 40:1, Ok. 10×. **c** Die Sporen vom Bärlapp und anderer farnartiger Pflanzen sind zwar keine Pollenkörner, können aber ebenso präpariert und untersucht werden.

nuß 8–14 und bei den Gänsefußgewächsen mehr als 40.

Die Anzahl der Keimfalten kann ebenfalls verschieden sein. So finden sich bei der Seerose eine, bei der Eiche drei und beim Stiefmütterchen 4–6 Falten. Es gibt aber auch Pollenkörner, die weder Falten noch Poren aufweisen (z. B. Pappel).

Die Pollen windblütiger Pflanzen sind im reifen Zustand pulverig, während die Pollenkörner insektenblütiger Pflanzen nicht selten verklumpen. Andere Pollenkörner bilden Viererverbände (z. B. Rohrkolben, Binsen oder die echten Heidekrautgewächse). Die Oberfläche der Pollenkörner ist sehr verschieden. Sie kann glatt oder fast glatt sein (z. B. Gräser) oder die verschiedenartigsten Skulpturierungen aufweisen wie z. B. netzförmige (Lilien), stachelige (Malven, Sonnenblume, Glockenblume), warzige (Seerose) oder fein punktierte (Pappel).

Die Bestimmung der Pollenart hat wichtige praktische Bedeutung. So kann man z. B. anhand der Pollenkörner im Honig sagen, ob er wirklich von der auf dem Etikett angegebenen Pflanzenart stammt oder nicht. Die Pollenuntersuchung ist auch für die Vorgeschichte wichtig. Aus den Pollenkörnern, die man in bestimmten Schichten von Torfablagerungen findet, kann man schließen, welche Bäume und Sträucher zu bestimmten Zeiten in der betreffenden Gegend vorgekommen sind. Da man die Ansprüche kennt, die diese Gewächse an das Klima stellen, läßt sich aus den gefundenen Pollenkörnern auf das Klima und seine Veränderungen in der Vorzeit schließen. Diese Untersuchungen sind unter der Bezeichnung „Pollenanalyse" bekannt geworden.

Pollenkeimung. Mit dem Pollen wird bekanntlich die Narbe des Griffels bestäubt, der sich auf dem Fruchtknoten in der Mitte der Blüte befindet. Der Pollen keimt aus und bildet auf dem Stempel einen Pollenschlauch, der aus einer der Keimporen oder Keimfalten hervortritt. Er wächst durch den Griffel hinunter bis zum Fruchtknoten. In ihm wandern zwei Kerne nach unten, die für die Befruchtung sorgen. Im einzelnen sind diese Vorgänge bei den Blütenpflanzen ziemlich kompliziert und sollen hier nicht weiter verfolgt werden.

Wir wollen aber wenigstens das Anfangsstadium, nämlich die Keimung des Pollenkornes und die ersten Wachstumsphasen des Pollenschlauches, beobachten. Als Untersuchungsobjekt benutzen wir den Pollen des Fleißigen Lieschens, das das ganze Jahr über blüht und reichlich Pollen liefert (im Dezember und Januar jedoch nur, wenn die Pflanze gut belichtet wird). Der Pollen sieht hier viereckig aus mit einer Keimpore an jeder Ecke.

Zur Keimung verwenden wir eine 5- bis 10%ige wäßrige Lösung von Zucker. Wenn keine genaue Waage und kein Meßzylinder zur Verfügung stehen, gehen wir bei der Anfertigung dieser Lösung folgendermaßen vor: Als Gefäß benützen wir eine gewöhnliche Kaffeetasse, die meist eine Flüssigkeitsmenge von ca. 120 ml faßt, und füllen sie zur Hälfte mit Leitungswasser, in dem wir Würfelzucker auflösen. Da ein Stück Würfelzucker ziemlich genau 3 g wiegt, müssen wir zwei in der Tasse auflösen und erhalten so eine Lösung, die ungefähr 10% Zucker enthält. Damit machen wir unseren ersten Versuch zur Pollenkeimung. Es ist dazu eine kleine Glasschale erforderlich, in der sonst Salat oder Kompott serviert werden. Auf den Boden einer solchen Schale legen wir ein Stück eines Papiertaschentuches, das wir mit Leitungswasser befeuchten. Auf einen Objektträger bringen wir einen Tropfen unserer Zuckerlösung, den wir mit der Fingerkuppe noch etwas verstreichen. Dann tupfen wir mit einem reifen Staubblatt des Fleißigen Lieschens in die Zuckerlösung, so daß dort Pollen zurückbleibt, und legen den Objektträger anschließend – ohne Deckglas – auf das angefeuchtete Papiertaschentuch in die Glasschale. Sie wird am Ende noch mit

einem flachen Teller bedeckt. Diese Vorrichtung ist eine behelfsmäßige „Feuchte Kammer". Man läßt das ganze ca. 30 Minuten stehen, nimmt dann den Objektträger aus der Schale wieder heraus, trocknet seine Unterseite ab und gibt auf die Zuckerlösung und die Pollenkörner ein Deckglas.

Jetzt legen wir das Präparat auf den Objekttisch des Mikroskops, schließen die Kondensorblende und prüfen mit dem Objektiv 10:1, ob sich Pollenschläuche gebildet ha-

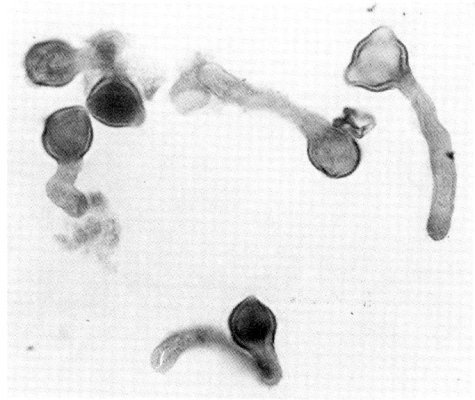

Abb. 59: Im Text wird die Keimung der Pollenkörner vom Fleißigen Lieschen beschrieben. Man kann die Versuche aber auch mit Pollenkörnern anderer Pflanzen durchführen, muß dazu allerdings die richtige Zuckerkonzentration ausprobieren. Das Bild zeigt gekeimte Pollenkörner der Himbeere. Obj. 40:1, Ok. 10×.

ben. Ist das der Fall, kann sofort mit der Untersuchung begonnen werden. Liegen noch keine Pollenschläuche vor, ist die Konzentration der Zuckerlösung zu hoch. Man stellt sich in solchen Fällen eine Lösung her, die nur 5% Zucker enthält. Dazu müssen wir unsere ursprüngliche Lösung nur mit der gleichen Menge Wasser verdünnen. Anschließend wird der zweite Versuch zur Pollenkeimung ebenso wie der erste durchgeführt. Nachdem der Objektträger 30 Minuten in der Feuchten Kammer gelegen hat, prüft man erneut, ob Pollenschläuche entstanden sind. Es kann jetzt sein, daß sich zwar Pollenschläuche gebildet haben, die meisten von ihnen aber geplatzt sind. Dann erscheinen sie leer, und ihr Inhalt liegt als körnige Masse vor der Spitze. Kommt das vor, ist die Konzentration der Zuckerlösung zu niedrig. Man muß also die Ausgangslösung mit weniger Wasser verdünnen und den Versuch erneut wiederholen. Es ist ganz allgemein zu beobachten, daß der Pollen nicht keimt, wenn die Konzentration der Zuckerlösung zu hoch ist, und daß der Pollenschlauch bei zu niedriger Zuckerkonzentration leicht platzt (Abb. 59, Seite 101).

Hat man schließlich die richtige Konzentration für die Zuckerlösung gefunden, läßt sich das Wachstum der Pollenschläuche schön beobachten. Wir suchen uns zunächst mit dem Objektiv 10:1 einen Pollenschlauch heraus, der noch nicht zu lang ist, und untersuchen ihn mit dem Objektiv 40:1 genauer. Man kann direkt zusehen, wie der Pollenschlauch in die Länge wächst. Mit Hilfe eines Meßokulars läßt sich die Wachstumsgeschwindigkeit bestimmen. Sie ist bei den einzelnen Pollenarten unterschiedlich und beim Fleißigen Lieschen besonders groß. Allerdings hängt sie auch von bestimmten Außenfaktoren wie z. B. der Temperatur ab. Außerdem ist zum Keimen des Pollens und zum Wachstum der Pollenschläuche Sauerstoff erforderlich. Deshalb haben wir die Präparate zunächst nicht mit einem Deckglas bedeckt, sondern sie eine Zeitlang in der behelfsmäßigen Feuchten Kammer aufbewahrt.

In den Pollenschläuchen ist eine intensive Plasmaströmung zu beobachten. Die meisten von ihnen platzen früher oder später, andere stellen ihr Wachstum wegen Sauerstoffmangels ein.

Schimmelpilze

In diesem Kapitel über den Feinbau der Pflanzen haben wir uns bis jetzt nur mit einer ganz bestimmten Gruppe von Pflanzen, den Blütenpflanzen, befaßt. Mit ihnen kommt man im Alltag am häufigsten in Berührung. Daneben gibt es aber noch viele andere Pflanzengruppen. Eine davon wollen wir jetzt herausgreifen, und zwar die Pilze.

Sie weichen allerdings in vielen Merkmalen von dem ab, was man normalerweise unter „Pflanzen" versteht. So besitzen sie keine Plastiden, sind also nicht zur Photosynthese fähig und müssen sich deshalb von verfaulenden oder vermodernden Stoffen ernähren. Außerdem enthalten die Zellwände der weitaus meisten Pilze keine Zellulose als Stützsubstanz, sondern Chitin. Chitin kommt sonst bei Pflanzen nicht vor, ist uns aber bereits bei den Insekten begegnet. Daher gibt es Überlegungen, die Pilze von den Pflanzen abzutrennen und sie als eigenen Verband anzusehen, der neben den Tieren und den Pflanzen Bestand haben soll. Wir wollen uns aber nicht an dieser Diskussion beteiligen, sondern nur einige wenige Vertreter der Pilze mit dem Mikroskop untersuchen. Als leicht erreichbare Beispiele bieten sich dazu die Schimmelpilze an.

Abklatschpräparat von Schimmelpilzen. Wir alle empfinden es als ausgesprochen lästig, wenn – besonders in der wärmeren Jahreszeit – Marmelade, Obst oder Brot von einem weißen, schwarzen oder grünlichen Schimmelpilzrasen überzogen werden. Derartig befallene Nahrungsmittel sind natürlich nicht mehr für den Verzehr geeignet, aber bevor sie in die Mülltonne wandern, kann man die Schimmelpilze wenigstens mit dem Mikroskop untersuchen.

Die Präparation geht ganz einfach, wenn die Schimmelpilze auf einer festen Unterlage wie z. B. auf Brot oder auch auf einer Hauswand wachsen. Man drückt dann gegen die Schimmelpilzschicht einen Streifen eines durchsichtigen Klebebandes und klebt ihn anschließend auf einen Objektträger. Das Präparat kann sofort mit dem Objektiv 10:1 untersucht werden.

Es gibt sehr viele verschiedene Pilze, die unter der Bezeichnung „Schimmelpilze" zusammengefaßt werden. Am häufigsten werden wir auf den Köpfchenschimmel, den Gießkannenschimmel und den Pinselschimmel stoßen. Dabei zieht der Botaniker allerdings eine scharfe Trennungslinie zwischen dem Köpfchenschimmel einerseits und dem Gießkannen- bzw. Pinselschimmel andererseits, weil sie zu vollkommen verschiedenen Pilzklassen gehören. Der Köpfchenschimmel wird zu den noch sehr einfach gebauten Algenpilzen gerechnet, während es sich beim Gießkannenschimmel und Pinselschimmel um Vertreter der viel weiter entwickelten Schlauchpilze handelt. Aber betrachten wir zunächst einmal unsere Präparate. Es fällt ein Gewirr aus vielen feinen, farblosen Fäden auf, von denen manche durch Querwände unterteilt werden und andere nicht. Das sind die Zellen der Schimmelpilze, die Fäden bilden und als Hyphen bezeichnet werden. Wir suchen nun einen Schimmelpilz, dessen Hyphen nicht durch Querwände unterteilt sind. Es handelt sich dann um einen Vertreter der Algenpilze, vielleicht sogar um den Köpfchenschimmel.

Köpfchenschimmel. Seine Zugehörigkeit zu den Algenpilzen erkennt man daran, daß seine Hyphen keine Querwände enthalten. Die farblosen Fäden wachsen auf Mist sowie faulenden Tier- und Pflanzenresten, aber beispielsweise auch auf verschimmeltem Brot. Die Hyphen sind unterschiedlich dick, verzweigen sich und bilden so ein Geflecht, das als Mycel bezeichnet wird. Ein Teil der Fäden ist im faulenden Substrat verankert, während andere nach oben wachsen und eine fast kugelförmige Blase tragen. Sie wird als Sporangium bezeichnet und ist von der sie tragenden Hyphe durch eine Querwand abgetrennt, die sich in die Blase vorwölbt. Das Sporangium sieht köpfchenförmig aus, daher der Name für diese Schimmelpilze. Es enthält Tausende kleiner Kügelchen – die Sporen. Wenn die Sporen auf eine nährstoffreiche Unterlage fallen, keimen sie zu einer neuen Hyphe aus. So kann sich der Köpfchenschimmel außerordentlich schnell vermehren (Abb. 60).

Nicht alle Köpfchenschimmel sind nur lästig. Es gibt unter ihnen sogar einige Arten, die sich als ausgesprochen nützlich erweisen. So ' werden manche zur Herstellung von Chemikalien wie z. B. Alkohol, Milchsäure oder Zitronensäure verwendet. Andere Köpfchenschimmel produzieren Vorstufen bestimmter Arzneimittel.

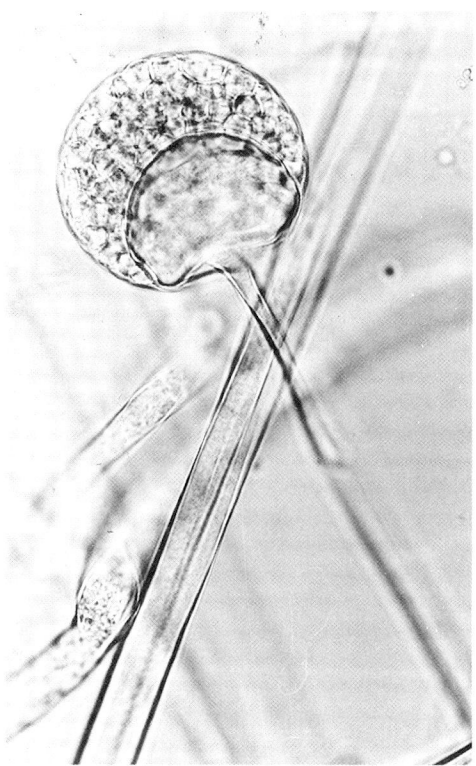

Abb. 60: Köpfchenschimmel. Obj. 40:1, Ok. 10×.

Gießkannenschimmel und Pinselschimmel. Natürlich kann es sein, daß man in dem Präparat querwandlose Hyphen vergeblich sucht und nur Fäden findet, die durch Wände unterteilt sind. Dann liegt ein Vertreter der bereits erwähnten Schlauchpilze vor, und zwar nicht selten entweder ein Gießkannenschimmel oder ein Pinselschimmel. Ihre Hyphen bilden auf pflanzlichen oder tierischen Resten ein Geflecht, das wie beim Köpfchenschimmel als Mycel bezeichnet wird und meist weiß aussieht. Gießkannen- und Köpfchenschimmel unterscheiden sich aber nicht nur durch die Querwände in den Hyphen vom Köpfchenschimmel. Ein weiterer Unterschied betrifft die Sporen. Sie werden beim Köpfchenschimmel in Sporangien angelegt, die sich wie ein Stecknadelkopf am Ende aufrechtstehender Hyphen befinden. Gießkannen- und Pinselschimmel legen da-

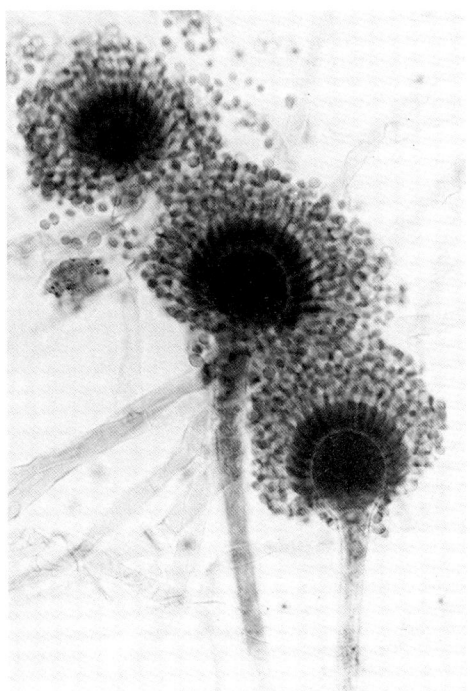

Abb. 61: Gießkannenschimmel. Obj. 40:1, Ok. 10×.

ren übernehmen. Konidien werden beim Gießkannenschimmel gebildet, indem einige Hyphen nach oben wachsen und am Ende blasenförmig anschwellen. Die Blase bildet rundherum fingerförmige Auswüchse, deren Enden laufend Konidien abschnüren, so daß auf jedem Auswuchs eine lange Reihe der kleinen Kügelchen zu sehen ist. Meist sind sie bräunlichschwarz gefärbt (Abb. 61).
Beim Pinselschimmel wachsen zur Bildung der Konidien ebenfalls Hyphen nach oben, deren Enden hier jedoch nicht blasenförmig anschwellen, sondern sich mehrfach verzweigen. Die Hyphen, die die Enden der Verzweigungen bilden, schnüren laufend Konidien ab, so daß sie ebenfalls in langen Reihen hintereinanderstehen (Abb. 62). Sie sind meist blaugrün, aber auch graugrün, graublau oder schmutziggelb. Die gleichen Färbungen können auch die Konidien mancher Gießkannenschimmel annehmen.
Die Anordnung der Konidien beim Gießkannen- und Pinselschimmel ist in unseren Klebebandpräparaten gut zu sehen. Am einfachsten lassen sich junge Konidienträger untersuchen, die erst wenige Konidien gebildet haben. Auf späteren Stadien der Entwicklung liegen so viele Konidien vor, daß sie sich gegenseitig überdecken. Wenn man die Klebebandmethode zur Präparation von Schimmelpilzen nicht benutzt, sondern sie mit einer Pinzette einfach auf einen Objektträger in einen Tropfen Wasser überträgt,

gegen keine Sporangien mehr an. Vielmehr werden bei ihnen von den Enden bestimmter Hyphen laufend kleine, kugelige Gebilde abgeschnürt, die man als Konidien bezeichnet und die hier die Funktion von Spo-

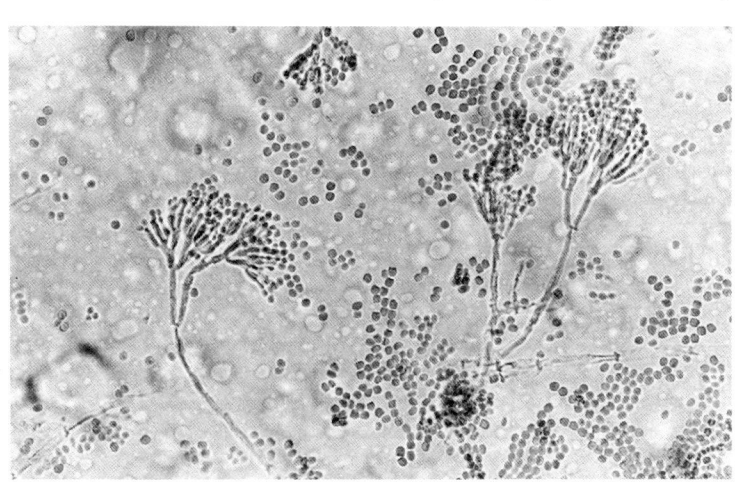

Abb. 62: Pinselschimmel. Obj. 40:1, Ok. 10×.

25 Dünndarmkrypten und Grund der Zotten, längs. (S. 120)

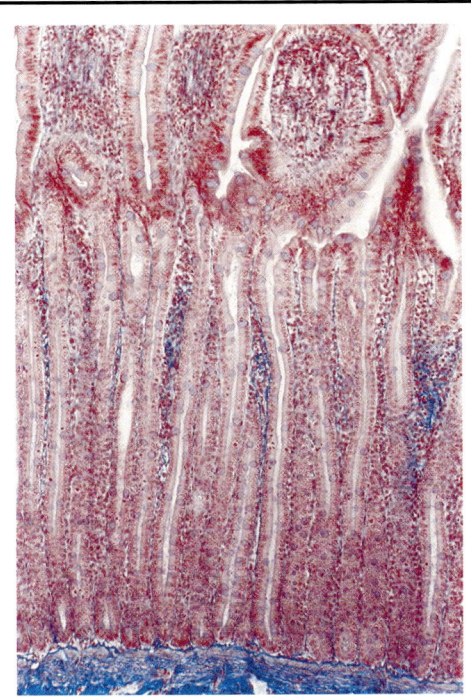

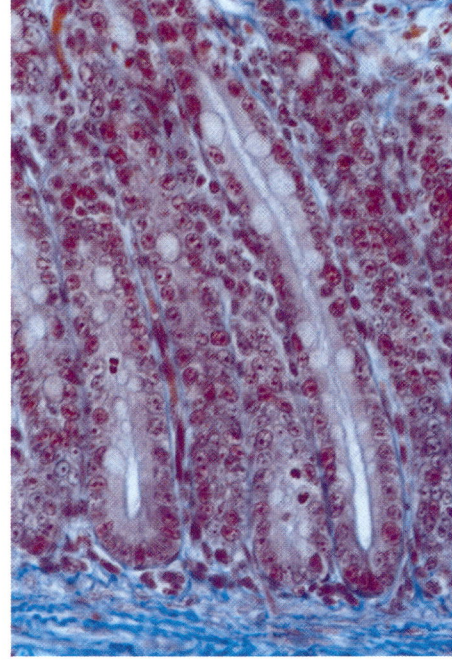

26 Dünndarmkrypten, längs. Obj. 40:1, Ok. 10×. (S. 122)

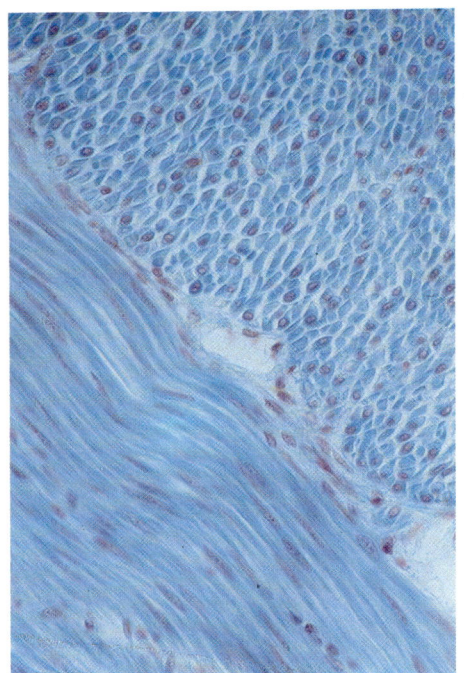

27 Glatte Muskulatur aus dem Dünndarm. Obj. 40:1, Ok. 10×. (S. 122)

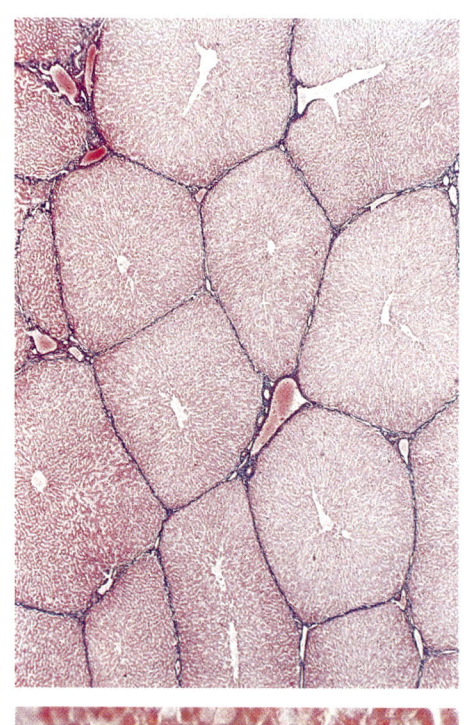

28 Leber vom Schwein, quer. (S. 125)

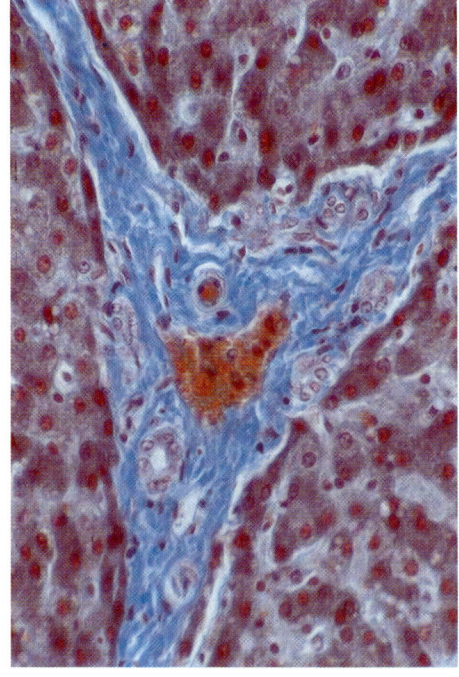

29 Zusammentreffen dreier Leberläppchen. Im Bindegewebe finden sich Gallenkanälchen, Vene und Arterie. Obj. 40:1, Ok. 10×. (S. 125)

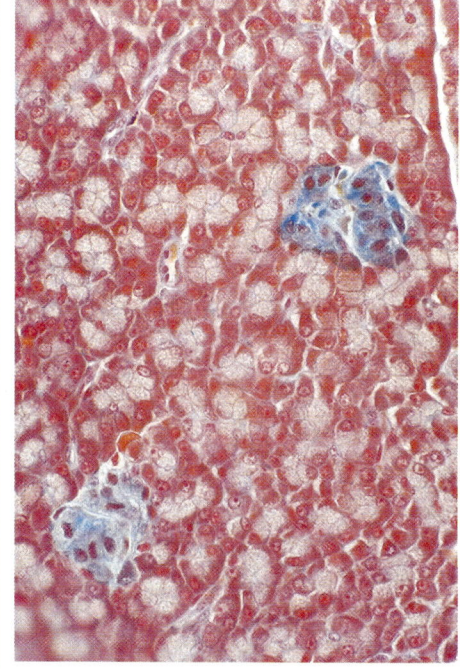

30 Bauchspeicheldrüse, quer. Obj. 40:1, Ok. 10×. (S. 126)

zerfällt der Konidienverband sofort. Wie die Sporen des Köpfchenschimmels keimen auch die Konidien leicht auf einer nährstoffreichen Unterlage und bilden so neue Hyphen.

Man findet Gießkannen- und Pinselschimmel im Haushalt auf verschimmeltem Brot oder auf Fruchtschalen. Meist entwickeln sich dort zunächst verschiedene Arten von Köpfchenschimmel, bevor die beiden Vertreter der Schlauchpilze erscheinen.

Pinsel- und Gießkannenschimmel haben für den Menschen große Bedeutung. Manche von ihnen können die Atemwege besiedeln und Krankheiten verursachen. Andere liefern verschiedene Chemikalien wie z. B. Zitronen- oder Oxalsäure. Bestimmte Arten des Pinselschimmels sind wichtig für die Herstellung einiger Käsesorten, eine weitere produziert das bekannte Antibiotikum Penicillin. Eine Art des Gießkannenschimmels kommt auf verdorbenem Erdnuß- oder Sojaschrot vor und läßt das stark giftige Aflatoxin entstehen, das schwere Erkrankungen verursacht. Ein anderer Gießkannenschimmel ist wichtig für die Herstellung des japanischen Reisweins Sake.

Feinbau des Menschen und der Tiere

Wir haben bereits zweimal Bestandteile des menschlichen Körpers besprochen, und zwar im Kapitel über die Zelle (Plattenepithelzellen aus der Mundschleimhaut) und im Kapitel über Haare, Fasern und Federn. Weitere Objekte sollen im folgenden vorgestellt werden.

Milch. Beginnen wir mit einem tierischen Produkt, nämlich der Milch. Man gibt einen kleinen Tropfen auf einen Objektträger und bedeckt ihn mit einem Deckglas. Mit dem Objektiv 10:1 wird eine Stelle des Präparates eingestellt, die durchsichtig und nicht weiß erscheint. Dort sind viele kleine Kügelchen zu sehen, die mit dem Objektiv 40:1 noch deutlicher erscheinen. Sie bestehen aus Fett und werden von einer feinen Hülle aus dem Eiweiß Kasein umgeben, die in unseren Präparaten allerdings nicht sichtbar ist. Diese Hülle verhindert, daß die Fettkugeln zu einer großen Masse zusammenfließen; so bleibt das Fett im Wasser emulgiert.

Blut des Menschen. Wenn wir uns einmal leicht verletzt haben und die Wunde blutet, läßt sich sehr einfach ein Präparat von dem austretenden Blut herstellen. Es wird dazu ein sogenannter Ausstrich angefertigt, wobei folgendermaßen vorzugehen ist: Es sind zwei Objektträger erforderlich. Auf den einen Objektträger kommt ein kleiner Blutstropfen. Den zweiten stellt man schräg auf den ersten und schiebt ihn so an das Blut, daß er von diesem benetzt wird und daß beide Objektträger zwischen dem Blut einen spitzen Winkel bilden. Anschließend schiebt man den zweiten Objektträger so über den ersten, daß das Blut hinter dem Objektträger hergezogen wird (Abb. 63). Man darf das Blut keinesfalls vor dem zweiten Objektträger herschieben! Es entsteht ein Ausstrich, der blaßgelb aussehen sollte. Erscheint er rot, ist er zu dick und für die weitere Untersuchung unbrauchbar. Wir lassen den Ausstrich an der Luft trocknen, geben diesmal keinen Flüssigkeitstropfen

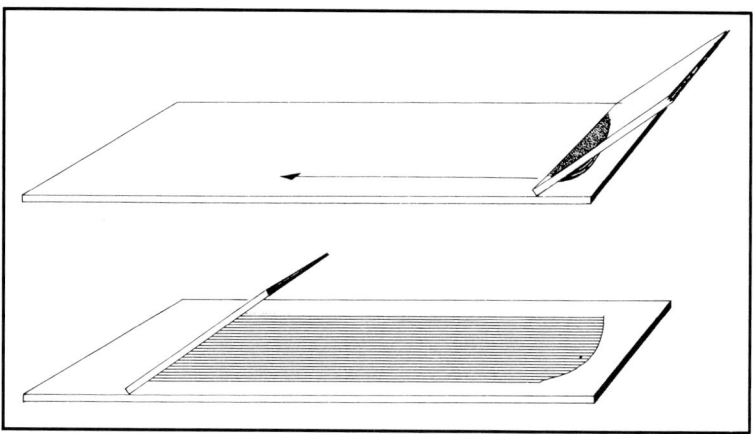

Abb. 63: Herstellung eines Ausstriches. Aus GERLACH, Botanische Mikrotechnik, Thieme Verlag 1984.

darauf, sondern bedecken ihn einfach im trockenen Zustand mit einem Deckglas. Das Präparat kann jetzt sofort mikroskopiert werden.

Ein Blutausstrich läßt sich auch auf einem Deckglas herstellen. Man gibt einen sehr kleinen Tropfen Blut auf das Deckglas und streicht ihn mit einem Objektträger aus, wobei das Blut wiederum hinterhergezogen werden muß. Ein solcher Ausstrich kann zu einem Dauerpräparat verarbeitet werden. Man schneidet dazu aus Zeichenpapier einen ca. 2 mm breiten Rahmen und klebt ihn mit Alleskleber auf einen Objektträger. Wenn der Ausstrich trocken geworden ist, wird das Deckglas mit der Schichtseite nach unten auf den Rahmen geklebt. Man spricht von einem „Einschluß in Luft". Solche Präparate sind jahrzehntelang haltbar. Wir betrachten den Ausstrich zunächst mit dem Objektiv 10:1. Man sieht zahlreiche kleine, rundliche Gebilde, die in der Mitte wie eingedellt erscheinen und deshalb das Aussehen von kleinen Kringeln haben. Sie sind alle hellgelb gefärbt. Nur wo der Ausstrich zu dick ausgefallen ist und viele solcher Kringel übereinanderliegen, ist der Ausstrich rötlich. Bei den hellgelben Gebilden handelt es sich um rote Blutkörperchen. Man sieht, daß ihre Bezeichnung eigentlich falsch ist und man von gelben Blutkörperchen sprechen könnte. Wir sehen aber bereits an einer dicken Stelle des Ausstriches, daß es zu der bekannten Rotfärbung des

Blutes kommt, wenn viele dieser roten Blutkörperchen übereinanderliegen. Nun betrachten wir den Ausstrich mit dem Objektiv 40:1 genauer. Es fallen wiederum zunächst die roten Blutkörperchen auf, die in der Mitte eingedellt erscheinen, sonst aber keinerlei weitere Strukturierung erkennen lassen.

Dort, wo die Delle liegt, befand sich im Zytoplasma des noch nicht voll entwickelten roten Blutkörperchens der Zellkern. Er wurde bei der Reifung des Blutkörperchens ausgestoßen, so daß es sich bei allen fertigen roten Blutkörperchen des Menschen und der Säugetiere um kernlose Zellen handelt, die nur eine beschränkte Zeit am Leben bleiben können (Farbbild 17, S. 70).

Nun schließen wir die Kondensorblende und suchen das Präparat ganz langsam ab. Dabei konzentrieren wir uns zunächst am besten auf die dünnsten Stellen des Ausstriches, an denen die roten Blutkörperchen relativ weit auseinanderliegen. Dort sind gelegentlich fast kreisrunde, farblose Gebilde zu erkennen, die wegen ihres geringen Kontrastes nur wenig auffallen. Ihr Durchmesser ist etwa doppelt so groß wie der eines roten Blutkörperchens. Außerdem enthalten sie einen unregelmäßig geformten Zellkern. Diese farblosen, kreisrunden Strukturen gehören zu den weißen Blutkörperchen, von denen es verschiedene Sorten gibt, die sich in unseren einfachen Präparaten allerdings in den meisten Fällen nicht voneinander unterscheiden lassen. Nur ein Typ weicht von den eben geschilderten Formen besonders deutlich ab. Er ist zwar ebenfalls farblos und kontrastarm, hat jedoch einen Durchmesser, der nur wenig größer ist als der der roten Blutkörperchen und kleiner als bei den anderen weißen Blutkörperchen. Blutkörperchen dieses Typs sind rund oder leicht oval geformt und enthalten einen großen Kreis, der in nächster Nähe der Zellgrenze verläuft und eine homogene Masse, den Zellkern, umschließt. Diese weißen Blutkörperchen erinnern im Aussehen an einen Reifen.

Die weißen Blutkörperchen und ihre Kerne werden etwas deutlicher sichtbar, wenn man auf den trockenen Blutausstrich einen Tropfen Speiseessig gibt und anschließend ein Deckglas auflegt. Unter der Einwirkung der Essigsäure werden die roten Blutkörperchen zerstört. An ihrer Stelle findet sich dort, wo der Ausstrich besonders dick ausgefallen ist, nur noch eine unförmige rötliche Masse, die im Laufe der Zeit immer undeutlicher und heller wird. Dafür sind die weißen Blutkörperchen jetzt besser zu sehen. Bei den größeren kann man den Zellkern klar erkennen. Er ist meist mehrfach gewunden und gelappt. Dennoch ist das Präparat insgesamt ziemlich kontrastarm. Um die Schärfenebene leichter zu finden, läßt man entgegen der sonstigen Übung das Deckglas flach auf den Essigtropfen fallen, so daß sich einige Luftblasen bilden. Sie stellt man zunächst mit dem Objektiv 10:1 scharf ein. Dann wechselt man auf das Objektiv 40:1 über, schließt die Kondensorblende und macht sich auf die Suche nach den weißen Blutkörperchen.

Eingetrocknete Blutflecke. Wenn Blut eintrocknet, verklumpt es bekanntlich zu einer rotbraunen Masse, in der man die einzelnen Blutkörperchen selbst mit dem Mikroskop nicht mehr voneinander unterscheiden kann. Trotzdem ist es möglich, durch eine chemische Reaktion und anschließende mikroskopische Untersuchung nachzuweisen, ob es sich bei einem verdächtig aussehenden Fleck tatsächlich um eingetrocknetes Blut handelt oder nicht.

Dazu geben wir etwas von dem Material auf einen Objektträger und streuen ein paar Kochsalzkörnchen darüber. Dann werden noch einige Tropfen Eisessig (= hochkonzentrierte Essigsäure, erhältlich in Apotheken, stechend riechende, ätzende, farblose Flüssigkeit, die die Augen zum Tränen reizt) hinzugegeben und das Ganze über einer Feuerzeugflamme bis zum Sieden erhitzt. Dabei verdampft der Eisessig ziemlich schnell. Auf das eingetrocknete Präparat kommt noch ein Tropfen Glycerin, bevor das Deckglas aufgelegt wird. Das Präparat kann sofort untersucht werden. Wenn es sich bei der Probe um eingetrocknetes Blut gehandelt hat, haben sich auf ihr und in der unmittelbaren Umgebung zahlreiche Häminkristalle gebildet. Man kann sie bereits mit dem Objektiv 10:1 entdecken, doch ist zur näheren Untersuchung das Objektiv 40:1 mehr zu empfehlen. Die Häminkristalle sehen bräunlich aus und bilden Rhomboeder. Sie sind doppelbrechend und leuchten zwischen gekreuzten Polarisationsfiltern bräunlich auf. Allerdings kann man aufgrund dieser Reaktion nicht sagen, ob das eingetrocknete Blut von einem Menschen oder von einem Tier stammt (Abb. 64).

Leber. Wir schneiden von einer frischen Rinder- oder Schweineleber ein Stückchen von der Größe eines Bleistiftstummels ab und tupfen mit der frischen Schnittfläche auf einen Objektträger. Vor dem Auflegen des Deckglases kommt auf das abgetupfte gelb-

Abb. 64: Haeminkristalle. Obj. 40:1, Ok. 10×.

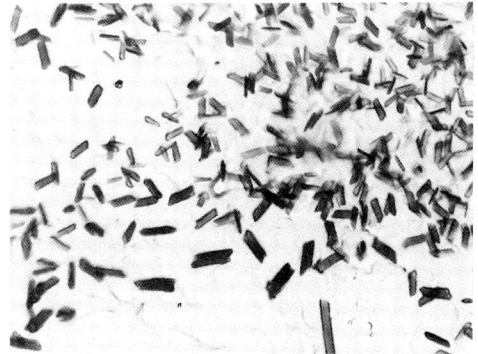

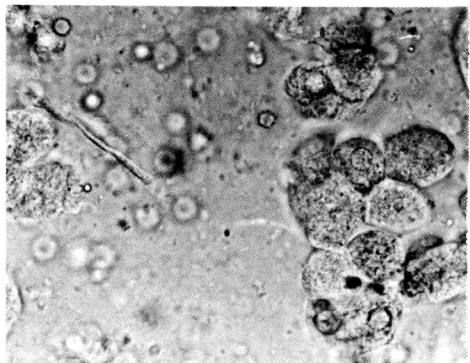

Abb. 65: Ausstrichpräparat von einer Leber. Obj. 40:1, Ok. 10×.

liche bis rötlichbraune Material noch ein Tropfen Wasser. Das Präparat kann sofort untersucht werden. Dabei müssen wir die Kondensorblende schließen, weil wir es wiederum mit einem sehr kontrastarmen Objekt zu tun haben.

Mit dem Objektiv 10:1 fallen kleine Zellen auf, die fast alle gleich groß sind. Das sind die sogenannten Leberparenchymzellen, die mit dem Objektiv 40:1 genauer untersucht werden. Sie sind rundlich, oval, aber auch drei- bis mehreckig und enthalten einen großen Kern. Es kommen aber auch Leberparenchymzellen mit zwei Kernen vor. Manche dieser Zellen sind voll mit vielen kleinen hellbraunen Körnchen. Das sind Abbauprodukte aus abgestorbenen roten Blutkörperchen. Bei anderen erscheint das Zytoplasma schaumig. Die hellen Blasen des Schaums sind Fetttropfen, die bei reichlicher Ernährung und auch bei bestimmten Erkrankungen in der Leber gespeichert werden. Neben den Leberparenchymzellen kommen in unserem Präparat noch rote sowie einige weiße Blutkörperchen vor (Abb. 65).

Die Kerne der Leberparenchymzellen treten besonders deutlich hervor, wenn man auf das auf dem Objektträger abgetupfte Material nicht einen Wassertropfen, sondern einen Tropfen Essig gibt.

Fleisch. Wir zupfen aus einem mageren rohen Fleischstück mit einer spitzen Pinzette ein winziges Stückchen heraus, übertragen es auf einen Objektträger in einen Tropfen Wasser und zerfasern es dort mit zwei Stecknadeln zu Brei. Dann legen wir ein Deckglas auf und untersuchen das Präparat mit dem Objektiv 10:1.

Wir erkennen faser- bis bandförmige Gebilde unterschiedlicher Breite, die alle eine feine Längsstreifung zeigen. Jeder Streifen grenzt einzelne Fasern voneinander ab, aus denen das Fleisch besteht. Noch deutlicher erscheint aber eine Querstreifung mit abwechselnden hellen und dunklen Linien, die bei nebeneinanderliegenden Fasern jeweils auf gleicher Höhe beginnen. Dieser Querstreifung verdankt die Muskulatur auch ihren Namen: Die „quergestreifte Muskulatur" ist dem persönlichen Willen des Individuums unterworfen und bewegt z. B. Arme und Beine. Solche Muskeln werden auch „Skelettmuskeln" genannt. Wir suchen eine Stelle im Präparat, an der das Fleisch besonders fein zerfasert ist, und wechseln auf das Objektiv 40:1 über. Die Fasern erscheinen jetzt natürlich größer, und die Querstreifung ist klarer. Zwischen den Fasern liegen einige rote und noch wenige weiße Blutkörperchen. Sonst sind kaum weitere Einzelheiten zu erkennen.

Unser Präparat eignet sich auch sehr gut für eine Untersuchung mit dem Polarisationsmikroskop. Bereits mit dem Objektiv 10:1 sieht man, daß ein Teil der Querstreifen zwischen gekreuzten Polarisationsfiltern dunkel bleibt, während der andere hell aufleuchtet. Wir benutzen jetzt das Objektiv 40:1 und schwenken den Polarisator im Filterhalter des Kondensors abwechselnd ein und aus. Dabei stellen wir fest, daß die hellen Querstreifen doppelbrechend sind, also im Polarisationsmikroskop bei gekreuzten Polarisationsfiltern aufleuchten, während die dunklen keine Doppelbrechung zeigen. Letztere werden auch als „Isotrope Streifen" (abgekürzt: I-Streifen) bezeichnet und so von den „Anisotropen Streifen" (A-Streifen) unterschieden. Die doppelbrechenden A-Streifen brechen das Licht stärker als die I-Streifen und erscheinen deshalb im normalen Hellfeldmikroskop hell.

Nun geben wir auf einen anderen Objektträger einen Tropfen Essig und zerfasern ein weiteres winziges Fleischstückchen mit zwei Stecknadeln. Nach dem Auflegen des Deckglases wird mit dem Objektiv 10:1 eine möglichst feine Fleischfaser gesucht und mit dem Objektiv 40:1 genauer beobachtet. Die Querstreifung erscheint hier etwas weniger deutlich als im vorherigen Präparat. Dafür sind aber jetzt die Zellkerne als ovale bis spindelförmige Gebilde zu erkennen (Abb. 66). Man sieht in jeder Faser viele Kerne, ohne daß zwischen ihnen irgendwelche Zellgrenzen vorhanden wären. Es fällt auf, daß alle Kerne nur an der Außenseite und nie im Inneren der Fasern vorkommen.

Daß sich quergestreifte Muskulatur aus lauter Fasern zusammensetzt, läßt sich besonders deutlich an gekochtem Fleisch zeigen. Wir geben dazu ein ganz kleines Stückchen gekochtes Fleisch auf einen Objektträger in einen Tropfen Wasser, zerzupfen es mit zwei Stecknadeln und bedecken es mit einem Deckglas. Mit dem Objektiv 10:1 sind die einzelnen Muskelfasern viel deutlicher als am rohen Fleisch zu sehen. Dafür kann man die Querstreifung zunächst nicht überall erkennen. Sie fällt erst mit dem Objektiv 40:1 auf. Beim gekochten Fleisch lassen sich die Zellkerne durch Zusatz von Essig in der Regel nicht sichtbar machen.

Fettgewebe. An vielen Fleischstücken befindet sich auch mehr oder weniger Fettgewebe. Wir zupfen mit einer spitzen Pinzette ein winziges Stückchen davon heraus und übertragen es auf einen Objektträger in einen Tropfen Wasser. Dort wird das Material mit zwei Stecknadeln zerzupft, mit einem Deckglas bedeckt und mit dem Objektiv 10:1 untersucht. Es sind zahlreiche blasenförmige, farblose, fast gleich große Zellen zu sehen, die teils einzeln vorliegen, in der Mehrzahl jedoch größere Verbände bilden. Die einzeln vorkommenden Zellen sind rundlich bis oval, während sie im Verband dort, wo sie sich gegenseitig berühren, abgeplattet erscheinen. Diese Zellen sind fast ganz von Fett erfüllt. Sie liegen normalerweise in Verbänden vor; die einzelnen Zellen wurden beim Zerzupfen aus dem Verband gelöst. Die Fettzellen lassen selbst mit dem Objektiv 40:1 keine weiteren Einzelheiten erkennen (Abb. 67, Seite 112).

Herz. Wir versuchen, mit einer spitzen Pinzette etwas von dem Fleisch aus einem Stück Herz herauszuzupfen, was aber gar nicht so leicht geht. Das Gewebe ist nämlich ziemlich fest und verfilzt. Wenn wir schließlich ein winziges Fetzchen davon in der Pinzette haben, übertragen wir es auf einen Objektträger in einen Tropfen Wasser und zerzupfen

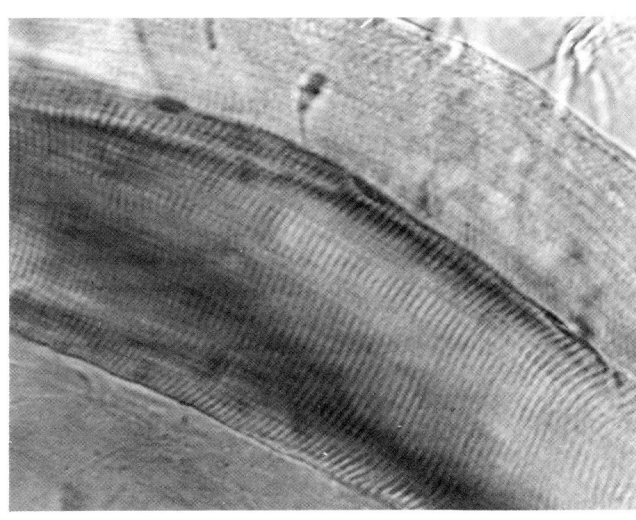

Abb. 66: Zerzupftes Fleisch nach Zusatz von Essigsäure. Die Kerne werden als dünne, spindelförmige Gebilde am Rande der Faser sichtbar. Obj. 40:1, Ok. 10×.

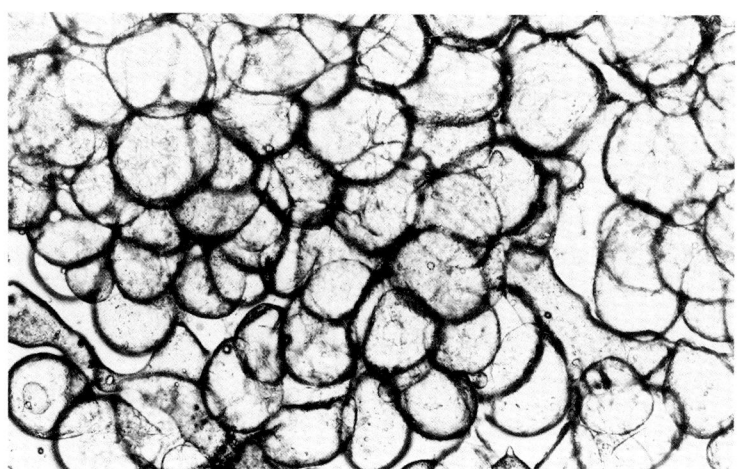

Abb. 67: Fettzellen.
Obj. 10:1, Ok. 10×.

es dort mit zwei Stecknadeln. Auch das geht viel mühsamer als mit gewöhnlichem Fleisch. Nach Auflegen des Deckglases betrachten wir das Präparat mit dem Objektiv 5:1.

Das meiste Herzfleisch bildet eine kompakte Masse, an der zunächst kaum nähere Einzelheiten zu erkennen sind. Daher wird eine Stelle am Rande der Masse eingestellt, an der einige Fasern aus dem Verband herausragen. Diese Fasern untersuchen wir erst mit dem Objektiv 10:1 und dann mit dem Objektiv 40:1. Die Fasern erscheinen quergestreift, jedoch nicht ganz so breit wie beim gewöhnlichen Fleisch, sowie verzweigt und miteinander verflochten. Die hell aufleuchtenden Querstreifen erweisen sich im Polarisationsmikroskop bei gekreuzten Polarisationsfiltern wiederum als doppelbrechend. Nun heben wir das Deckglas mit Hilfe einer Rasierklinge an, saugen das meiste Wasser mit einem Papiertaschentuch ab und geben auf das Herzfleisch einen Tropfen Essigsäure. Das Deckglas wird wieder aufgelegt, bevor wir bei schwächerer Vergrößerung eine günstige Präparatstelle suchen und sie mit dem Objektiv 40:1 näher untersuchen. Das Herzgewebe erscheint jetzt viel heller, so daß die Muskelfasern sogar in den Teilen besser zu sehen sind, die beim Zerzupfen nicht so gut voneinander isoliert wurden und noch einen mehr oder weniger kompakten Verband bilden. Außerdem fallen die Zell-

kerne auf. Sie sind spindelförmig und liegen nicht wie beim normalen Fleisch (also der gewöhnlichen quergestreiften Muskulatur) am Rande, sondern in der Mitte der Zellen, die auch hier als Muskelfasern bezeichnet werden.

Beim Herz haben wir es also mit einer besonderen Art von Muskulatur zu tun, die sich von der oben beschriebenen quergestreiften Muskulatur in einigen Punkten unterscheidet. Sie ist zwar quergestreift, hat jedoch verzweigte Fasern und Kerne, die im Inneren der Zellen liegen. Außerdem ist sie nicht unserem persönlichen Willen unterworfen, das heißt, wir können den Herzschlag nicht beeinflussen.

Man kann auch gekochtes Herzfleisch untersuchen, bei dem sich das Material mit der Pinzette etwas leichter entnehmen läßt. Es erscheint im Mikroskop dunkler als im rohen Zustand, wird jedoch sofort hinreichend hell, wenn man einen Tropfen Essig zugibt. Die Querstreifung ist noch deutlich zu sehen, die Doppelbrechung dagegen ist verlorengegangen. Auch die Zellkerne lassen sich an gekochtem Herzfleisch mit Essigsäure nicht mehr sichtbar machen.

Querstreifung und Verzweigung der Muskelfasern sind auch an Herzen von tiefgefrorenem Geflügel zu beobachten. Bei diesem Material sind die Zellkerne nach Zugabe von Essigsäure ebenfalls nicht zu sehen.

Man bezeichnet ein Präparat, das wir wie in den letzten drei Fällen durch Zerfaserung z. B. eines kleinen Fleisch- oder Fettstückchens hergestellt haben, als Zupfpräparat. Derartige Zupfpräparate lassen sich noch von vielen anderen tierischen Organen, z. B. Lunge, Darm oder Niere, herstellen. Die Präparation geht genauso einfach wie beim Muskelfleisch. Nur ist es nicht immer leicht, alles richtig zu verstehen, was man an solchen Zupfpräparaten im Mikroskop sieht. Einfacher ist in der Regel die Untersuchung von Schnitten durch tierische Organe.

Knorpel. Von manchen tierischen Organen lassen sich mit der Rasierklinge Handschnitte herstellen. So z. B. von Knorpel, mit dem die Gelenkflächen der Knochen überzogen sind. Die Schnitte kommen auf einen Objektträger in einen Tropfen Glycerin und werden mit einem Deckglas bedeckt. Mit dem Objektiv 10:1 ist eine helle, homogene Masse zu erkennen, in der zahlreiche halbmondförmige Gebilde in Gruppen zusammenliegen. Vom Inhalt dieser Zellen sind mit dem Objektiv 40:1 selbst nach Zugabe von Essig keine Einzelheiten zu erkennen. Es handelt sich dabei um Knorpelzellen. Sie sind in einer homogenen Grundmasse eingebettet, die von ihnen selbst produ-

Abb. 68: Handschnitt durch einen Knorpel. Obj. 40:1, Ok. 10×.

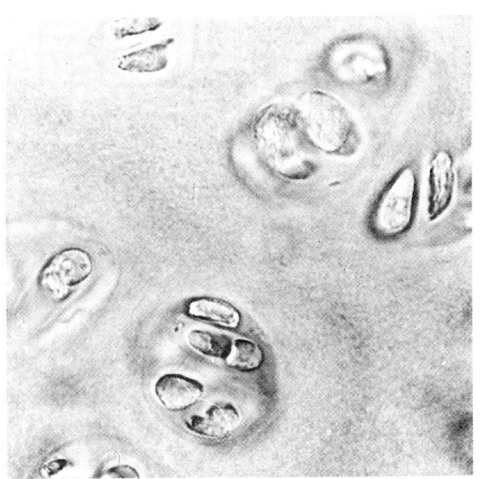

ziert wurde. Bei benachbarten Knorpelzellen handelt es sich um Tochterzellen, die durch Teilung aus einer Zelle entstanden sind und anschließend getrennt mit der Bildung von Knorpelmasse begonnen haben. Auf diese Weise haben sie sich nach und nach voneinander entfernt (Abb. 68).

Gekaufte Dauerpräparate – ein Ausweg

Leider gibt es nicht viele tierische Gewebe, die so hart sind, daß von ihnen ohne große Mühe Handschnitte mit der Rasierklinge angefertigt werden können. Vielmehr erweisen sich die meisten Organe der Tiere als viel zu weich zum Schneiden. Zwar kann man ihre Konsistenz verfestigen, indem man sie einige Tage lang in hochprozentigen Alkohol legt. Durch diese Prozedur werden die Objekte etwas derber; es bereitet aber immer noch Schwierigkeiten, davon mit der Rasierklinge Schnitte anzufertigen, die für genauere Untersuchungen dünn genug sind. Es ist daher einfacher, sich wenigstens für den Anfang nur auf einige wenige tierische Objekte zu beschränken, die leicht zu präparieren sind. Wer trotzdem mehr über den Feinbau der Tiere erfahren will, kann fertige Dauerpräparate kaufen und untersuchen. Dann hat man natürlich keinen Kummer mit der Präparation mehr. Dafür taucht ein anderes Problem auf. Fertige handelsübliche Dauerpräparate zeigen eine Fülle von Strukturen, und es ist zumindest am Anfang nicht leicht, all das zu verstehen, was das Mikroskop zeigt. Deshalb sollen im folgenden 12 derartige Präparate besprochen werden, mit denen man sich tage- und wochenlang beschäftigen kann. Sie kosten zusammen etwa soviel wie vier Farbdiafilme.

Mikrotomschnitte. Die meisten handelsüblichen Dauerpräparate enthalten zwischen Objektträger und Deckglas einen hauchdünnen Schnitt. Er wird mit speziellen Schneidemaschinen, den sogenannten Mikrotomen, hergestellt. Das Schneiden ist für die meist sehr empfindlichen frischen Organe ein so grober Vorgang, daß fast alle von ihnen dabei vollständig verformt werden würden. Außerdem sind sie – wie schon gesagt – zum Schneiden oft zu weich. Man muß die Objekte deshalb vorher so härten, daß sie all die folgenden Prozeduren ohne größeren Schaden überstehen. Zu diesem Zweck werden sie zunächst einmal abgetötet, wobei natürlich darauf zu achten ist, daß die verschiedenen Strukturen in einem Zustand erhalten bleiben, der dem natürlichen Aussehen soweit wie möglich gleicht. Man bezeichnet dieses Abtöten unter weitgehender Erhaltung der natürlichen Strukturen als „Fixierung". Als Fixiermittel dienen verschiedene giftige Flüssigkeiten wie z. B. hochkonzentrierter Alkohol oder wäßrige Lösungen von bestimmten Salzen oder von Formaldehyd, in die man kleine Stückchen des zu präparierenden Organs hineinlegt. Nach einigen Stunden bis Tagen ist die Fixierung beendet, und man muß zunächst die im Objekt noch vorhandenen Reste der Fixierlösung auswaschen. Die Stückchen werden dazu eine Zeitlang in Wasser oder eine andere Flüssigkeit gelegt, die einige Male zu wechseln ist.

Nun muß das Objekt die zum Schneiden notwendige Härte bekommen. Dabei kann man unterschiedlich vorgehen. Zum einen besteht die Möglichkeit, das Gewebe zu gefrieren und mit einem speziellen Mikrotom – dem Gefriermikrotom – zu schneiden. Meist jedoch durchtränkt man das Objekt mit einer besonderen Flüssigkeit, die man anschließend fest werden läßt: Man bettet das Gewebe in dieses Material ein. Am gebräuchlichsten ist die Paraffineinbettung. Dazu durchtränkt man das Objekt mit durch Erwärmen verflüssigtem Paraffin und läßt es dann abkühlen und fest werden. Bevor das Paraffin in das Gewebe eindringen kann, muß das fixierte Objekt entwässert werden. Man darf es dabei nicht einfach an der Luft austrocknen lassen; vielmehr muß die Entwässerung sehr schonend vorgenommen werden, damit sich die Gewebestrukturen sowenig wie möglich verändern. Zu diesem Zweck werden die Objekte zunächst für einige Stunden in stark verdünnten Alkohol und anschließend nacheinander in Alkohol-Wasser-Gemische von ständig steigender Alkoholkonzentration gelegt, bis sie zur Entfernung der letzten Wasserreste in absoluten Alkohol gelangen. Da Alkohol sich mit Paraffin schlecht mischt, müssen die Objekte vor dem Einbringen in das Paraffin noch in eine Flüssigkeit gelegt werden, die sich mit Alkohol mischt und gleichzeitig Paraffin löst. Es kann sein, daß die Objekte dabei durchsichtig werden; daher wird dieser Vorgang auch als „Aufhellung" bezeichnet. Jetzt erst gelangen die Stückchen in flüssiges Paraffin. Wenn sie gründlich mit Paraffin durchtränkt sind, gibt man sie in ein Schälchen, in dem sich frisches, ebenfalls flüssiges Paraffin befindet, und läßt es zu einem Block erstarren. Erst jetzt kann mit dem Mikrotom geschnitten werden, wobei die Schnittdicken meist zwischen 5–10 µm liegen.

Derartige Schnitte sind natürlich außerordentlich zart und empfindlich. Damit sie die folgenden Manipulationen ohne Schaden überstehen, werden sie meistens mit Eiweiß oder Gelatine auf einen Objektträger geklebt. Als nächstes ist meist eine Kontrastierung erforderlich, die in der Regel durch Färbung erfolgt. Dazu muß vorher das Paraffin aus dem Schnitt herausgelöst werden. Meist wird dafür Xylol verwendet. Nun stößt man auf das nächste Problem. Die meisten Farbstoffe werden nämlich in Wasser aufgelöst, das jedoch mit Xylol nicht mischbar ist. Deshalb muß Xylol zunächst durch ein mit Wasser mischbares Lösungsmittel ersetzt werden. Das ist in der Regel Alkohol. Der Übergang vom absoluten Alkohol in die wäßrige Farblösung muß wiederum sehr schonend erfolgen. Deshalb kommen die Schnitte nacheinander in Alkohol-Wasser-Gemische mit immer geringerer Alkoholkonzentration. Man spricht von Alkoholstufen. Jede dieser Lösungen kommt in ein Gefäß, und der Objektträger mit dem aufgeklebten Schnitt wird einfach dort hineingestellt. Zum Schluß spült man mit destilliertem Wasser, bevor die Färbung beginnen kann.

Es gibt eine enorm große Anzahl von Färbeverfahren, auf die man meistens durch Ausprobieren gekommen ist. Dabei stellte es sich heraus, daß bestimmte Farbstoffe unter bestimmten Bedingungen nur ganz bestimmte Strukturen anfärben. Deshalb sind auch Mehrfachfärbungen mit zwei oder drei Farbstoffen an ein und demselben Schnitt möglich, so daß verschiedene Strukturen in unterschiedlichen Farbtönen angefärbt werden. Das kann eine große Hilfe sein, wenn man verstehen will, was der Schnitt im Mikroskop alles zeigt.

Vor dem Auflegen des Deckglases kommt auch auf den gefärbten Mikrotomschnitt ein Einschlußmedium. Meist benutzt man dazu eine Lösung eines Kunstharzes. Nach dem Auflegen des Deckglases verdunstet das Lösungsmittel in der Regel recht schnell, und das Kunstharz wird fest. So ist das Deckglas dauerhaft mit dem Objektträger verbunden, und eine besondere Umrandung des Deckglases erübrigt sich. Da sich diese Kunstharze nicht in Wasser lösen, muß man die aufgeklebten und gefärbten Schnitte vor dem Einschließen zunächst entwässern, was wiederum in Alkoholstufen, jetzt jedoch mit steigender Alkoholkonzentration, erfolgt. Da sich die meisten dieser Einschlußmittel auch mit absolutem Alkohol schlecht mischen, gibt man das vollständig entwässerte Präparat zunächst noch für einige Minuten in Xylol, bevor ein Tropfen der Kunstharzlösung aufgetragen und das Deckglas aufgelegt wird.

Wem die Herstellung solcher Präparate in den Grundzügen bekannt ist, der versteht auch, daß einige Punkte zu beachten sind, wenn man an den Dauerpräparaten lange Zeit seine Freude haben will. So vertragen sie keine stärkere Erwärmung. Sie dürfen also nicht der Heizung zu nahe kommen, da sonst das als Einschlußmedium dienende Harz weich wird und sich das Deckglas verschieben läßt.

Bekanntlich bleichen viele Farbstoffe aus, wenn sie zu lange dem Sonnenlicht ausgesetzt sind. Das gilt auch für die Farbstoffe, die zum Färben von Mikrotomschnitten benutzt werden. Man sollte daher die Präparate nicht unnötig lange achtlos in der Sonne liegen lassen. Vielmehr kommen sie sofort nach Abschluß der Untersuchung zurück in den Sammelkasten. Die verhältnismäßig kurze Belichtung während des Mikroskopierens ist unbedenklich.

Weiterhin ist zu bedenken, daß die Präparate natürliches Material enthalten, bei dem man es mit einer Variabilität zu tun hat, die wir überall in der Biologie beobachten und auf die wir bereits gestoßen sind, als wir die Ausmaße der Zwiebelschuppenzellen bestimmt haben. Daher gleicht kein Mikrotomschnitt dem anderen, und kein Präparat wird überall genauso aussehen wie eine Abbildung in einem Lehrbuch.

Bei der Präparation achtet man natürlich stets darauf, daß die natürlichen Strukturen soweit wie möglich erhalten bleiben. Trotzdem läßt es sich nicht vermeiden, daß in den Präparaten Stellen vorkommen, die gewisse Veränderungen zeigen. Beispielsweise lösen alle zur Entwässerung verwendeten Flüssigkeiten Fett, so daß in derartigen Präparaten kein Fett mehr enthalten ist. Deshalb sind im Mikrotomschnitt nach Paraffineinbettung dort, wo in der lebenden Zelle Fettkugeln vorlagen, nur leere Blasen zu sehen.

Bei richtiger Handhabung halten sich gute Dauerpräparate von gefärbten Mikrotomschnitten viele Jahrzehnte lang.

Haut des Menschen. Mikrotomschnitte durch die Haut sowie durch viele andere menschliche und tierische Organe ergeben besonders übersichtliche Bilder, wenn sie mit den drei Farbstoffen Kernechtrot, Anilinblau und Orange G gefärbt sind. Diese Färbung ist auch unter der Bezeichnung „modifizierte Azanfärbung" bekannt.

Eine andere Methode ist die H-E-Färbung, so genannt nach den beiden ersten Buchstaben der dabei benutzten Farbstoffe, Hämatoxylin und Eosin. Solche Präparate zeigen Zellkerne dunkelblau und das Zytoplasma meist in verschiedenen Rottönen, in Ausnahmefällen (wie z. B. bei verschiedenen Nerven- oder Drüsenzellen) allerdings auch violett bis blau.

Die Strukturen sind also je nach der gerade benutzten Färbung in unterschiedlichen Farbtönen zu sehen. Aber selbst bei der modifizierten Azanfärbung kann es vorkommen, daß z. B. die Muskelfasern nicht nur blaugrau, sondern auch dunkelblau oder rot erscheinen. Deswegen ist es falsch, wenn man bestimmte Einzelheiten in einem Präparat, wie z. B. Bindegewebe oder Blut, nur anhand der Farbtöne entdecken will. Trotzdem sind in den folgenden Beschreibungen der Mikrotomschnitte durch menschliche und tierische Organe die Strukturen in den Farben geschildert, in denen sie sich nach der modifizierten Azanfärbung normalerweise zeigen.

Wir betrachten den Querschnitt zunächst mit einer 10fach vergrößernden Lupe oder einem gleich starken umgedrehten Okular. Dabei ist auf dem Schnitt deutlich eine Gliederung in drei Schichten zu erkennen. Den Abschluß nach außen bildet eine Schicht, die nach der Azanfärbung rot erscheint. Das ist die äußere Schicht der Oberhaut (Epidermis), die aus abgestorbenen, verhornten Zellen besteht. Daran schließt sich eine dunkelblau gefärbte Schicht an. Das ist der Teil der Oberhaut, der aus lebenden Zellen besteht. Im untersten, hellblau gefärbten Abschnitt erkennt man bei genauem Hinsehen zwei Gewebeschichten. Die obere, an die Epidermis anschließende Schicht ist die Lederhaut (Corium), die zusammen mit der Oberhaut die eigentliche Haut (Cutis) bildet. Die untere Schicht ist das Unterhautbindegewebe (Subcutis), das die Haut mit den darunterliegenden Geweben verbindet (Farbbild 18, S. 70).

Nun stellen wir mit dem Objektiv 10:1 die Epidermis ein. Ihre innere Begrenzung verläuft nicht gerade, sondern bildet zapfenförmige Vorsprünge in die hellblau gefärbte Lederhaut. Außerdem sieht man bei der äußeren Schicht der Epidermis keine einzelnen Zellen mehr, während die innere sich aus verschieden gestalteten Zellen zusammensetzt. Diese innere Schicht untersuchen wir jetzt mit dem Objektiv 40:1 genauer (Farbbild 19, S. 87). Die Zellen der Epidermis, die unmittelbar an die Lederhaut grenzen, sind leicht in die Länge gestreckt („prismatisch"). Sie bilden die Basalschicht, teilen sich und geben Zellen nach außen ab. Diese

Tochterzellen sind zunächst noch höher als breit, teilen sich gelegentlich und werden in den nächstfolgenden Schichten rundlich bis vieleckig. Sie enthalten ebenso wie die prismatischen Zellen je einen großen Zellkern. Zwischen den rundlichen bis vieleckigen Zellen bestehen deutliche Zwischenräume; sie werden von rotgefärbten Zytoplasmabrücken durchzogen, die von einer Zelle zur nächsten verlaufen und für den Zusammenhalt der Zellen sorgen. Man bezeichnet sie als Desmosomen. Sie verleihen den Zellen ein stacheliges Aussehen, weswegen man von „Stachelzellen" spricht. An die Stachelzellen schließen sich nach außen weitere Zellen an, die immer flacher werden und in ihrem Inneren, abgesehen vom Zellkern, noch viele kleine rote Körnchen enthalten. Das sind die Zellen der Körnerschicht. Sie bilden den Abschluß der zellhaltigen Schicht der Epidermis. Darauf folgen rotgefärbte Lagen, in denen keine einzelnen Zellen mehr zu erkennen sind. Es handelt sich dabei um die Hornschicht, die bei der Handfläche meist weniger als 1 mm dick ist, bei der Fußsohle dagegen Stärken von 2 mm und mehr erreicht. Die Hornschicht besteht aus abgestorbenen Epidermiszellen, die Hornsubstanz enthalten und eine Masse bilden, die gelegentlich eine unregelmäßige Schichtung erkennen läßt. Die äußersten Hornschüppchen lösen sich aus dem Verband, schilfern sich ab. Die verschiedenen Zelltypen der Oberhaut sind nicht überall deutlich zu sehen. Manchmal muß man etwas suchen, bis man eine geeignete Stelle im Präparat gefunden hat.

Die obersten Epidermiszellen sind also flach, plattenförmig und verhornt. Da man die verschiedenen Epidermistypen nach dem Aussehen der obersten Zellschicht klassifiziert, handelt es sich bei der Epidermis der Haut um ein verhornendes Plattenepithel.

Die Hauptmasse der Lederhaut (Corium) setzt sich aus Bindegewebe zusammen. Jedes Bindegewebe besteht aus zwei Komponenten: Bindegewebszellen und Bindegewebsfasern. Dazwischen liegen anorganische oder organische Substanzen – die sogenannten Zwischensubstanzen –, die im vorliegenden Fall allerdings nur so spärlich vorkommen, daß sie kaum auffallen. Hier handelt es sich zum einen um Fasern, die beim Kochen Tischlerleim ergeben. Man bezeichnet sie daher als kollagene Fasern (von griechisch kolla = Leim). Sie erscheinen nach Azanfärbung hellblau gefärbt, sind oft gefaltet und gewunden und nicht selten zu breiteren Bündeln oder Bändern vereinigt. Zum andern enthält die Lederhaut noch elastische Fasern, die oft die gleiche Verlaufsrichtung haben wie die kollagenen Fasern oder sie umspinnen. Allerdings fallen sie in unseren Präparaten kaum auf, weil sie erst nach einer Spezialfärbung deutlich zu sehen sind. Insgesamt kommen viel mehr Fasern als Zellen vor. In den Zellen fallen in erster Linie die rotgefärbten Zellkerne auf.

Der Bereich der Lederhaut, in den die Zapfen der Epidermis eingesenkt sind, wird als Papillarkörper bezeichnet. Hier bilden die Kollagenfasern ein lockeres Geflecht. Außerdem sind viele elastische Fasern vorhanden. In dem Teil der Lederhaut, der sich an den Papillarkörper anschließt, sind die kollagenen Fasern zu Bündeln vereinigt, die ihrerseits ein Flechtwerk bilden. Daneben kommen auch hier elastische Fasern vor. In dieser Schicht finden sich jedoch weniger Zellen als im Papillarkörper.

Die Lederhaut wird von Blutgefäßen durchzogen. Sie sind im Papillarkörper besonders zahlreich. Man erkennt sie bereits mit dem Objektiv 10:1 als rote Ringe oder Stränge, je nachdem wie sie beim Schneiden getroffen wurden.

Wir stoßen hier auf ein Problem, mit dem man es bei der Untersuchung von Mikrotomschnitten sehr oft zu tun hat. Denn der Schnitt vermittelt ja einen flächenhaften Eindruck, während es sich bei dem geschnittenen Organstück um ein dreidimensionales Gebilde handelt. Aufgabe des Mikroskopikers ist es, sich anhand des flächenhaften Bildes, das im Mikroskop zu sehen ist, den dreidimensionalen Bau des Objektes vorzustellen.

Mit dem Objektiv 40:1 sieht man, daß die Blutgefäße der Lederhaut von vielen kleinen flachen Zellen ausgekleidet sind, deren rotgefärbte Zellkerne am meisten auffallen. Manche Blutgefäße enthalten noch Reste von Blut. Dabei sind nach der Azanfärbung in erster Linie die orangegefärbten roten Blutkörperchen zu erkennen. Allerdings haben sie sich bei der Präparation miteinander verklumpt, so daß sie im gefärbten Mikrotomschnitt weit weniger deutlich erscheinen als in einem Ausstrichpräparat. Das in diesen Blutgefäßen strömende Blut versorgt nicht nur die Lederhaut, sondern über Diffusion in der Gewebsflüssigkeit auch die darüber befindliche Oberhaut. Damit sich zwischen beiden zur Erleichterung des Stoffaustausches möglichst große Kontaktflächen ergeben, bildet die Innenseite der Oberhaut die erwähnten zapfenförmigen Einsenkungen in die Lederhaut.

Die Lederhaut geht nach innen zu in das Unterhautbindegewebe über, wobei zwischen beiden Schichten keine scharfe Grenze auszumachen ist. Wir betrachten das Unterhautbindegewebe zunächst mit dem Objektiv 5:1. Das Gewebe besteht aus rundlichen, schaumig aussehenden Gruppen von Zellen, die teilweise von dickeren oder dünneren Schichten aus kollagenem Bindegewebe umgeben sind, die von der Lederhaut ausgehen. Außerdem kommen Blutgefäße vor, die hier z. T. erheblich größer als in der Lederhaut sind. Wir konzentrieren uns nun auf die schaumig aussehenden Zellgruppen und betrachten eine davon mit dem Objektiv 40:1 genauer.

Die Zellen erscheinen leer, im blaugefärbten Zytoplasma ist nur der spindelförmige rote Zellkern zu sehen. Es handelt sich dabei um Zellen, die im lebenden Zustand Fett enthielten, das während der Präparation herausgelöst wurde.

Abgesehen von den bis jetzt genannten Strukturen enthält die Haut noch verschiedene Drüsen, von denen wir in unserem Präparat nur die Schweißdrüsen sehen können. Sie bestehen aus einem Rohr, das an der Oberfläche der Epidermis nach außen mündet und von da bis ins Unterhautgewebe reicht, wo es zu einem Knäuel aufgerollt ist. Man bezeichnet das Knäuel als Endstück der

Schweißdrüse. Hier wird der Schweiß produziert. Je nach Orientierung im Knäuel ist der Schlauch mehrmals verschieden angeschnitten und erscheint kreisförmig (bei genauem Querschnitt) bis oval (bei schrägem Durchschnitt) oder auch kurz-strangförmig (beim Längsschnitt), (Farbbild 20, S. 87). Wir suchen mit dem Objektiv 10:1 im Unterhautgewebe eine Stelle, an der der Schlauch kreisrund aussieht, und untersuchen sie mit dem Objektiv 40:1. Der Schlauch besteht dort, wo der Schweiß gebildet wird (also im Endstück), aus einer Schicht Zellen, die sich um einen Hohlraum in der Mitte gruppieren. Außen ist der Schlauch von einer dünnen Schicht faserartiger Zellen umwickelt. Sie können sich kontrahieren und so den in den Drüsenzellen gebildeten Schweiß in den Hohlraum drücken. Man findet aber auch kreisrunde Anschnitte des Schlauches, die etwas anders aussehen. Sie zeigen ebenfalls einen Hohlraum, der allerdings kleiner ist als bei den Endstücken. Außerdem ist er von zwei Lagen deutlich kleinerer Zellen umgeben, und schließlich fehlen auf der Außenseite faserartige Zellen. Es handelt sich dabei um den Teil des Schlauches, der als Ausführungsgang bezeichnet wird und der keinen Schweiß produziert, sondern ihn nur nach außen ableitet. Der Ausführungsgang geht durch die Lederhaut fast senkrecht nach oben, und es ist sehr unwahrscheinlich, daß dieser Abschnitt ausgerechnet in unserem Präparat getroffen ist. Dagegen verläuft der Ausführungsgang einer Schweißdrüse korkzieherartig gewunden, wenn er die Epidermis passiert. Er wird hier nicht von besonderen Zellen ausgekleidet, sondern durchbohrt einfach das Oberhautgewebe. Die Zellen dort fungieren gleichzeitig als Rohrwandung. In unserem Präparat fallen dann manchmal besonders im Bereich der Hornschicht rundliche Löcher auf, die zickzackartig übereinanderstehen und Querschnitte des gewundenen Endabschnittes eines Ausführungsganges darstellen.

Zunge, quer. Wir betrachten das Präparat zunächst mit einer 10fach vergrößernden Lupe oder einem umgekehrten Okular gleicher Stärke. Dabei fällt auf, daß der eine Rand des Schnittes (d. h. eine der beiden Oberflächen der Zunge) von Zacken besetzt ist, die in der Mitte am größten und an den beiden Seiten der Zunge am kleinsten sind, während der gegenüberliegende Rand des Schnittes glatt ist. Die Zacken werden als Papillen bezeichnet. Da sie nur auf der Oberseite der Zunge vorkommen, sehen wir sofort, welcher Rand des Schnittes die Oberseite repräsentiert. Im Inneren der Zunge sind mit der Lupe kaum weitere Einzelheiten zu erkennen. Daher untersuchen wir den Schnitt im Mikroskop, zunächst mit dem Objektiv 5:1, genauer. Man sieht an der Außenseite des Zungenquerschnittes ein rötlich bis violett gefärbtes Gewebe, das Epithel. Es weist besonders auf den Papillen einen teilweise ziemlich dicken gelben oder rötlichen Belag auf. Die nächste Schicht sieht blau aus, besteht aus kollagenem Bindegewebe und bildet unter dem Epithel einen geschlossenen Ring.

Die Zunge besteht zu einem großen Teil aus quergestreifter Muskulatur, von der ein Teil von vorn nach hinten, ein anderer von oben nach unten und ein weiterer von links nach rechts verläuft. Da es sich bei unserem Präparat um einen Querschnitt handelt, sind die von rechts nach links und die von oben nach unten verlaufenden Muskeln längs angeschnitten, während die von vorn nach hinten ziehenden Muskeln quer geschnitten sind. Bei den quer getroffenen Muskeln ist gut zu sehen, daß sie bündelweise durch schmale, blaugefärbte Bindegewebsbänder zusammengefaßt werden. Muskeln, die von vorn nach hinten verlaufen, kommen vor allem dicht unter der Oberfläche vor, besonders unter der der Zungenunterseite. In der Mitte der Zunge verlaufen die längs getroffenen Muskeln. Außerdem finden sich dort Bindegewebe, Fettgewebe sowie – in manchen Präparaten – mehr oder weniger quer geschnittene Nervenfasern. Das sind verschieden große, runde bis ovale Gebilde mit rosagefärbten Zellkernen und dünnen blauen Zellgrenzen. Es erinnert an den Querschnitt durch ein Kabel, das viele Drähte enthält. Nun suchen wir mit dem Objektiv 10:1 eine

Stelle im Epithel, an der die einzelnen Zellen besonders klar zu sehen sind und betrachten sie mit dem Objektiv 40:1 genauer. Wie bei der Haut stellt die innerste Schicht des Epithels die Bildungsschicht dar. Sie besteht aus prismatischen Zellen, grenzt nach innen zu unmittelbar an das Bindegewebe und gibt nach außen durch Teilungen Tochterzellen ab. Die neu gebildeten Tochterzellen schieben die älteren immer weiter nach außen. Dabei werden die Zellen immer flacher und erhalten ein linsenförmiges Aussehen. Sie bilden untereinander keine breiten Zwischenräume, sondern stoßen unmittelbar aneinander.

Trotzdem kann man ihre Grenzen wenigstens an manchen Stellen gut erkennen. Die obersten Zellen sind stark abgeflacht; wir haben es hier wiederum mit einem Plattenepithel zu tun. Es kann an manchen Stellen verhornen. Man sieht dann in den obersten Zellschichten die bereits von der Epidermis der Haut bekannten roten Kügelchen im Inneren der abgeflachten Zellen und die sich daran anschließende Hornschicht. An anderen Stellen, besonders auf der Zungenunterseite, unterbleibt aber die Verhornung, so daß man hier von einem nichtverhornenden Plattenepithel spricht.

Als nächstes untersuchen wir einige längs geschnittene Muskeln mit dem Objektiv 40:1. Sie bestehen aus den uns bereits bekannten Muskelfasern, die ihrerseits eine zarte Längsstreifung erkennen lassen. Sie rührt von den Muskelfibrillen her, mit denen die Muskelzellen vollgestopft sind und die für die Muskelkontraktion sorgen. Die uns ebenfalls bereits bekannte Querstreifung der Muskelfasern ist in unserem Dauerpräparat manchmal nicht überall klar zu erkennen. Außerdem kommen zwei Arten von Querstreifung vor. Einmal finden sich Fasern mit relativ breiten dunklen und etwa ebenso oder etwas weniger breiten hellen Streifen. An besonders günstigen Stellen des Präparates zeigt sich in dem breiten dunklen Streifen noch eine feine helle Linie. Bei den dunklen Streifen handelt es sich um die stark lichtbrechenden, doppelbrechenden anisotropen Streifen, die bestimmte Farbstoffe besonders stark speichern und die im ungefärbten Zupfpräparat hell aufleuchten. Solche Fasern mit relativ breiten anisotropen Streifen waren erschlafft, als die Zunge fixiert wurde. Daneben kommen Fasern mit viel schmäleren dunklen Querstreifen vor, die in ihrem Inneren nie eine helle Linie erkennen lassen. Das sind die kontrahierten Fasern.

Zwischen den Muskelfasern liegen orangegefärbte rote Blutkörperchen in Einerreihen hintereinander. Sie sind in den feinen Blutkapillaren eingeschlossen, die die Muskelfasern begleiten. Die Kapillaren werden von einer Schicht aus sehr dünnen Zellen umgeben, von denen in unseren Präparaten aber kaum etwas zu sehen ist. Trotzdem läßt sich der Verlauf der Blutkapillaren an den hintereinanderliegenden, verklumpten roten Blutkörperchen gut verfolgen.

Im Inneren der quergeschnittenen Muskelfasern fallen besonders viele dichtgepackte feine dunkle Punkte oder feine kurze Striche auf. Das sind die quergeschnittenen bzw. schräg durchgeschnittenen Muskelfibrillen. Zwischen den Muskelfasern ist an den dort vorkommenden orangegefärbten roten Blutkörperchen zu sehen, wo die Blutkapillaren verlaufen. Manchmal sieht man auch einen Muskelfaserkern. Beim flüchtigen Hinsehen kann er leicht mit einem roten Blutkörperchen verwechselt werden. Die Kerne sind jedoch leuchtend rot gefärbt und zeigen in ihrem Inneren eine körnige bis schollige Struktur, während die roten Blutkörperchen stets strukturlos erscheinen. Man sieht an den quergeschnittenen quergestreiften Muskelfasern besonders deutlich, daß sich ihre Kerne fast stets am Rande der Zelle befinden. Dagegen verraten die längsgeschnittenen Muskelfasern, daß sie mehrere Kerne enthalten (Farbbild 21, S. 87).

Das zwischen den Muskelfasern im Inneren der Zunge angeordnete Fettgewebe bietet nichts Neues. Man sieht wie bei der Haut scheinbar leere Zellen mit einer äußeren, dünnen Zytoplasmaschicht, die den plattgedrückten Zellkern enthält.

Zwischen dem Epithel und der quergeschnittenen Schicht der quergestreiften

Muskulatur liegt blaugefärbtes Bindegewebe mit kollagenen Fasern. Es ist auf der Oberseite der Zunge besonders dicht und stellt eine feste Verbindung zwischen Epithel und Muskelschicht her. Das Bindegewebe auf der Zungenunterseite weist dagegen einige Zwischenräume auf und erscheint somit etwas aufgelockert, so daß sich die darüber gelagerte Epidermis gegenüber der Muskelschicht verschieben läßt.

Zwischen den Muskelfasern kommen nicht nur kleine Blutkapillaren, sondern auch größere Adern vor, und zwar sowohl Arterien als auch Venen. Beide lassen sich am besten voneinander unterscheiden, wenn sie quer geschnitten sind. Die Arterien haben ein rundes oder ovales Lumen und werden innen von einer rotgefärbten Schicht ausgekleidet, die wie eine Halskrause gefältelt ist (Farbbild 22, S. 88). Nach außen zu schließt sich eine blaugefärbte Schicht aus konzentrisch angeordneten Fasern an, die bei den einzelnen Arterien unterschiedlich dick ist. Es handelt sich dabei um Bindegewebe und glatte Muskulatur. Letztere werden wir bei der Besprechung des Dünndarmes genauer kennenlernen. Sie kontrahiert bei der Fixierung; daher das gefältelte Aussehen der roten Innenwand. Die äußerste Schicht der Arterienwand wird von kollagenem Bindegewebe gebildet. Oft sind die Arterien voller orangegefärbter roter Blutkörperchen. Die Venen erscheinen meist mehr oder weniger stark zusammengedrückt und haben dünnere Wände als die Arterien, enthalten aber ebenfalls rote Blutkörperchen.

Die bereits erwähnten Nerven enthalten Bündel sogenannter Nervenfasern. Das sind lange Fortsätze, die von Nervenzellen ausgehen und z. B. zu den Zellen verlaufen, die uns die Geschmacksempfindung vermitteln. Wir finden sowohl quer- als auch schräggeschnittene Nervenfasern. Sie erscheinen als kleine, von einer dünnen blauen Linie umgebene Röhrchen mit einem meist dickeren, rotgefärbten Wandbelag auf der Innenseite. Das ganze Nervenfaserbündel wird außen von einer Schicht aus Bindegewebe umgeben. Auf manchen Zungenquerschnitten sind u. a. auch Drüsen zu sehen: Gruppen von Zellen mit blaß gefärbtem, leicht punktiertem, aber sonst homogenem Zytoplasma und einem großen, an der Seite gelegenen Zellkern. Zwischen diesen Zellen sind die Zellgrenzen deutlich als dunkelblaue Linien zu erkennen. Diese Drüsen kommen in verschiedenen Schichten der quergestreiften Zungenmuskulatur, aber auch im Bindegewebe unter dem Epithel vor. Stammt der Querschnitt aus der Nähe des Zungengrundes, treten außerdem kleine Lymphknoten auf. Man erkennt sie an den vielen dicht beieinanderliegenden, tiefrot gefärbten Zellkernen, die unter dem Epithel rundliche Gruppen bilden.

Kehren wir schließlich noch einmal zum Epithel zurück. Dort stößt man in seltenen Fällen auf Papillen, die an den Seiten Geschmacksknospen enthalten. Das sind kugelförmige, ausschließlich im Epithel liegende Aussparungen, die etwas in die Länge gestreckt, tropfen- bis zylinderförmige Zellen enthalten. Ihr Zytoplasma ist wesentlich heller gefärbt als das der umliegenden, viel kleineren Epithelzellen. Außerdem enthalten sie je einen ziemlich großen Zellkern. Sie vermitteln die Geschmacksempfindung. Die Geschmacksknospen stehen mit dem Mundraum über eine kleine Öffnung in Verbindung, die natürlich nicht auf allen Schnitten zu sehen ist (Farbbild 23, S. 88).

Dünndarm, quer. Der Dünndarm gliedert sich in drei Abschnitte, die ohne scharfe Grenze ineinander übergehen. Der erste ist beim Menschen ungefähr so lang wie zwölf Finger breit sind und wird deshalb Zwölffingerdarm genannt. Daran schließt sich der Leerdarm an, auf den der letzte Teil des Dünndarms, der Krummdarm, folgt. Der prinzipielle Bau ist in allen drei Abschnitten gleich und setzt sich aus der inneren Schleimhaut und einer äußeren Schicht aus glatter Muskulatur zusammen, zwischen denen die aus Bindegewebe bestehende Verschiebeschicht liegt.

Die Schleimhaut selbst besteht aus drei Schichten: dem Epithel, das an das Darmlumen grenzt, dem darauf folgenden Bindegewebe und einer Schicht aus glatter Muskulatur, die der Verschiebeschicht benachbart ist.

Auf die Verschiebeschicht folgt nach außen zu wiederum glatte Muskulatur, die aus einer inneren Schicht besteht, bei der die Muskelfasern ringförmig um den Darm herum verlaufen, sowie aus einer äußeren Schicht mit längsverlaufenden Muskelfasern. Außen ist der Dünndarm von einer Schicht aus sehr flachen Zellen überzogen, die als Mesothel bezeichnet wird.

Aufgabe des Dünndarmes ist es, den Speisebrei durch Zugabe von Verdauungsenzymen weiter aufzuschließen sowie die Produkte der Verdauung aufzunehmen. Hierzu ist eine möglichst große Oberfläche von Nutzen. Sie wird einmal dadurch erreicht, daß sich die Verschiebeschicht samt der darüberliegenden Schleimhaut an verschiedenen Stellen des Dünndarmes plattenartig ins Lumen vorwölbt. Die ersten derartigen Falten treten bereits im Zwölffingerdarm auf, sind am besten im Leerdarm entwickelt und werden im Krummdarm wieder kleiner und kleiner, bis sie am Ende des Dünndarmes völlig fehlen. Zur weiteren Oberflächenvergrößerung werden auf den Falten bzw. auf der übrigen Dünndarminnenwand feine, ca. 1 mm lange Auswüchse, die Darmzotten, angelegt. Sie enthalten in ihrem Inneren die glatte Muskulatur sowie das Bindegewebe der Schleimhaut und sind vom Epithel überzogen. Die Darmzotten erscheinen im Zwölffingerdarm plump und blattförmig, im Leerdarm dagegen fingerförmig und lang. Im Krummdarm stehen die Zotten weniger dicht beieinander als im Leerdarm und werden auch nicht mehr so lang. Schnitte aus den verschiedenen Dünndarmregionen erkennt man also bereits an der Gestalt und Häufigkeit der in das Darmlumen hineinragenden Darmzotten.

Wir beginnen die Untersuchung des Präparates wiederum mit der 10fach vergrößernden Lupe. Dabei fällt sofort eine Gliederung in drei Schichten auf: eine rötlich bis violett gefärbte, eine leuchtend blaue sowie eine mehr graublaue. Bei der rötlich bis violett gefärbten Schicht handelt es sich um das Epithel der Schleimhaut. Zu der darauf folgenden leuchtendblauen Schicht gehören sowohl das Bindegewebe und die glatte Muskulatur der Schleimhaut als auch die darunterliegende Verschiebeschicht aus Bindegewebe. Die letzte, graublaue Schicht wird von der glatten Muskulatur aufgebaut, die sich an die Verschiebeschicht nach außen anschließt. Dort, wo die Darmzotten liegen, erscheint die Schleimhaut fein gesägt bis netzartig durchbrochen.

Die Gliederung der Dünndarmwand in Schleimhaut, Verschiebeschicht und glatte Muskulatur ist bereits mit dem Objektiv 5:1 zu erkennen. Wir wollen uns aber zunächst auf die Darmzotten konzentrieren und betrachten diese erst mit dem Objektiv 10:1 und dann mit dem Objektiv 40:1. Sie sind von einem Epithel überzogen, das aus einer Schicht rechteckiger („prismatischer") Zellen besteht. Ihr Zytoplasma ist bläulich gefärbt, und die Zellkerne liegen am Grunde der Zellen. Am gegenüberliegenden Ende wird das Zytoplasma gegen das Darmlumen von einer feinen Linie abgegrenzt, die in sämtlichen Epithelzellen auf der gleichen Höhe steht, so daß es insgesamt so aussieht, als würde eine einheitliche Linie durch alle Epithelzellen verlaufen. Darüber ist noch eine Schicht gelagert, die bei dieser Vergrößerung den Eindruck einer etwas dunkler gefärbten homogenen Masse macht. In Wirklichkeit handelt es sich dabei um viele kleine, stiftchenartige Auswüchse der Schleimhautepithelzellen („Bürstensaum"), die ebenso wie die Darmfalten und die Darmzotten der Oberflächenvergrößerung dienen. Sie stehen jedoch so dicht nebeneinander, daß sie mit der numerischen Apertur des Objektivs 40:1 noch nicht aufgelöst werden können und deshalb als blaugefärbtes Band erscheinen.

Abgesehen von den bereits geschilderten Zellen kommt im Epithel noch ein weiterer Zelltyp vor. Er ist z.T. oval aufgetrieben, manchmal aber auch recht schmal und besitzt einen abgeplatteten, am Grunde der Zelle gelegenen Kern. Es handelt sich dabei um die sogenannten Becherzellen, die ein schleimiges Sekret produzieren und es durch eine kleine Öffnung nach außen abgeben.

Ihr Aussehen hängt von ihrem Gehalt an Schleim ab. Wenn sie Schleim ausgestoßen haben, erscheinen sie viel schmaler als im prallgefüllten Zustand. Die Becherzellen liegen einzeln zwischen den übrigen Epidermiszellen. Sie kommen bereits im Zwölffingerdarm vor, nehmen im Leerdarm an Zahl zu und sind im Krummdarm besonders häufig (Farbbild 25, S. 105).

Im Inneren der Darmzotten findet man zum einen Bindegewebe zusammen mit glatten Muskelfasern. Sie können sich zusammenziehen und wieder ausdehnen. Dabei wird die Darmzotte abwechselnd aus dem Speisebrei herausgezogen und wieder hineingebohrt. Außerdem verlaufen in den Darmzotten Blutkapillaren, wie an den hintereinanderliegenden, miteinander verklumpten, orangegefärbten roten Blutkörperchen zu sehen ist. Das Blut nimmt die verwertbaren Bestandteile der verdauten Nahrung auf, sofern sie von Kohlenhydraten oder Eiweißen stammen. Zur Aufnahme von verdautem Fett dient die Lymphe, die in einem besonderen Lymphgefäß ebenfalls in die Darmzotten geleitet wird. Allerdings sind die Lymphgefäße selten deutlich zu sehen. Sie werden von einer ähnlich unscheinbaren Wand aus flachen Zellen wie die Blutkapillaren umgeben. Nur ist die Lymphe nicht in einem so gut kontrastierten Zustand erhalten wie das Blut, so daß man den Verlauf der Lymphgefäße sehr schlecht erkennt.

Die Einbuchtungen zwischen den Darmzotten werden als Krypten bezeichnet (Farbbild 26, S. 105). An der Basis der Darmzotten finden auch zahlreiche Zellteilungen statt. Die bei der Teilung neugebildeten Zellen schieben die vorherigen immer weiter nach oben. So wird Ersatz für die Epithelzellen geschaffen, die nach einiger Zeit absterben und aus dem Verband ausgestoßen werden. Am Grunde mancher Krypten finden sich besondere pyramidenförmige Zellen, die einzeln oder in Gruppen vorkommen und sich dadurch auszeichnen, daß ihr Zytoplasma zahlreiche runde Körner enthält. Man bezeichnet diese Zellen daher auch als Körnerzellen. Sie kommen bereits in einigen Krypten des Zwölffingerdarmes

vor; besonders reichlich treten sie aber im Leerdarm und im Krummdarm auf. Allerdings gibt es auch Tiere, bei denen derartige Zellen nicht vorkommen. Hierzu gehören z. B. das Schwein oder die Raubtiere.

Die Bindegewebsschicht unter dem Epithel der Schleimhaut bietet nichts Besonderes. Die darauf folgende Schicht aus glatter Muskulatur ist manchmal in je eine Lage längs und quer verlaufender Zellen gegliedert, die beide auch miteinander verflochten sein können. Meistens erscheint diese Muskelschicht ziemlich dünn und unauffällig.

An die Schleimhaut schließt sich die Verschiebeschicht an, die in ganz unterschiedlicher Stärke auftreten kann. Im Zwölffingerdarm mancher Tiere sowie vereinzelt auch im Leerdarm finden sich hier die sogenannten Brunnerschen Drüsen. Man erkennt sie als quer- oder längsgeschnittene Schläuche, deren Wände mit großen Zellen ausgekleidet sind, die sich durch schaumiges Zytoplasma auszeichnen. Diese Drüsen produzieren ein schleimiges Sekret, das die Darmzotten schützend überzieht. Außerdem verlaufen durch die Verschiebeschicht Arterien und Venen, die ähnlich wie in der Zunge gebaut sind. Die Hauptmasse der Verschiebeschicht wird aber von den kollagenen Fasern des Bindegewebes eingenommen, die nach der modifizierten Azanfärbung blau erscheinen.

Nach außen zu folgt die Schicht der glatten Muskulatur, und zwar zunächst die Ringmuskulatur. Wenn wir einen Querschnitt durch die Dünndarmwand untersuchen, sind diese Muskelfasern längs getroffen. Sie sind langgestreckt und zeigen im Zytoplasma eine undeutliche Faserung in Längsrichtung. Die Kerne sind lang-spindelförmig und liegen im Gegensatz zu denen der quergestreiften Muskulatur in der Mitte der Zellen. Die längs verlaufende glatte Muskulatur in der nächsten Schicht ist in einem Querschnitt durch die Dünndarmwand natürlich quer getroffen. Die Muskelzellen haben einen auffallend kleinen Querschnitt. An einigen Stellen sind die in der Mitte der Zellen gelegenen Kerne zu sehen, deren Durchmesser nur wenig kleiner als der gesamte

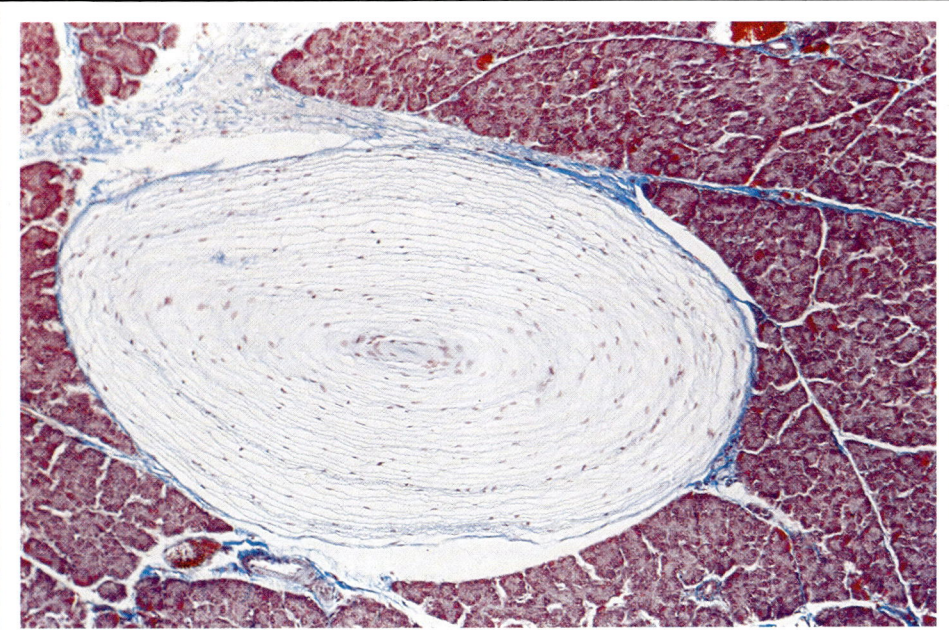

31 Tastkörperchen aus der Bauchspeicheldrüse der Katze. (S. 126)

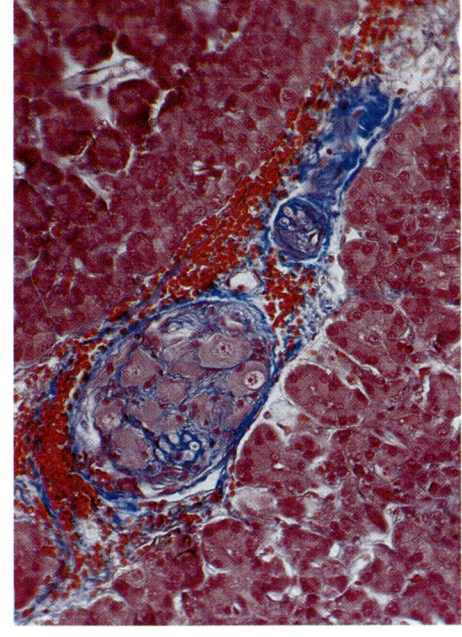

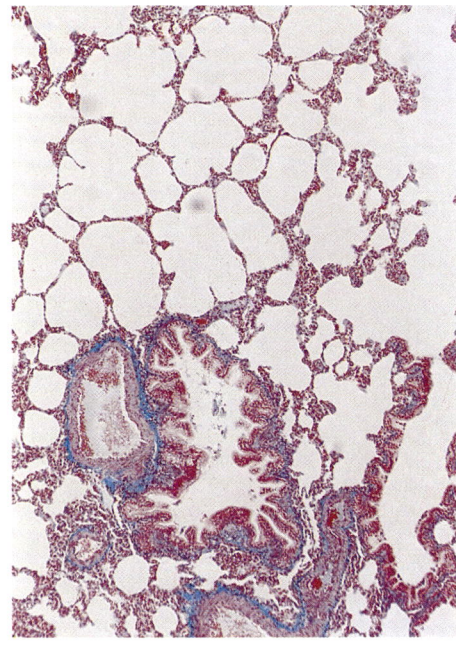

32 Ganglion aus einer Bauchspeicheldrüse.
Obj. 40:1, Ok. 10×. (S. 127)

33 Lunge der Katze, quer. (S. 128)

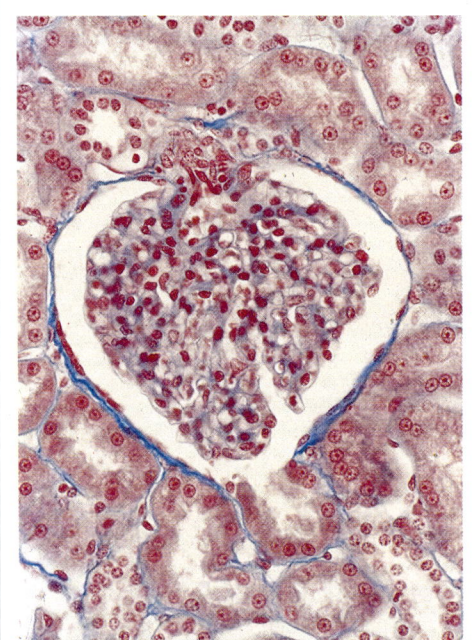

34 Nierenkörperchen, quer. (S. 128)

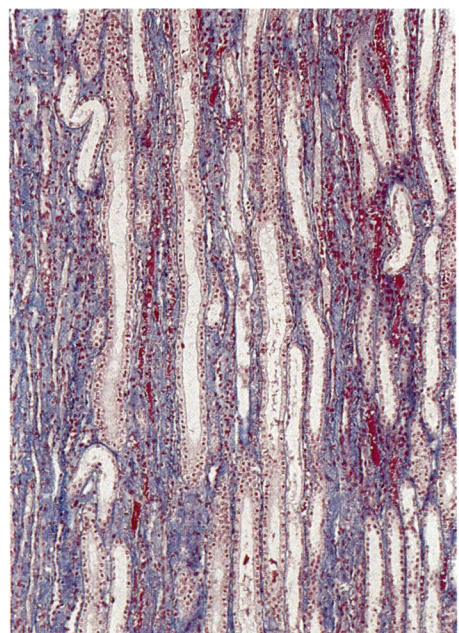

35 Nierenkanälchen im Nierenmark. (S. 128)

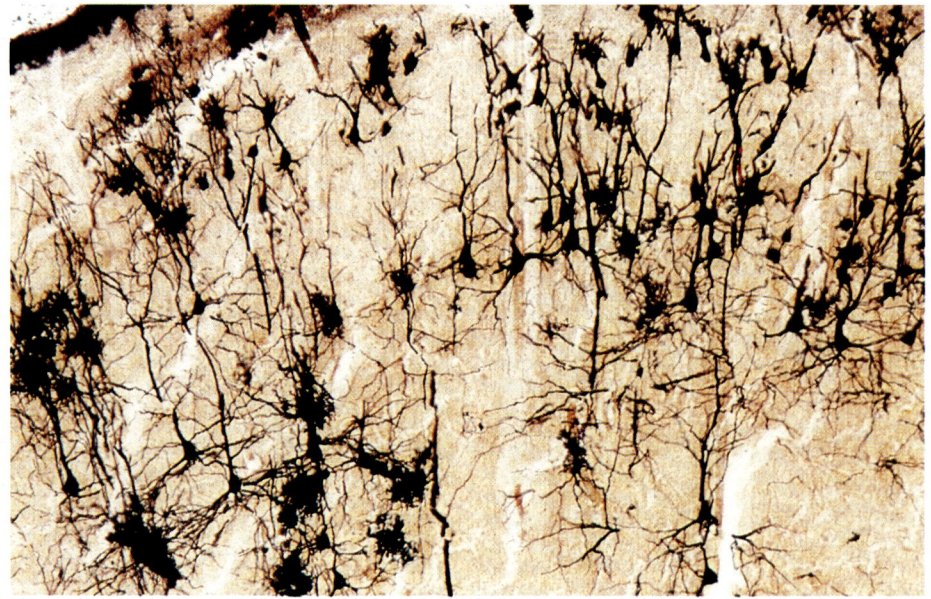

36 Pyramidenzellen in der Großhirnrinde. Die Zellen wurden in einem Spezialverfahren mit Silber imprägniert. (S. 129)

Zelldurchmesser ist. Auch in der glatten Muskulatur verlaufen Blutkapillaren, die man an den orangegefärbten roten Blutkörperchen erkennt. Aufgabe dieser beiden Muskelschichten ist es, durch Zusammenziehen und Erschlaffen den Speisebrei durchzukneten und ihn im Darm weiterzubefördern (Farbbild 27, S. 105).

Wenn das Präparat keinen Querschnitt, sondern einen Längsschnitt durch die Dünndarmwand enthält, dann erscheint die innere Schicht der glatten Muskulatur quer getroffen und die äußere im Längsschnitt. Auf einem Längsschnitt sind außerdem die von der Verschiebeschicht und der Schleimhaut gebildeten Falten in der Wand des Zwölffingerdarmes und des Leerdarmes gut zu sehen.

Schließlich kann man in der Wand des Dünndarmes gelegentlich kleine Lymphknoten antreffen. Sie erscheinen als rundliche Gruppen ziemlich dicht gepackter Zellkerne. Man findet sie unter dem Epithel entweder einzeln oder zu mehreren.

Leber des Schweines. Die Leber ist die größte Drüse der Wirbeltiere und wiegt beim Menschen im Durchschnitt 1,5 kg. Sie hat aber nicht nur die Aufgabe einer Drüse zu erfüllen. Denn einmal baut sie verschiedene, für den Körper lebenswichtige Stoffe aus verdauten Nahrungsbestandteilen auf, die ihr vom Blut aus dem Magen und dem Darm zugeführt werden. Dann ist die Leber ein wichtiges Speicherorgan. In ihr werden nicht nur die „tierische Stärke", nämlich das Glycogen, sondern auch Fett und Eiweiße abgelagert. Weiterhin macht sie durch bestimmte chemische Reaktionen eine ganze Reihe von Giften unschädlich, die von außen in den Körper eingedrungen sind oder die aus körpereigenen Abbauprodukten wie z. B. abgebauten roten Blutkörperchen stammen. Außerdem wirkt sie mit bei der Abwehr von Krankheitserregern. Bei frühen Entwicklungsstadien wird in der Leber auch das Blut gebildet. Nach der Geburt geht diese Aufgabe auf andere Teile des Körpers über. Schließlich produziert die Leber die Gallenflüssigkeit und gibt sie durch den Le-

berausführungsgang in den Zwölffingerdarm ab. Um alle diese Aufgaben erfüllen zu können, muß sie mit Blut versorgt werden, das über zwei verschiedene Leitungsbahnen zuströmt. Einmal benötigt die Leber für ihre eigene Existenz und ihre Leistungen sauerstoffreiches Blut, das bekanntlich über die Arterien antransportiert wird. Zum anderen werden ihr über die sogenannte Pfortader die verdauten Nahrungsbestandteile aus Magen und Dünndarm sowie die Abbauprodukte von roten Blutkörperchen aus der Milz zugeführt. Das ist das Blut, das von der Leber bearbeitet wird.

Die meisten dieser vielfältigen Aufgaben werden von den Leberparenchymzellen erledigt, die wir bereits aus unserem Ausstrichpräparat kennen. Sie sind in vielen Leberläppchen angeordnet, die beim Schwein vollständig von Bindegewebe umgeben sind und sich deshalb gut voneinander unterscheiden lassen.

Wir betrachten unser Präparat zunächst wie gewohnt mit der 10fach vergrößernden Lupe und sehen dabei viele vieleckige rötliche Felder unterschiedlicher Größe und Form, die von feinen hellen oder blauen Linien umgeben sind. Gelegentlich enthalten sie in der Mitte einen hellen Punkt. Bei den Feldern handelt es sich um die quer- oder schräggeschnittenen Leberläppchen, die in der Mitte der Länge nach von einem Blutgefäß durchzogen werden, das als heller Punkt erscheint, wenn es genau quer geschnitten ist. Die weitere Untersuchung wird im Mikroskop mit dem Objektiv 5:1 vorgenommen. Manche Schnitte weisen auf einer der Außenseiten eine Begrenzung aus blaugefärbtem Bindegewebe auf. Das ist ein Teil der Bindegewebskapsel, in der die Leber eingehüllt ist und von der natürlich nur dann etwas zu sehen ist, wenn die zum Schneiden benutzte Materialprobe der Außenseite der Leber entnommen wurde. Die Leberläppchen erscheinen jetzt noch deutlicher als beim Blick durch die Lupe (Farbbild 28, S. 106). Sie werden bei der Schweineleber von blaugefärbtem Bindegewebe umgeben, das mit dem Bindegewebe an der Außenseite der Leber in Verbindung steht. Allerdings sind die Leberläppchen nicht immer vollständig von Bindegewebe umschlossen. So findet sich Bindegewebe beim Menschen nur an den Stellen, an denen drei Leberläppchen aneinandergrenzen, während sonst das Leberparenchym zweier Läppchen unmittelbar zusammenstößt. Deswegen ist bei der Menschenleber die Gliederung in die Leberläppchen nicht so klar zu erkennen wie bei der Schweineleber. Weiterhin sieht man, daß die Leberläppchen nicht gleichmäßig von den rot bis rotviolett gefärbten Leberparenchymzellen ausgefüllt sind, sondern daß zwischen ihnen ziemlich breite Spalträume in Form heller Bänder bestehen. Sie laufen auf das Blutgefäß in der Mitte des Leberläppchens zu, was allerdings nur an wenigen Stellen des Präparates klar genug zu erkennen ist. Nun wechseln wir auf das Objektiv 10:1 über und stellen eine Stelle des Schnittes ein, an der drei Leberläppchen zusammentreffen (Farbbild 29, S. 106). Hier sind im Bindegewebe verschiedene quergeschnittene Rohre zu sehen, die man mit dem Objektiv 40:1 näher untersucht. Eines der Rohre hat einen besonders großen Durchmesser und eine ziemlich dünne Wand. Es handelt sich dabei um eine Vene, und zwar um eine feine Verästelung der Pfortader, die das Blut aus Magen, Darm und Milz herleitet. Weiterhin fällt ein wesentlich kleineres Rohr mit einer viel dickeren Wand aus einer Lage würfelförmiger bis fast zylindrischer Zellen mit großen runden Kernen auf. Das ist ein quergeschnittener Gallengang. Der dritte Rohrtyp erscheint ebenso groß oder etwas kleiner als ein Gallengang und wird von einer Wand aus mehreren Lagen flacher Zellen mit strich- bis spindelförmigen Kernen umgeben. Wir haben es hier mit einer Arterie zu tun, die in diesem Fall ihr Blut direkt in die soeben erwähnte Vene leitet. Das so vermischte Blut strömt durch die Spalten zwischen den Leberparenchymzellen bis zu dem in der Mitte verlaufenden Blutgefäß. Bei diesem handelt es sich ebenfalls um eine Vene, die das von der Leber „bearbeitete" Blut ableitet. Die erwähnten Spalten sind von besonderen Zellen, den sogenannten Kupfferschen Sternzellen, ausgekleidet, die

in unseren Präparaten allerdings kaum auffallen und die der Aufnahme von Fremdkörpern dienen. Die Leberparenchymzellen produzieren u. a. auch die Gallenflüssigkeit. Sie wird in feinen Röhrchen abgeleitet, die von den Rückwänden zweier aneinandergrenzender Leberparenchymzellen in Form dünner Rillen gebildet werden. Sie bleiben aber in unserem Präparat unsichtbar, weil sie nur mit bestimmten Präparationsmethoden darzustellen sind. Die Gallenflüssigkeit enthält verschiedene Stoffe, darunter auch Harnstoff, und fließt durch das Leberläppchen entgegen der Strömungsrichtung des Blutes in einen der bereits erwähnten, im Bindegewebe verlaufenden Gallengänge.
Es fällt vielleicht auf, daß die in der Leber gefundenen Arterien meist viel kleiner erscheinen als die, die wir in der Zunge beobachtet hatten. Wenn wir aber nochmals den Querschnitt durch die Zunge untersuchen, werden wir nicht selten auch auf kleinere Arterien stoßen, die so ähnlich aussehen wie die Arterien in der Leber und die wir das erste Mal nur übersehen haben. Der genaue Feinbau der Wand einer Arterie hängt nämlich von ihrer Größe ab.

Bauchspeicheldrüse. Die Bauchspeicheldrüse besteht aus einem vielfach verzweigten Rohr, an dessen Ende sich – wie bei einer Weintraube die Beeren – bläschenförmige sogenannte Endstücke befinden, in denen das Bauchspeicheldrüsensekret gebildet wird. Dieses Sekret gelangt ebenso wie die Galle in den Zwölffingerdarm und enthält Enzyme zur Verdauung von Kohlenhydraten, Fetten und Eiweißen. Die Bauchspeicheldrüse ist durch Wände aus Bindegewebe in zahlreiche Läppchen untergliedert.
Wir untersuchen das Präparat zunächst wiederum mit der 10fach vergrößernden Lupe. Man erkennt die rotviolett gefärbten Drüsenläppchen unterschiedlicher Form und Größe, die durch helle Spalten voneinander getrennt sind. Außerdem fallen Bereiche auf, die aufgrund ihrer leuchtendblauen Färbung bereits vermuten lassen, daß es sich bei ihnen um Bindegewebe handelt.
Weitere Einzelheiten zeigt das Mikroskop,

wobei zuerst wieder das Objektiv 5:1 benutzt wird. Im Schnitt sind die Drüsenläppchen wiederum als von Bindegewebe umgebene, verschieden gestaltete Flächen zu sehen. Dort, wo das Bindegewebe besonders mächtig wird, wird es von quer oder schräg geschnittenen Blutgefäßen durchzogen. In den rotvioletten Drüsenläppchen fallen einige verschieden große, unregelmäßig geformte und heller gefärbte rundliche Flecke auf, die wie Fremdkörper im übrigen Drüsengewebe erscheinen. Das sind die sogenannten Langerhansschen Inseln, in denen das Hormon Insulin gebildet wird. Insulin fließt nicht durch einen besonderen Ausführungsgang ab, sondern gelangt direkt ins Blut, das es an seinen Bestimmungsort transportiert. Abgesehen von den Langerhansschen Inseln kommen gelegentlich noch weitere helle Stellen vor. Sie sind entweder rundlich oder oval und liegen im Bindegewebe oder in einem Drüsenläppchen. Sie enthalten etwa 20 oder mehr konzentrisch verlaufende, feine blaue Linien, die durch breitere Zwischenräume voneinander getrennt sind. Das sind sogenannte Tastkörperchen. In seltenen Fällen können im Bindegewebe der Bauchspeicheldrüse auch einige Fettzellen vorkommen.

Wir konzentrieren uns zunächst auf die bis jetzt geschilderten Strukturen und untersuchen sie mit dem Objektiv 40:1 genauer (Farbbild 30, S. 106). Der Teil der Drüsenläppchen, der das Bauchspeichelsekret liefert, das in den Dünndarm abgegeben wird, setzt sich in erster Linie aus den Zellen zusammen, die die sekretbildenden Bläschen auskleiden. Sie besitzen dichtes, fein punktiertes Zytoplasma und enthalten einen großen runden Kern. Diese Art von Zellen treffen wir stets in Drüsen an, die ein flüssiges und kein schleimiges Sekret absondern. Röhrchen, in die die Bläschen übergehen und die das Sekret ableiten, haben Wände aus flacheren Zellen, die aber nicht so deutlich wie die Bläschenzellen zu sehen sind.

Die Langerhansschen Inseln bestehen zum größten Teil aus blaß gefärbten Zellen, in denen das Insulin gebildet wird. Außerdem kommen dort einige andere Zellen mit dunkel gefärbtem, fein punktiertem Zytoplasma vor. In den Langerhansschen Inseln verlaufen Blutkapillaren in vielen Windungen, in denen das Hormon abtransportiert wird.

Insulin sorgt dafür, daß der aus dem Darm angelieferte Traubenzucker zu Glycogen umgebaut und in dieser Form in der Leber sowie in den Muskeln gespeichert wird. Außerdem fördert Insulin in anderen Zellen den Abbau des Traubenzuckers sowie die Bildung von Fett und Eiweißen. Wenn die Langerhansschen Inseln zu wenig Insulin produzieren, wird der im Blut gelöste Zucker nicht wie sonst üblich verarbeitet. Deshalb kommt es zu einer ungewöhnlich hohen Konzentration von Zucker im Blut und zum Krankheitsbild des Diabetes.

Die im Bindegewebe vorkommenden Arterien und Venen zeigen den bereits bekannten Bau. Die Tastkörperchen bestehen aus einem kolbenförmigen inneren Bereich, der allerdings nur in seltenen Fällen angeschnitten ist. Er wird von vielen, durch Zwischenräume voneinander getrennten Lamellen aus Bindegewebe umgeben. Es gibt Präparate, in denen man überhaupt keine Tastkörperchen findet. Dagegen kommen sie besonders häufig in der Bauchspeicheldrüse der Katze vor (Farbbild 31, S. 123).

Schließlich können wir, wenn wir Glück haben, hin und wieder auch einen kleinen Nervenknoten, ein Ganglion, erkennen. Das sind rundliche bis ovale Gruppen von auffallend großen Zellen, die von einer dünnen Schicht aus Bindegewebe umgeben sind. Die Zellen selbst erscheinen rundlich, haben ein ziemlich dichtes Zytoplasma und je einen großen, blassen Kern mit einem deutlichen Kernkörperchen. Jede Ganglienzelle wird von kleineren, sogenannten Mantelzellen umgeben, in denen in erster Linie die Kerne auffallen. Außerdem verlaufen im Inneren des Ganglions einige im Präparat blau gefärbte Bindegewebsfasern. Gelegentlich sieht man auch einen quer oder schräg durchschnittenen Nerv, der zum Ganglion hinführt (Farbbild 32, S. 123).

Lunge. In jeden Lungenflügel führt ein Ast der Luftröhre, der sich viele Male verzweigt und am Ende Bläschen bildet.

Der Querschnitt durch die Lunge zeigt beim Blick durch eine 10fach vergrößernde Lupe nicht viel, so daß die Untersuchung sofort im Mikroskop mit dem Objektiv 5:1 vorgenommen wird. Man sieht die quergeschnittenen Lungenbläschen, die ein unregelmäßiges Netzwerk bilden. Außerdem kommen viele quer- oder schräggeschnittene Arterien und Venen vor. Wir suchen uns von beiden je eine besonders große aus und betrachten sie zunächst mit dem Objektiv 10:1 und dann mit dem Objektiv 40:1 genauer. Die Arterien sind an der fein gefälteten Innenwand leicht zu erkennen.

Die Verzweigungen der Luftröhre werden bekanntlich als Bronchien bezeichnet. Sie haben ungefähr den gleichen Durchmesser wie die Arterien und erscheinen ebenfalls rund, jedoch mit stark gefalteten Innenwänden. Außerdem sind sie innen von einem Epithel ausgekleidet, das aus einer Schicht hoher prismatischer Zellen besteht, die auf ihrer Oberseite ziemlich dicht von feinen Härchen besetzt sind. Unter diesem Epithel liegen konzentrisch geschichtete Zellen von glatter Muskulatur sowie Bindegewebe. Je näher die Bronchien den Lungenbläschen liegen, um so niedriger werden die Zellen des Epithels. Andererseits enthalten die Wände der Bronchien, die in größerer Entfernung von den Lungenbläschen verlaufen, Versteifungen aus Knorpelgewebe.

Die Lungenbläschen sind von sehr flachen Zellen ausgekleidet und werden von vielen Blutkapillaren umsponnen (Farbbild 33, S. 123). Die Zellen der Lungenbläschen dienen vor allem dem Gasaustausch; die Lunge ist aber auch an der immunologischen Abwehr des Körpers beteiligt: Wie in allen anderen Geweben kommen zwischen den Lungenepithelzellen auch sogenannte Freßzellen vor, die Fremdkörper, also z. B. Staub- oder Kohleteilchen, die in die Lungenbläschen gelangen, aufnehmen und im Bindegewebe ablagern. Ein Teil der Freßzellen dringt bis ins Lumen der Bläschen vor, belädt sich mit Fremdkörpern und wird dann ausgehustet.

Niere. Bereits mit bloßem Auge läßt sich auf einem Schnitt durch die ganze Niere eine dunkle äußere Zone von einer helleren inneren unterscheiden. Die äußere wird als Rinde, die innere als Mark bezeichnet. Die Niere setzt sich aus sehr vielen kleinen Untereinheiten zusammen, den Nephronen. Jedes Nephron besteht aus einem Nierenkörperchen und einem sich daran anschließenden Harnkanälchen. Mehrere Harnkanälchen münden in ein Sammelröhrchen. Die Nierenkörperchen liegen in der Rinde. Die davon abgehenden Harnkanälchen verlaufen zunächst unregelmäßig gewunden ein Stück nach außen, biegen dann um und dringen mehr oder weniger tief ins Mark ein. Im Mark verlaufen die Harnkanälchen gerade, biegen haarnadelartig um und kehren in die Nähe ihres eigenen Nierenkörperchens zurück. Dabei sind sie im Mark gerade ausgerichtet, während sie in der Rinde knäuelartig gewunden sind. Das Harnkanälchen eines Nephrons sieht also im Mark wie ein U aus. Man bezeichnet diesen U-förmigen Abschnitt als Henlesche Schleife.

Wir beginnen die Untersuchung des Präparats im Mikroskop mit dem Objektiv 5:1. In der Rinde fallen die Nierenkörperchen als kleine dunkle Scheibchen auf, die vom umliegenden, ebenfalls dunkel gefärbten Gewebe durch feine helle Linien abgegrenzt sind. Ein solches Nierenkörperchen suchen wir uns mit dem Objektiv 10:1 aus und betrachten es mit dem Objektiv 40:1 genauer (Farbbild 34, S. 124). Das Nierenkörperchen besteht aus dem aufgeblasenen, blinden Ende eines Harnkanälchens, das am oberen Ende tief eingedellt ist. In die Delle ragt eine Blutkapillare, die dort viele Schlingen bildet. Die äußere Wand des Nierenkörperchens besteht wie die innere aus sehr flachen Zellen und schmiegt sich den Kapillaren-Schlingen eng an. Dadurch kommt es zu einer beträchtlichen Oberflächenvergrößerung, die den Stoffübertritt von der Kapillare ins Nierenkörperchen erleichtert.

Von dem sich daran anschließenden, gewunden verlaufenden Teil des Harnkanälchens sehen wir Quer- und Längsschnitte (Farbbild 35, S. 124). Er wird von einer

Schicht aus würfelförmigen bis zylindrischen Zellen ausgekleidet. Ihr Zytoplasma ist sehr dicht, oft gekörnt und sieht an der Basis streifig aus. Zu dieser Streifung kommt es u. a. durch Mitochondrien, die dort so regelmäßig wie Palisadenpfähle angeordnet sind. Der darauf folgende, gerade verlaufende Teil des Harnkanälchens wird bis zur Haarnadelkurve als absteigender Teil der Henleschen Schleife bezeichnet. Er hat ein ziemlich weites Lumen und ist von auffallend flachen Zellen ausgekleidet, deren Kerne etwas in die Lichtung des Kanälchens vorragen. An die Kurve schließt sich der aufsteigende Teil der Henleschen Schleife an mit einer Wand aus würfelförmigen Zellen und stark gefärbtem Zytoplasma. Im letzten Teil des Nephrons verläuft das Harnkanälchen nochmals gewunden. Man bezeichnet diesen Abschnitt als Schaltstück. Seine Wand besteht wiederum aus würfelförmigen Zellen, deren Zytoplasma jedoch kaum gefärbt erscheint. Schließlich münden die Schaltstücke mehrerer Nephrone in ein gemeinsames Sammelröhrchen. Seine Wand besteht ebenfalls aus einer einzigen Schicht würfelförmiger bis zylindrischer Zellen mit schwach angefärbtem Zytoplasma und Zellgrenzen, die besonders deutlich hervortreten.

Abgesehen von den Bestandteilen der Nephrone und den Sammelröhrchen erscheinen in unserem Präparat quer-, schräg- und längsgeschnittene Blutgefäße, die von Bindegewebe umgeben sind. Bindegewebe kommt sonst im Inneren der Niere nur spärlich vor. Außen ist sie jedoch von Bindegewebe eingehüllt.

Aufgabe der Niere ist es, aus dem Blut Stoffe auszusondern, die für den Organismus nicht weiter verwertbar und schädlich sind. Man faßt sie unter dem Begriff „harnpflichtige Substanzen" zusammen, von denen der in der Leber gebildete Harnstoff am bekanntesten ist. Außerdem sorgt die Niere für die Abgabe überschüssigen Wassers. Zur Harnbildung wird im Nierenkörperchen aus der Blutkapillare der sogenannte Primärharn gewonnen. Er enthält alle Bestandteile der Blutflüssigkeit, sofern sie kein zu hohes Molekulargewicht aufweisen. Damit nicht zu viel Wasser verlorengeht, wird es in dem auf das Nierenkörperchen folgenden gewundenen Teil des Harnkanälchens zum größten Teil wieder zurückresorbiert. Außerdem werden hier dem Primärharn Zucker und weitere Stoffe entnommen. Zur teilweisen Rückresorption von Wasser kommt es auch in der Henleschen Schleife.

Großhirn, quer. Das Gehirn setzt sich ebenso wie das Rückenmark aus zwei verschiedenen Arten von Zellen zusammen, nämlich aus den eigentlichen Nervenzellen und den dazwischenliegenden Gliazellen, die u. a. eine Stütz- und Isolierfunktion haben. Die Nervenzellen besitzen zwei Arten von Auswüchsen („Fortsätzen"). Einmal gehen von ihnen kurze Fortsätze ab, die baumartig verzweigt sind und deswegen als Dendriten bezeichnet werden (von griechisch: dendron = Baum). Sie dienen der Reizaufnahme. Dann haben alle Nervenzellen (ausgenommen eine, in der Netzhaut des Auges vorkommende Nervenzellenart) noch einen weiteren Fortsatz, der zunächst gerade verläuft und sehr lang werden kann mit feinen Verästelungen am Ende. Das ist der Neurit. Er wird oft auch einfach als „Nervenfaser" bezeichnet, und Bündel davon, die von Bindegewebe umgeben sind, wurden bereits beim Querschnitt durch die Zunge erwähnt. Solche Nervenfaserbündel sind auch unter dem Begriff „Nerv" bekannt. Neuriten dienen der Weiterleitung von Reizen.

Wenn wir einen Querschnitt durch ein frisches Gehirn herstellen, sind zwei Teile voneinander zu unterscheiden, nämlich ein außen gelegener grauer Teil (die „graue Substanz") und ein innerer weißer (die „weiße Substanz"). Nervenzellkörper kommen nur in der grauen Substanz vor.

Wir betrachten den Schnitt im Mikroskop zunächst mit dem Objektiv 5:1. Die äußere Begrenzung des Gehirns bildet eine dunkle Linie. Sie wird mit dem Objektiv 40:1 näher untersucht. Dabei sind einige Bindegewebsfasern sowie viele Blutgefäße zu sehen. Auch an diesem Objekt kann man die Arterien gut von den Venen unterscheiden. Von diesen Blutgefäßen zweigen kleinere ab, die nach innen ins Gehirn ziehen. Bei dieser Außenhaut handelt es sich um die sogenannte weiche Hirnhaut. Darüber liegen noch zwei weitere Hirnhäute, nämlich die Spinnwebhaut und die mit dem Schädelknochen verwachsene harte Hirnhaut, die aber beide in den Präparaten meistens nicht enthalten sind.

An die weiche Hirnhaut schließt sich nach innen die graue Substanz des Gehirns an, die „Rinde". Sie besteht aus verschiedenen, teilweise etwas ineinander verzahnten Schichten, die allerdings nur in einem bestimmten Gehirnteil so ausgeprägt sind, wie man das auf Schemazeichnungen in Lehrbüchern sehen kann. Da wir nicht erwarten können, daß der Schnitt in unserem Präparat in jedem Fall ausgerechnet aus dieser Region stammt, verzichten wir auf eine Besprechung der verschiedenen Schichten. Wir interessieren uns daher nur für die Bereiche, die die Zellkörper der Nervenzellen enthalten. Sie sehen hier dreieckig aus und werden deswegen als Pyramidenzellen bezeichnet. Wir können zwei Schichten von Pyramidenzellen unterscheiden, nämlich eine äußere mit kleineren und eine innere mit etwas größeren Zellkörpern. Sie werden mit dem Objektiv 40:1 näher untersucht. Ihr Kern ist ziemlich groß, die Fortsätze dieser Nervenzellen sind in unseren Präparaten nur dann gut zu sehen, wenn das Gewebe in einem Spezialverfahren „versilbert" wurde (Farbbild 36, S. 124). Daneben enthält das Großhirn noch weitere Zellen, die aber wegen der zwangsläufigen Uneinheitlichkeit der Präparate hier nicht näher besprochen werden sollen.

Die weiße Substanz wird auch als Mark bezeichnet und setzt sich aus Nervenfasern zusammen, die z. T. auch in die Großhirnrinde hineinreichen.

Rückenmark, quer. Auf einem quergeschnittenen frischen Rückenmark läßt sich ebenfalls eine graue Substanz von einer weißen unterscheiden. Nur sieht die graue Substanz schmetterlingsförmig aus und liegt im Inneren des Rückenmarks; sie wird außen von der weißen Substanz umgeben. Wir betrach-

ten den Querschnitt zunächst durch die 10fach vergrößernde Lupe (Farbbild 37, S. 141). Er ist oval, von einer dunkelgefärbten Linie umgeben und zeigt im Inneren den „Schmetterling" der grauen Substanz. Beide Schmetterlingsflügel sind nicht gleich groß, vielmehr ist ein Paar schlanker von einem Paar eher plumper „Flügel" zu unterscheiden. Zwischen den „plumperen" Flügeln verläuft eine hauchdünne Einbuchtung, meist nur als dunkle Linie zu sehen, die mit der Linie, die das ganze Rückenmark umgibt, in Verbindung steht. Außerdem ist in der Mitte des Schmetterlings ein feiner heller Punkt zu sehen.

Die weitere Untersuchung wird im Mikroskop mit dem Objektiv 5:1 vorgenommen. Wir konzentrieren uns zunächst auf die das Rückenmark umschließende Linie. Sie besteht aus Bindegewebe und entspricht der weichen Hirnhaut. Ebenso wie das Gehirn wird auch das Rückenmark noch von zwei weiteren Häuten, nämlich der Spinnwebhaut und der harten Haut umgeben, die aber beide in den Präparaten normalerweise fehlen. In der weichen Haut verlaufen viele Blutgefäße, unter denen mit den Objektiven 10:1 bzw. 40:1 wiederum die Arterien sehr schön von den Venen zu unterscheiden sind. Dünnere Blutgefäße ziehen durch das von der weichen Haut ins Rückenmark eingesenkte, dunkelgefärbte Bindegewebe.

Nun wenden wir uns der schmetterlingsförmigen grauen Substanz zu und untersuchen sie zunächst mit dem Objektiv 5:1. Die plumperen Flügel werden als Vorderhörner bezeichnet, weil sie in der Wirbelsäule zur Bauchseite – also nach vorn – weisen. Der helle Punkt in der Mitte des Schmetterlings erweist sich als eine kleine Öffnung im Gewebe. Es handelt sich dabei um einen Querschnitt durch den Rückenmarkskanal, der allerdings manchmal auch fehlen kann. Wir betrachten zunächst eines der beiden Vorderhörner mit dem Objektiv 10:1 und dann mit dem Objektiv 40:1 genauer. Hier fallen besonders die ungewöhnlich großen drei- bis viereckigen Nervenzellkörper auf, von denen mehrere lange, spitz auslaufende Fortsätze abgehen, die in unseren Präparaten allerdings oft abgeschnitten sind. Das Zytoplasma ist hier nicht einheitlich gefärbt, sondern enthält viele dunklere Strukturen, die als Nissl-Schollen bezeichnet werden. Sie kommen grundsätzlich auch in den Nervenzellen des Gehirns vor, sind dort nur wesentlich kleiner und liegen oft so dicht zusammen, daß das Zytoplasma bei zu geringer Auflösung einheitlich dunkel gefärbt erscheint. Diese großen Nervenzellen bilden lange Neurite aus, die bestimmte Muskeln im Körper innervieren. Daneben kommen in den Vorderhörnern noch kleinere Nervenzellen vor.

In der Mitte der grauen Substanz liegt der Rückenmarkskanal oder Zentralkanal. Er wird von einer Schicht aus flachen bis würfelförmigen Zellen ausgekleidet, die an ihrer dem Zentralkanal zugewandten Seite feine, nicht immer gut sichtbare Härchen tragen und als Ependymzellen bezeichnet werden. Um die Ependymzellen herum gruppieren sich Gliazellen, mit denen sie eng verwoben sind.

Die weiße Substanz, die die schmetterlingsförmige graue Substanz umgibt, enthält in erster Linie Querschnitte von Neuriten. Wenn man sie mit dem Objektiv 40:1 untersucht, erscheint sie undeutlich schwammig. Zu diesem Aussehen kommt es, weil hier vornehmlich sogenannte markhaltige Nervenfasern vorkommen. Das sind Neurite, um die sich eine bestimmte Sorte von Gliazellen (sogenannte SCHWANNsche Zellen) gewickelt haben, die besonders viel fettartige Substanzen enthalten. Da Fette während der Präparation herausgelöst wurden, sind von den SCHWANNschen Zellen nur noch die Reste ihres Zytoplasmas und ihre Kerne zu sehen. Daneben kommen auch marklose Nervenfasern sowie andere Gliazellen vor. Letztere zeichnen sich durch viele Ausläufer aus, die in unseren Präparaten allerdings kaum zu erkennen sind.

Netzhaut des Auges, quer. Die Außenwand des Auges wird vorn von der durchsichtigen Hornhaut und sonst von der Lederhaut gebildet. Auf die Lederhaut folgt nach innen die Aderhaut. Sie kann im einzelnen recht verschieden gebaut sein. Erst daran schließt sich die lichtempfindliche Schicht, die Netzhaut, an.

Wir betrachten den gefärbten Querschnitt zunächst durch eine 10fach vergrößernde Lupe. Manchmal ist dabei auf der einen Seite des Schnittes eine kräftig blau gefärbte, dicke Linie zu sehen. Das ist die Lederhaut, die größtenteils aus Bindegewebsfasern besteht, jedoch nicht in allen Präparaten vorhanden ist. Von der Lederhaut ist die Aderhaut mit der Lupe nur schlecht zu unterscheiden, und auch die am Schluß folgende Netzhaut läßt unter diesen Bedingungen außer einigen hellen und dunklen Schichten keine weiteren Einzelheiten erkennen. Deswegen nimmt man die weitere Untersuchung im Mikroskop zunächst mit dem Objektiv 5:1 vor. Auf der einen Seite des Schnittes erscheint die Lederhaut (wenn sie vorhanden ist) als blaues Band. Darauf folgt die Aderhaut, und daran schließt sich die Netzhaut an, an der bei dieser Vergrößerung eine Schichtung aus einander abwechselnden hellen und dunklen Bändern auffällt. Wir betrachten zunächst die Lederhaut mit dem Objektiv 40:1 näher. Sie enthält – abgesehen von den Bindegewebsfasern und Bindegewebszellen – einige schwarze, unregelmäßig umgrenzte Farbstoffschollen.

Die sich daran anschließende Aderhaut kann aus netzförmigem Bindegewebe oder aus miteinander verflochtener glatter Muskulatur und Bindegewebe bestehen. In jedem Falle enthält sie aber viele Blutgefäße. Außerdem kommen, besonders gegen die Netzhaut zu, viele Zellen vor, die sehr viel dunklen Farbstoff enthalten. Bei Raubtieren finden sich an ihrer Stelle Zellen, die Licht reflektieren.

Die Netzhaut sitzt der Aderhaut mit einer Lage fast würfelförmiger Zellen auf, die besonders in ihrer oberen Hälfte kleine schwarze Körnchen enthalten. Man bezeichnet diese Schicht deshalb als Pigmentepithel. Allerdings fehlen diese Farbstoffkörnchen bei Albinos. Dann schimmert das Blut in den Blutgefäßen hindurch, und die Augen sehen rot aus. Nun folgt die eigentliche Netzhaut. In ihr sind drei Schichten auszumachen. Die erste, dem Pigmentepithel aufsitzende Schicht wird durch die lichtempfindlichen Zellen, die dem Farbensehen dienenden Zapfen und die eine Hell-Dunkel-Empfindung vermittelnden Stäbchen, gebildet. Beide erscheinen unmittelbar über dem Pigmentepithel stiftchenförmig ausgezogen. Anschließend verdicken sich die Zapfen rübenförmig, während die Stäbchen nur wenig an Umfang zunehmen. Als nächstes folgen die Zellkerne der Zapfen und Stäbchen. Sie zeigen sich als eine Schicht scheinbar ungeordneter Kerne, von denen die der Zapfen in den unteren Lagen und die der Stäbchen in den oberen zu finden sind. Man bezeichnet diese Schicht auch als äußere Körnerschicht. Daran schließen sich nach oben zu die Fortsätze der Zapfen- und Stäbchenzellen an, die eine faserige Schicht bilden und mit den Fortsätzen der folgenden Nervenzellen in Verbindung treten. Die Kerne dieser Nervenzellen bilden die sogenannte innere Körnerschicht. Sie sind meist etwas größer, jedoch weniger dicht gefärbt als die Kerne der äußeren Körnerschicht. Die nach oben abgehenden Fortsätze der Nervenzellen stehen mit denen der nächsten Nervenzellen in Verbindung. Ihre Kerne sind ziemlich groß und liegen einzeln nahe der Oberfläche der Netzhaut. Diese Nervenzellen stellen die direkte Verbindung zum Sehnerv her. Abgesehen von den bereits genannten kommen in der Netzhaut noch weitere Nervenzellen vor, die Querverbindungen herstellen. Außerdem enthält die Netzhaut besondere, langgestreckte Stützzellen, die alle Schichten durchsetzen. Sie bilden in der Stäbchen- und Zapfenschicht Verzweigungen, die sich miteinander zur äußeren Grenzmembran verbinden. Das ist eine feine dunkle Linie, die man manchmal am unteren Rande der äußeren Körnerschicht sehen kann. Die anderen Enden dieser Stützzellen stoßen aneinander und bilden am oberen Rande der Netzhaut die innere Grenzmembran, die ebenfalls als feine dunkle Linie erscheint. Die Kerne der Stützzellen liegen vorwiegend in der inneren Körnerschicht und fallen daher nicht besonders auf (Farbbild 39, S. 141).

Beim Sehvorgang gelangt das Licht über die Hornhaut, die Linse und den Glaskörper des Auges auf die Netzhaut, wo es zunächst alle drei Zellschichten durchlaufen muß, bevor es an die unteren Enden der Zapfen und Stäbchen gelangt, die allein auf den Lichtreiz reagieren.

Zellteilung. Damit ein Lebewesen aus einer befruchteten Eizelle entstehen kann, hat sich diese viele Male zu teilen. Vor jeder Zellteilung teilt sich der Zellkern. Deshalb müssen wir uns zunächst einmal der Kernteilung zuwenden. Sie verläuft bei Pflanzen und Tieren im Prinzip gleich. Besonders gut läßt sich die Teilung in den Wurzelspitzen verschiedener Pflanzen, wie z. B. der Küchenzwiebel, untersuchen. Man kann davon gefärbte Mikrotomschnitte anfertigen. Als Farbstoff hat sich hierfür u. a. das Hämatoxylin besonders bewährt. Es handelt sich um einen natürlichen Farbstoff, der aus dem sogenannten Blauholz gewonnen wird. Er liefert je nach Verwendung blaue oder schwarze Färbungen, wobei die sogenannte Eisenhämatoxylinfärbung für Kernteilungen besonders gern herangezogen wird. Wir untersuchen mit Eisenhämatoxylin gefärbte Längsschnitte durch Zwiebelwurzelspitzen zunächst mit der 10fach vergrößernden Lupe. Man sieht kurze, spitz zulaufende Stiftchen, die ein kleines Stück vor dem spitzen Ende dunkler gefärbt erscheinen. Die äußerste Spitze wird von einem helleren Dreieck gebildet. Wir untersuchen das Präparat mit dem Mikroskop. Dabei bietet das Objektiv 5:1 nicht viel, so daß wir gleich auf das Objektiv 10:1 überwechseln. Mit dem Objektiv 10:1 stellen wir zunächst den schwach gefärbten Bereich der Wurzelspitze in der Nähe des stumpfen Endes ein. Wir wechseln auf das Objektiv 40:1 und sehen leicht in die Länge gestreckte Zellen, die einen Zellkern mit einem oder zwei Kernkörperchen und einen dünnen, der Zellwand anliegenden Zytoplasmabelag enthalten. Der weitaus größte Teil der Zelle ist leer. Dort befand sich im lebenden Zustand die Vakuole. Wir haben es hier also mit dem gleichen Zellbau zu tun, den wir bereits früher, z. B. bei den Zwiebelschuppenzellen, kennengelernt haben.

Jetzt stellen wir einen Bereich aus der dunkel gefärbten, spitz auslaufenden Region des Längsschnittes ein und untersuchen ihn mit dem Objektiv 40:1. Hier erscheinen die Zellen würfelförmig und enthalten einen großen, runden Kern, der den größten Teil der Zelle ausfüllt. Der Rest wird von Zytoplasma eingenommen, während von einer Vakuole kaum etwas zu sehen ist. An der Wurzelspitze kommen also Zellen vor, die ganz anders gebaut sind als die uns schon bekannten pflanzlichen Zellen. Sie werden als meristematische Zellen bezeichnet und zeichnen sich vor anderen pflanzlichen Zellen dadurch aus, daß sich ihre Kerne teilen können. Diese Teilung läuft allerdings recht kompliziert ab. Wir können sie an unserem Präparat nicht unmittelbar verfolgen, weil es sich dabei um einen Schnitt von abgetötetem Material handelt. Da die Teilung aber nicht in allen Zellen gleichzeitig, sondern in einer gewissen zeitlichen Versetzung erfolgt, sind in den Präparaten gewöhnlich unterschiedliche Stadien der Teilung erhalten, aus denen sich der Vorgang rekonstruieren läßt.

Wir betrachten zunächst einen Zellkern aus einer meristematischen Zelle mit dem Objektiv 40:1. Er ist fast kreisrund, von einer dünnen, schwarzgefärbten Kernmembran umgeben und enthält ein, selten zwei runde, schwarze Kernkörperchen. Der übrige Inhalt des Kernes erscheint nach Eisenhämatoxylinfärbung fast homogen gelbgrau und wird als Chromatin bezeichnet. Dieser Name wurde gewählt, weil sich Zellkerne mit bestimmten Farbstoffen (griechisch: chroma = Farbe) anfärben lassen. Unter diesen Kernen kommen in unserem Präparat einige vor, deren Chromatin schwarz und wie ein Wollknäuel aufgewickelt erscheint. Es handelt sich aber dabei in Wirklichkeit um kein Knäuel, sondern um ein Gewirr mehrerer sich schwarz anfärbender, voneinander getrennter Fäden, die laufend dicker werden und als Chromosomen bezeichnet werden. Sie heißen so, weil sie sich ebenso wie das Chromatin mit bestimmten Farbstoffen anfärben lassen (griechisch: soma = Körper).

Im Lauf von ca. zwei Stunden werden die Chromosomen immer dicker, bis schließlich die Kernmembran aufgelöst wird und die Kernkörperchen verschwunden sind. Der ganze Vorgang vom erstmaligen knäuelförmigen Auftauchen der Chromosomen bis zur Auflösung der Kernmembran und zum Verschwinden der Kernkörperchen ist das erste Stadium der Kernteilung und wird als Prophase bezeichnet.

Nun ordnen sich die Chromosomen in der Mitte der Zelle an, was wir in unseren Präparaten in den meisten Fällen in Seitenansicht sehen können. Gleichzeitig haben sich im Zytoplasma faserartige Gebilde – die sogenannten Spindelfasern – herausdifferenziert, die sich an einem bestimmten Punkt an den Chromosomen festheften, was in unseren Präparaten allerdings meist nicht zu sehen ist. Nun werden die Chromosomen an zwei entgegengesetzt gelegene Enden der Zelle transportiert. Das Stadium zwischen dem Verschwinden der Kernmembran und der Kernkörperchen sowie dem Beginn der Verlagerung der Chromosomen an die beiden Zellenden wird als Metaphase bezeichnet. Darauf folgt die sogenannte Anaphase. Sie ist beendet, wenn die Chromosomen an den beiden Zellenden angekommen sind. Ist das der Fall, fängt der letzte Teil der Kernteilung, die Telophase, an. Auf diesem Stadium wandeln sich die Chromosomen wieder in Chromatin um, werden von einer Kernmembran umgeben, und es erscheinen erneut ein bis zwei Kernkörperchen. Erst jetzt teilt sich die Zelle. Dieser Vorgang ist bei den Blütenpflanzen besonders kompliziert und in unseren Präparaten meist nicht genau zu verfolgen. Jedenfalls wird die erste Anlage der Trennwand in der Mitte der Mutterzelle in einem besonders dichten Bereich des Zytoplasmas angelegt, von wo aus sie nach den Rändern auswächst.

Die Kernteilung ist an bestimmten pflanzlichen Objekten am besten zu verfolgen. Andeutungsweise läßt sie sich aber auch an Schnitten durch tierisches Material beobachten. Nachdem wir die einzelnen Mitosestadien an der Zwiebelwurzelspitze beobachtet haben, untersuchen wir nochmals den

Schnitt durch den Dünndarm. An der Basis der Darmzotten laufen häufig Zellteilungen ab. Auch diesen Zellteilungen geht regelmäßig je eine Kernteilung voraus. Wir betrachten den Schnitt durch den Dünndarm mit dem Objektiv 40:1, stellen eine der röhrenförmigen Vertiefungen ein und werden ziemlich bald auf verschiedene Kernteilungsstadien stoßen. Die Chromosomen sind mit der modifizierten Azanfärbung leuchtend rot gefärbt, jedoch bei Säugetieren erheblich kleiner als bei der Zwiebel. Deswegen erscheinen sie in der Regel miteinander verklumpt und längst nicht so deutlich wie in den Wurzelspitzen. Immerhin werden wir in den Präparaten vom Dünndarm wenigstens einige Ana- und Telophasen entdecken können.

Die Kernteilung ist also ein recht komplizierter Vorgang, und es fragt sich natürlich, warum sich ein Zellkern bei seiner Teilung nicht einfach durchschnürt und auf diese Weise zwei Tochterkerne bildet. Das kommt aber nur in ganz seltenen Ausnahmefällen vor. Normalerweise ist die geschilderte umständliche Kernteilung, die man als Mitose oder auch „indirekte Kernteilung" bezeichnet, deswegen erforderlich, weil der Zellkern die weitaus meiste Erbinformation der Zelle enthält, die ganz genau gleichmäßig auf die beiden Tochterzellen weitergegeben werden muß.

Was ist darunter zu verstehen? Wenn sich etwa die befruchtete Eizelle eines Meerschweinchens weiterentwickelt, muß garantiert sein, daß daraus wiederum ein Meerschweinchen und beispielsweise kein Goldhamster entsteht. Damit das gewährleistet ist, benötigt die Eizelle ein Archiv mit den notwendigen Anweisungen, so daß die Entwicklung in die richtige Richtung, hier also in Richtung Meerschweinchen, geht. Aber nicht nur die Eizelle ist auf diese Information angewiesen, das gleiche gilt für jede einzelne ihrer Tochterzellen. Auch sie müssen ja „wissen", wie sie sich in der Folgezeit zu verhalten haben. Deswegen müssen die Anweisungen (die Erbinformationen) zuverlässig auf die Zellen verteilt werden. Das besorgen die Chromosomen, die durch die Mitose in gleicher Art und Zahl in die Tochterzellen gelangen. Die Chromosomen sind auch im Kern vorhanden, der sich gerade nicht zur Teilung anschickt. Nur liegen sie hier alle in einer lang ausgestreckten, dünnen, fadenartigen Form vor, so daß sie nicht voneinander zu unterscheiden sind, sondern scheinbar miteinander verschmelzen und das Chromatin bilden.

Seeigelentwicklung. Die Entwicklung des menschlichen und tierischen Organismus ist im einzelnen ein recht komplizierter Vorgang, der hier nicht näher besprochen werden kann. Immerhin wollen wir einige grundlegende Vorgänge dabei kennenlernen. Ein günstiges, gut überschaubares Beispiel dafür ist die Frühentwicklung des Seeigels. Wenn wir ein Präparat mit Seeigeleiern, die sich in der Entwicklung befinden, durch eine 10fach vergrößernde Lupe betrachten, sind viele kleine, tiefrot gefärbte Punkte zu sehen. Auch diese Färbung ist künstlich zustande gekommen; hier wurde der Farbstoff Karmin benutzt, den man aus Blattläusen gewinnt, die in Mexiko auf bestimmten Kaktus-Arten leben. Da die Lupe nichts Genaueres zeigt, untersuchen wir das Präparat im Mikroskop, zunächst mit dem Objektiv 5:1. Dabei erscheinen einige verschieden geformte, rundliche bis pyramidenförmige Gebilde von fast gleicher Größe. Das sind geteilte und ungeteilte Eizellen von einem Seeigel, die sich in den verschiedensten Phasen der Entwicklung befinden und die wir uns jetzt Stadium für Stadium zusammensuchen müssen. Natürlich können wir nicht erwarten, daß ausgerechnet in unserem Präparat jedes einzelne der im folgenden besprochenen Entwicklungsstadien enthalten ist.

Die Eizelle wird befruchtet, indem eine männliche Samenzelle, ein Spermium, in sie eindringt. Sein Kern verschmilzt mit dem Eikern. Wenn das geschehen ist, bildet die befruchtete Eizelle außen sofort eine Membran als Schutzwand aus, die das Eindringen weiterer Spermien verhindert. Die Eizellen sehen in unseren Präparaten wie rote Scheiben aus und lassen sonst kaum weitere Einzelheiten erkennen. Nach der Befruchtung

teilt sich der Kern der Eizelle, was aber ebenfalls kaum zu sehen ist. Anschließend kommt es zur Zellteilung, die hier jedoch anders als bei den Blütenpflanzen abläuft. Beim Seeigelei schnürt sich nämlich – wie bei allen tierischen Zellen – nach erfolgter Kernteilung das Zytoplasma durch, als würde es von einem unsichtbaren Messer eingekerbt werden. Man hat diesen Vorgang schon zu einer Zeit beobachtet, als man von Zellen und der Zellteilung noch nichts wußte. Er wurde deshalb als „Furchung" bezeichnet, und dieser Name hat sich bis heute erhalten. So entstehen aus der befruchteten Eizelle zwei Zellen. In gleicher Weise erfolgen ziemlich schnell weitere Teilungen, wodurch nacheinander je ein Verband aus 4, 8, 16, 32 usw. Zellen gebildet wird. Dabei ist jeder dieser Verbände kaum größer als die befruchtete Eizelle. Die einzelnen Zellen werden also durch die Teilungen immer kleiner. Schließlich liegt ein Zellhaufen vor, der wie eine Maulbeere aussieht und deshalb als Morula bezeichnet wird. Darin entsteht ziemlich bald ein Hohlraum, um den sich die Zellen in einer einzigen Schicht gruppieren. Diese Hohlkugel ist die Blastula. Ihre Zellen legen nach außen gerichtete Geißeln an, so daß die Blastula aktiv im Wasser herumschwimmen und so für die weitere Verbreitung der sonst zu wenig beweglichen Seeigel sorgen kann. Allerdings fallen die Geißeln in unseren Präparaten nicht auf. Dafür können wir das nächste, sehr wichtige Stadium beobachten. Die Blastula wird nämlich an einer Seite eingedellt, an dieser Stelle verlagern sich die Zellen ins Innere der Kugel und bilden dort eine Art Rohr, das oben geschlossen ist. Man bezeichnet diesen Vorgang als Gastrulation und den so umgewandelten Keimling als Gastrula. Sie streckt sich etwas in die Länge, während das „Rohr" immer weiter einwächst. Aus ihm entwickelt sich schließlich der Darm (Farbbild 40, S. 142).
Wenn die Gastrula lang genug geworden ist, sind außen am Darmrohr weitere Zellen zu sehen, die sich später zu Bindegewebe entwickeln. Die Gastrula wird nicht sofort zu einem fertigen Seeigel, sondern läßt zunächst

eine Larve entstehen, die als Pluteus bezeichnet wird. Sie sieht pyramidenförmig aus mit vier kürzeren Füßen und einer etwas längeren Spitze am anderen Ende. Diese Larve ist ebenfalls gut beweglich und sorgt für eine noch weitere Verbreitung des Seeigels.
Bei den einzelnen Tierarten läuft die frühe Entwicklung teilweise recht unterschiedlich ab. In allen Fällen wird aber zunächst durch Teilungen eine gewisse Menge an Zellen produziert, die sich anschließend in bestimmte Teile des späteren Lebewesens, z. B. in den Darm oder das Bindegewebe, differenzieren.

Ausstrichpräparate tierischer Objekte – selbst hergestellt. Die Untersuchung fertig gekaufter Dauerpräparate ist ein Notbehelf. Reizvoller ist es natürlich, wenn man die Präparate selbst anfertigen kann. Mit einfachen Mitteln sind die Möglichkeiten dazu leider beschränkt. Eine Möglichkeit soll aber noch geschildert werden. Allerdings sind dazu zwei bisher noch nicht erwähnte Chemikalien erforderlich. Es handelt sich um den Farbstoff Methylenblau und das Einschlußmedium Euparal. Wir geben in ein Tablettenröhrchen eine ca. 1 mm dicke Schicht Methylenblau und füllen anschließend bis ca. 1 cm unter dem oberen Rand Brennspiritus hinein. Das Röhrchen wird mit dem Stopfen verschlossen und mehrfach kräftig geschüttelt. Auf diese Weise entsteht eine konzentrierte alkoholische Lösung von Methylenblau. Mit dem Farbstoffpulver muß man vorsichtig umgehen, da es leicht stäubt. Deshalb halten wir das Tablettenröhrchen beim Einfüllen von Methylenblau am besten in ein Waschbecken.
Wir können nun ein Präparat, z. B. vom Gehirn, herstellen. Dazu streichen wir ein kleines Stückchen von der äußersten Schicht eines Hirns (Material vom Metzger!) über einen Objektträger, geben auf den Ausstrich sofort einen Tropfen Methylenblaulösung und bedecken ihn mit einem Deckglas. Das Deckglas heben wir 15 Minuten später mit einer Rasierklinge wieder ab und spülen die Farblösung unter fließendem Leitungswasser

so lange ab, bis das Wasser nicht mehr blau gefärbt abläuft. Anschließend tauchen wir das Präparat in ein Senfglas, das mit Brennspiritus gefüllt ist. Wir heben den Objektträger einige Male auf und ab, wobei ziemlich viel von der blauen Farbe in Lösung geht. Trotzdem bleiben die Zellen, auf die es ankommt, immer noch ausreichend gefärbt. Wir belassen den Objektträger insgesamt etwa 5 Min. im Brennspiritus. Dann wird er herausgenommen, und auf den noch feuchten, gefärbten Ausstrich kommt ein Tropfen des Einschlußmediums Euparal, auf diesen schließlich ein Deckglas. Euparal erstarrt innerhalb weniger Stunden. Man erhält so ein Dauerpräparat, in dem die Pyramidenzellen sehr schön zu sehen sind.

Ebenso können Ausstriche von Leber und Rückenmark angefertigt, mit der Methylenblaulösung gefärbt und in Euparal eingeschlossen werden. An so hergestellten Präparaten von Rückenmark sind die großen Nervenzellen aus den Vorderhörnern mit ihren Ausläufern – wenn man Glück hat – noch besser zu sehen als im Mikrotomschnitt (Farbbild 41, S. 142). Rückenmark kann man aus den Resten der Wirbelknochen gewinnen, die sich nicht selten an Schweinekotelettstücken befinden.

Kleinlebewesen aus dem Wasser. Dunkelfeldmikroskopie und andere Kontrastierungsverfahren

Ein Tropfen Wasser soll, so wird berichtet, eine reiche mikroskopische Lebewelt enthalten. Prüfen wir das. Wir geben einen Tropfen Leitungswasser auf einen Objektträger und lassen – entgegen der sonstigen Gepflogenheit – ein Deckglas flach darauf fallen. Es entstehen einige Luftblasen, die sonst unerwünscht sind, die wir jetzt aber brauchen, um die Schärfenebene zu finden. So wird also eine der Luftblasen mit dem Objektiv 5:1 scharf eingestellt. Zur Verbesserung des Kontrastes schließt man die Kondensorblende und beginnt mit dem Suchen. Wir werden sehr enttäuscht sein, denn in der Regel ist im Leitungswasser nichts zu finden.

Selbst in einem Tropfen Teich- oder Bachwasser stoßen wir selten sofort auf etwas Lebendiges. Zwar gibt es hier viele Algen und andere Kleinlebewesen. Sie kommen aber gewöhnlich in so geringer Dichte vor, daß sie erst durch besondere Maßnahmen, z. B. mit Hilfe von Planktonnetzen oder Zentrifugen, angereichert werden müssen. Diese Methoden sind für den Anfang etwas zu aufwendig. Wir ziehen uns daher bestimmte Mikroorganismen in sogenannten Aufgüssen selbst heran. Dazu sind alte Marmeladen- oder Gurkengläser erforderlich, in die eine kleine Handvoll pflanzlichen Materials, z. B. Laub, Salatblätter, Gras oder Heu, gegeben wird. Besonders günstig für unseren Zweck ist Gras oder Heu, das von einer Wiese stammt, die regelmäßig vom Hochwasser eines Flusses überschwemmt wird. Wir füllen das Glas mit Wasser. Man kann dazu Leitungswasser benutzen. Besser ist jedoch Wasser aus einem Teich oder

Bach. Dann kommt das Glas nach Möglichkeit auf das Fensterbrett eines nach Norden gerichteten Fensters.

Nach ungefähr einer Woche ist das Wasser weißlich-trübe geworden. Es enthält dann viele Bakterien, die in der Regel ganz harmlos sind. Wir werden sie im nächsten Kapitel näher besprechen. Einige Tage später lohnt sich die mikroskopische Untersuchung des Aufgusses. Wir geben einen Tropfen davon auf einen Objektträger und lassen ein Deckglas flach darauf fallen, damit sich Luftblasen bilden. Wir stellen eine davon mit dem Objektiv 5:1 scharf ein, schließen die Kondensorblende und wechseln auf das Objektiv 10:1 über. Jetzt schwimmen viele winzig kleine Gebilde durch das Gesichtsfeld. Allerdings ist selbst mit dem Objektiv 40:1 allenfalls zu erkennen, daß sie ungefähr einen spindelförmigen Umriß haben. Weitere Einzelheiten lassen sich mit unseren Mitteln nicht feststellen. Bei diesen Winzlingen handelt es sich um Geißeltierchen. Sie bestehen nur aus einer einzigen Zelle. Ihr Name rührt von einem langen, fadenförmigen Fortsatz her, der von dem einen spitzen Ende der Zelle abgeht und mit dem sich diese Einzeller fortbewegen.

Einige Tage später treten in unseren Aufgüssen noch weitere Mikroorganismen auf. Sie erscheinen zwar erheblich größer als die soeben geschilderten Geißeltierchen, gehören aber ebenfalls zu den Einzellern. Mit dem Objektiv 40:1 ist zu erkennen, daß sie von einem dichten Pelz aus feinen Härchen bedeckt sind, die sich geordnet bewegen und die als Wimpern bezeichnet werden. Deshalb handelt es sich bei diesen Einzellern um Vertreter der Wimpertierchen. Die Wimpern dienen der Fortbewegung im Wasser. Sehr bekannt ist ein Wimpertierchen, das nach seiner äußeren Gestalt als Pantoffeltierchen bezeichnet wird. Allerdings werden wir es nur höchst selten finden. Dafür treten etwa 14 Tage nach dem Ansetzen des Aufgusses fast regelmäßig nierenförmige Wimpertierchen auf, die munter im Wasser herumschwimmen. Sie bieten viele interessante Beobachtungsmöglichkeiten. So setzen sie sich gern auf kleinen Pflanzenresten oder ähnlichem fest oder sammeln sich um Luftblasen an. Dann kann man sie natürlich besonders eingehend untersuchen. Dabei fallen im Inneren dieser Wimpertierchen einige Bläschen auf, von denen die meisten einen dunkleren, körnigen Inhalt zeigen. Diese Bläschen sind die sogenannten Nahrungsvakuolen, in denen die meist aus Bakterien bestehende Nahrung verdaut wird. Sie wird an einer bestimmten Stelle der Zelle, die als Mundfeld bezeichnet wird, aufgenommen und in ein Bläschen, das sich im Zytoplasma bildet – eben eine Nahrungsvakuole –, übertragen. Die Nahrungsvakuole wandert dann auf einer verschlungenen Bahn, die für alle Nahrungsvakuolen stets gleich bleibt, durch die Zelle, während die Nahrung verdaut wird. Von den Bläschen im Zytoplasma ist eines farblos und scheinbar leer. Es wird abwechselnd größer und kleiner. Das ist die sogenannte pulsierende Vakuole, die überschüssiges Wasser aus der Zelle aufnimmt und nach außen abgibt. Die Tätigkeit der pulsierenden Vakuole läßt sich besonders schön verfolgen, wenn der Wassertropfen unter dem Deckglas schon ziemlich eingetrocknet ist und die Wimpertierchen deshalb etwas zusammengequetscht werden.

Nach einigen Tagen hat die Zahl der Wimpertierchen wieder stark abgenommen. Dafür treten etwa eine bis zwei Wochen später die sogenannten Wechseltierchen oder Amöben in Erscheinung. Sie kommen allerdings nur selten frei im Wasser schwimmend vor, sondern kriechen auf den pflanzlichen Substraten. Wer also Amöben sehen will, muß auf einen Objektträger einen Tropfen Wasser geben und etwa einen Grashalm oder ein Stückchen von einem Salatblatt aus dem Aufguß hineintupfen oder mit einer Rasierklinge leicht abschaben. Wir untersuchen das Präparat bei zugezogener Kondensorblende mit dem Objektiv 40:1, nachdem wir vorher mit dem Objektiv 10:1 eine passende Stelle gefunden haben. Die Wechseltierchen haben ganz unterschiedliche Ausmaße und sehr unregelmäßige Konturen. Sie bewegen sich vorwärts, indem sie Scheinfüßchen ausbilden. Dabei fließt an einer Stelle das Zytoplasma ein Stück nach vorn und zieht den Rest der Zelle nach. Auch bei den Amöben handelt es sich um Einzeller. Ihr Kern ist manchmal als rundes Bläschen zu erkennen. Außerdem enthalten diese Zellen Nahrungsvakuolen und pulsierende Vakuolen. Nur läßt sich ihre Tätigkeit hier nicht so schön verfolgen wie bei manchen Wimpertierchen. Das Zytoplasma bildet keine einheitliche Masse. Vielmehr zeigt es außen einen dünnen, fast glasklaren Saum, der allerdings nur bei größeren Amöben, starken Vergrößerungen und ziemlich stark zugezogener Kondensorblende zu sehen ist. Dieser äußere Saum umschließt die Hauptmasse des Zytoplasmas, die fein punktiert erscheint.

In älteren Aufgüssen kommen u. a. fast regelmäßig Glockentierchen vor, die zu den Wimpertierchen gehören, allerdings nur selten frei herumschwimmen. Meistens sitzen sie mit einem langen, dünnen Stiel auf irgendeiner Unterlage. Der Stiel trägt an seinem oberen Ende die meist rundliche bis glockenförmige Zelle, die oben mit einem Kranz aus Wimpern besetzt ist. Der Stiel kann sich bei Gefahr oder Erschütterung rasch zusammenziehen.

Nach einigen weiteren Wochen treten besonders in Aufgüssen von altem Laub manchmal sehr merkwürdige Lebewesen auf. Sie erscheinen länglich, ziehen sich bei der kleinsten Erschütterung wie ein Fernrohr zusammen und enthalten in ihrem Inneren eine Zange, die ständig auf und zu geht. Am oberen Ende solcher Individuen befindet sich ein Kranz aus Wimpern, die sich bewegen und Bakterien in den Körper einstrudeln, die als Nahrung dienen. Obwohl sie mit Wimpern versehen sind, handelt es sich bei diesen Objekten nicht um Wimpertierchen, sondern um ganz andere Lebewesen, nämlich um Rädertierchen. Trotz ihrer geringen Größe gehören sie nicht zu den Einzellern; vielmehr ist ihr Körper aus einer großen Zahl kleiner Zellen aufgebaut.

Man kann im einzelnen nicht voraussagen, welche Objekte in einem Aufguß auftauchen werden. Oft wird man von Einzellern überrascht, die niemand erwartet hat. So kann es sein, daß man Trompetentierchen findet. Sie sehen trichterförmig aus, setzen sich mit ihrem spitzen Ende auf einer Unterlage fest und können sich ähnlich wie die Glockentierchen zusammenziehen. Sie tragen an ihrem oberen Ende einen Kranz aus Wimpern und gehören zu den Wimpertierchen. Trompetentierchen kommen ebenso wie die Glockentierchen auch in natürlichen Gewässern vor.

Hier stoßen wir auf ein Problem, das für das praktische Leben gerade in unserer heutigen Zeit außerordentlich wichtig ist. Denn es gibt viele Mikroorganismen, die nur in Wasser vorkommen, das eine ganz bestimmte Qualität aufweist. Manche leben nur in ganz reinen Gebirgsbächen. Umgekehrt fühlen sich andere Mikroorganismen nur in stark verschmutzten Gewässern wohl, was z. B. für viele Arten der Glocken- und Trompetentierchen gilt. Untersucht man eine Wasserprobe, in der diese Gesellen vorkommen, handelt es sich um schlechtes Wasser, das ungekocht keinesfalls getrunken werden darf.

In den Präparaten aus den verschiedenen Aufgüssen haben wir ein Merkmal, das für viele Lebewesen besonders typisch ist, erneut deutlich gesehen, nämlich die Fähigkeit, verschiedenartige Bewegungen auszuführen. Allerdings sieht man im Mikroskop auch manchmal winzig kleine Körnchen, die sich in einer ständigen zittrigen Bewegung befinden, obwohl man mit Sicherheit weiß, daß sie tot sind. Das läßt sich sehr schön an einem Tuschetropfen zeigen. Hierzu geben wir auf einen Objektträger einen winzig kleinen Tropfen schwarzer Zeichentusche und bedecken ihn mit einem Deckglas. Wir suchen mit dem Objektiv 10:1 eine Stelle im Präparat, die nicht tiefschwarz, sondern mehr bräunlich erscheint, und stellen sie mit dem Objektiv 40:1 scharf ein.

Wir sehen ungeheuer viele kleine schwarze Pünktchen, die in ständiger ungerichteter, zittriger Bewegung sind. Das ist die BROWNsche Molekularbewegung. Sie heißt so nach dem englischen Botaniker ROBERT BROWN, der im Jahre 1827 als erster darauf aufmerksam machte und sie für eine Äußerung der „Ur-Lebenskraft" hielt. Erst viel später fand man die richtige Deutung. Danach ist die BROWNsche Molekularbewegung eine Folge der Wärmebewegung. Die Moleküle des Wassers, in dem die Tuscheteilchen aufgeschwemmt sind, sind in ständiger Bewegung. Ihre Geschwindigkeit wird um so schneller, je höher die Temperatur ist. Die Wassermoleküle stoßen dabei an die Tuscheteilchen, die dadurch ihrerseits in zittrige Bewegung versetzt werden. Auf die Brownsche Molekularbewegung trifft man in Frischpräparaten sehr häufig.

Dunkelfeldmikroskopie. Bei der Untersuchung der Aufgüsse haben wir es wieder mit dem Problem zu tun, daß die kleinen Lebewesen ziemlich durchsichtig und kontrastarm sind. Natürlich kann man den Kontrast durch Zuziehen der Kondensorblende erhöhen. Das reicht jedoch nicht immer aus. Wir haben den Kontrast zwar auch schon durch verschiedene Färbungen verstärkt, aber das hatte den Nachteil, daß dabei die Objekte immer abgetötet wurden, was gerade bei den munter herumschwimmenden Mikroorganismen aus Aufgüssen sehr schade wäre. Wir müssen daher nach Möglichkeiten zur Kontrastverstärkung suchen, bei denen die Untersuchungsobjekte am Leben bleiben können. Das ist z. B. mit der Dunkelfeldmikroskopie möglich. Bei diesem Verfahren erscheint das Gesichtsfeld dunkel, wenn das Mikroskopierlicht eingeschaltet ist, während die zu untersuchenden Objekte hell aufleuchten.

Dazu kommt in den Filterhalter des Kondensors eine sogenannte Zentralblende. Das ist eine runde Scheibe aus durchsichtigem, farblosem Kunststoff, die so groß ist wie ein Lichtfilter, das normalerweise in den Filterhalter kommt (Abb. 69). In die Mitte der Scheibe malt man mit einem schwarzen Filzschreiber eine runde Scheibe. Sie sorgt dafür, daß direktes Mikroskopierlicht nicht in das Objekt eindringen kann, wenn sich kein Präparat auf dem Objekttisch befindet. Natürlich funktioniert das nur dann richtig, wenn die dunkle Scheibe der Zentralblende den passenden Durchmesser hat. Er hängt von der Lichtstärke, also der numerischen

Apertur des jeweiligen Mikroskopobjektivs, ab.

Aber zunächst benötigt man die farblose, runde Kunststoffscheibe. Als Ausgangsmaterial nehmen wir eine Folie, wie sie als Schreibunterlage für Overhead-Projektoren benutzt wird. Ein Stück dieser Folie klemmen wir zwischen zwei Lichtfilter und schneiden die überstehende Folie ab. So erhalten wir eine Folienscheibe passenden Durchmessers.

Nun ist der Durchmesser der aufzumalen-

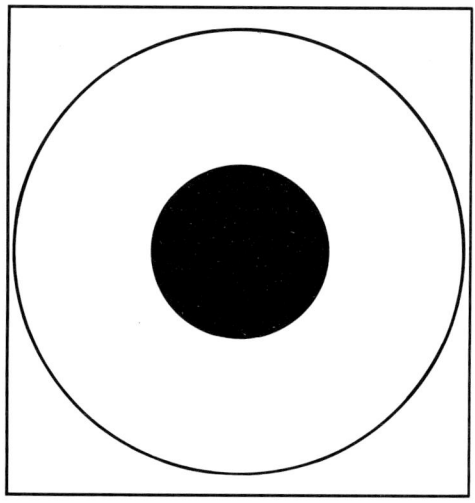

Abb. 69: Zentralblende für Dunkelfeldbeleuchtung.

den dunklen Scheibe zu bestimmen, die für die Zentralblende benötigt wird.

Hierzu stellen wir mit dem Objektiv, das für die Dunkelfeldmikroskopie benutzt werden soll, ein Präparat scharf ein. Dann entfernen wir, ohne an der Scharfeinstellung etwas zu verändern, das Okular aus dem Tubus und blicken in den Tubus hinein. Wie wir bereits aus früheren Versuchen wissen, ist jetzt die Hinterlinse des Objektivs als heller runder Fleck zu sehen. Er wird kleiner, wenn wir die Kondensorblende schließen, und größer, wenn wir sie öffnen. Jetzt stellen wir aber diese Blende so ein, daß ihre Lamellen eben am äußersten Rand der Objektivhinterlinse verschwinden. Dann entfernen wir den Kondensor aus seiner Halterung, wobei unbedingt darauf zu achten ist, daß seine Blende nicht mehr verstellt wird. Jetzt bestimmen wir mit einem Lineal oder einer Schieblehre den Durchmesser der Öffnung. Wir nehmen an, sie würde bei Verwendung eines Objektivs der Maßstabzahl 10:1 und der numerischen Apertur 0,25 7 mm betragen. Zu dem so gefundenen Betrag rechnen wir noch gut 10% hinzu, so daß sich in unserem Fall rund 8 mm ergeben. Das ist der Durchmesser für die schwarze Scheibe auf unserer Zentralblende, die wir zusammen mit dem Objektiv 10:1 benutzen können. Genauso wird der Durchmesser der Zentralblenden bestimmt, die für unsere anderen Objektive erforderlich sind.

Als nächstes schlagen wir auf weißem Papier mit einem Zirkel einen Kreis, der den gleichen Durchmesser wie das Lichtfilter hat. Um den Mittelpunkt dieses Kreises zeichnen wir kleinere Kreise mit den Durchmessern der jeweiligen Zentralblenden.

Es ist am besten, wenn man den Durchmesser der schwarzen Scheibe in der geschilderten Weise selbst ermittelt. In den meisten Fällen werden sich dabei in etwa die folgenden Resultate ergeben: Objektiv 5:1, nA: 0,10: $\varnothing$ 3 mm; Objektiv 10:1, nA: 0,25: $\varnothing$ 8 mm; Objektiv 40:1, nA: 0,65: $\varnothing$ 15 mm. Die Herstellung der Zentralblende geht am einfachsten, wenn man die zurechtgeschnittene runde Kunststoffolie so auf das weiße Papier mit den konzentrischen Kreisen legt, daß der größte Kreis die Scheibe gerade umschließt. Nun muß die schwarze Scheibe in der richtigen Größe aufgetragen werden. Dabei helfen uns die kleineren Kreise. Wir müssen nur mit dem schwarzen Filzschreiber auf der Innenseite des Kreises entlangfahren, der den Durchmesser der erforderlichen schwarzen Scheibe aufweist, die jetzt nur noch ausgemalt werden muß. Die schwarze Scheibe kann man aber auch aus einem alten Heftumschlag ausschneiden und auf die Mitte der durchsichtigen runden Kunststoffolie kleben. Natürlich ist das eine umständlichere Prozedur als das Anmalen mit dem Filzschreiber.

Je kleiner die numerische Apertur der Objektive, desto kleiner ist also der Durchmesser der schwarzen Scheibe, und umgekehrt wird er mit steigender Lichtstärke des Objektivs immer größer. Benützen wir einen zu kleinen Scheibendurchmesser, gelangt direktes Mikroskopierlicht ins Objektiv, und wir bekommen kein Dunkelfeld. Wir können die Zentralblende, die für das Objektiv mit der höchsten numerischen Apertur ein brauchbares Dunkelfeld liefert, auch für die schwächeren Objektive benutzen. Nur erstrahlen dann die Objekte nicht so hell wie bei Verwendung einer Zentralblende mit genau passendem Durchmesser. Ähnliche Zentralblenden werden auch von manchen Firmen angeboten. Sie sind aber nicht besser als die selbst hergestellten.

Die Handhabung unserer Dunkelfeldeinrichtung ist höchst einfach. Wir stellen zunächst ein Präparat scharf, was bei den schwach kontrastierten Objekten nicht immer leicht geht. Eventuell müssen wir dafür wieder eine Luftblase zu Hilfe nehmen. Dann wird die betreffende Zentralblende in den Filterhalter des Kondensors gelegt und eingeschwenkt. Sofort ergibt sich Dunkelfeld, wenn die Zentralblende den richtigen Durchmesser aufweist. Die Objekte, z. B. die Wimpertierchen aus einem Aufguß, sind jetzt hell auf dunklem Untergrund zu sehen. Bei Verwendung des Objektivs 40:1 kann es aber auch vorkommen, daß das Gesichtsfeld vollkommen dunkel bleibt und von den Objekten nichts zu sehen ist. Dann ist entweder die Kondensorblende noch zu weit geschlossen oder unser Mikroskop mit einer Leuchte ausgerüstet, die die Unterseite des Kondensors nicht voll ausleuchtet. In diesem Falle muß man eine vom Mikroskop getrennte Lichtquelle benutzen und das Licht über einen Spiegel in den Kondensor schicken. Außerdem ergeben sich bei der Dunkelfeldmikroskopie nur dann gute Kontraste, wenn die Objektträger und ganz besonders die Deckgläser vollkommen sauber sind. Auf dem Deckglas vorhandene Fingerabdrücke leuchten nämlich hell auf und vermindern den Kontrast.

Beim Mikroskopieren sind wir normalerwei-

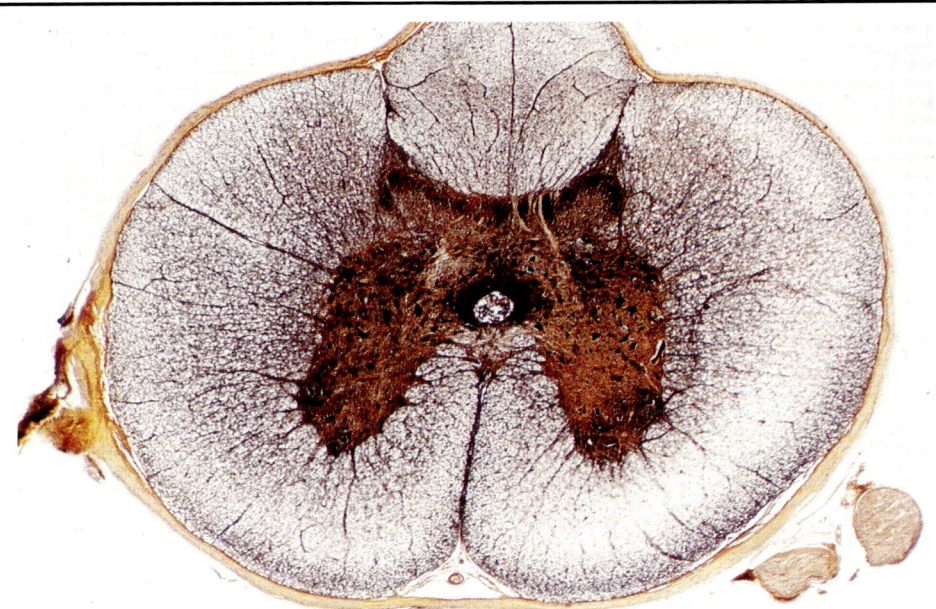

37 Rückenmark, quer. Imprägnierung mit Silber. Lupenvergrößerung. (S. 130)

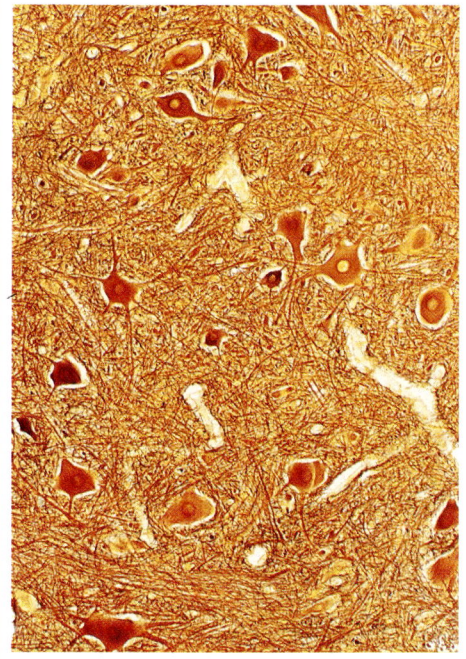

38 Rückenmark, quer. Stärkere Vergrößerung der grauen Substanz. (S. 130)

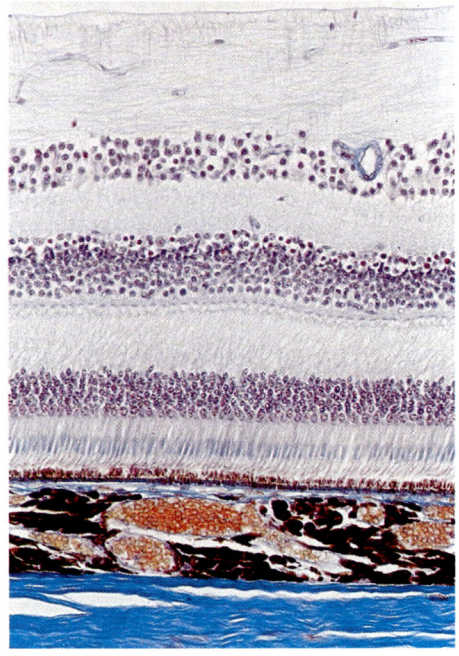

39 Netzhaut des Auges, quer. (S. 131)

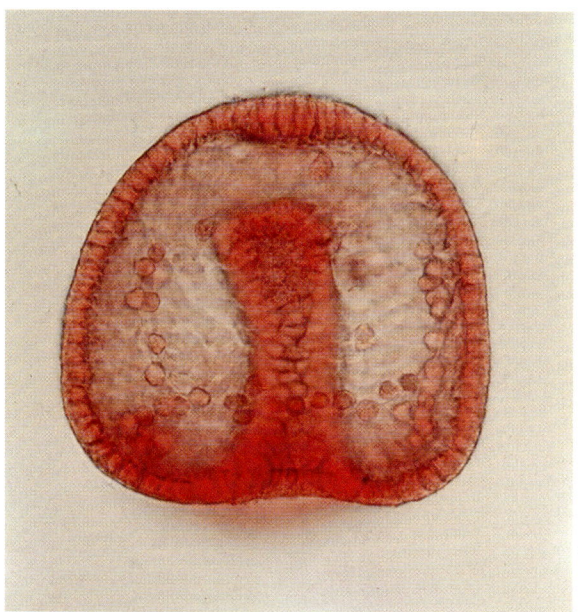

40 Ein wichtiges Entwicklungsstadium des Seeigelkeimes: die Gastrula (Becherkeim). (S. 134)

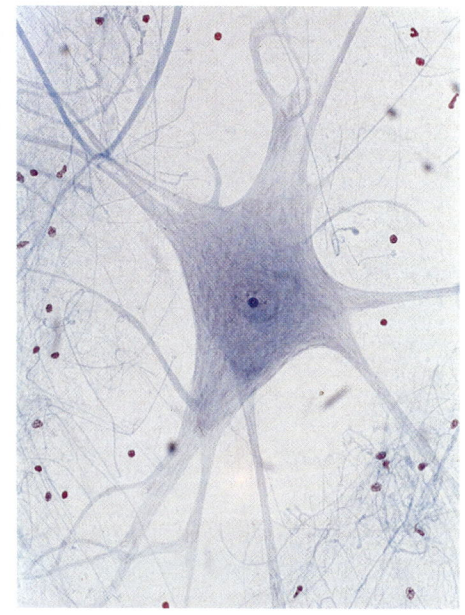

41 Multipolare Nervenzelle aus dem Rücken- mark. (S. 135)

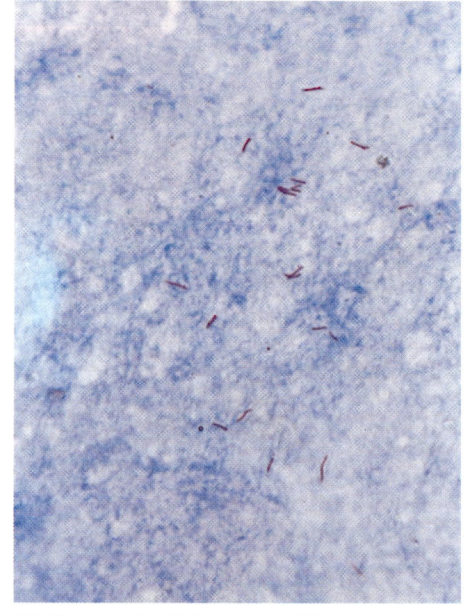

42 Erreger der Tuberkulose. (S. 152)

se gewohnt, die Objekte als dunklere Gebilde auf einem hellen Untergrund zu sehen. Man bezeichnet das als positiven Kontrast. Im Falle der Dunkelfeldmikroskopie ist das ganz anders. Hier leuchten die Objekte hell auf, während der Untergrund dunkel bleibt. Man spricht vom negativen Kontrast (Abb. 70). Kleine Objekte fallen im negativen Kontrast schneller auf als im positiven. Deshalb untersuchen wir das Wasser eines nicht zu alten Aufgusses noch einmal im Dunkelfeld. Mit dem Objektiv 40:1 erscheinen

Geißeltierchen bereits mit dem Objektiv 10:1 auf. Wir benutzen die Dunkelfeldeinrichtung daher auch, wenn in einer Wasserprobe zunächst einmal bloß festgestellt werden soll, ob dort überhaupt etwas Interessantes herumschwimmt oder nicht.

Für die Dunkelfeldbeleuchtung gibt es auch spezielle Dunkelfeldkondensoren, die das Mikroskopierlicht über ein Spiegelsystem ins Mikroskop schicken und sich für die normale Hellfeldmikroskopie nicht eignen. Diese speziellen Dunkelfeldkondensoren leisten

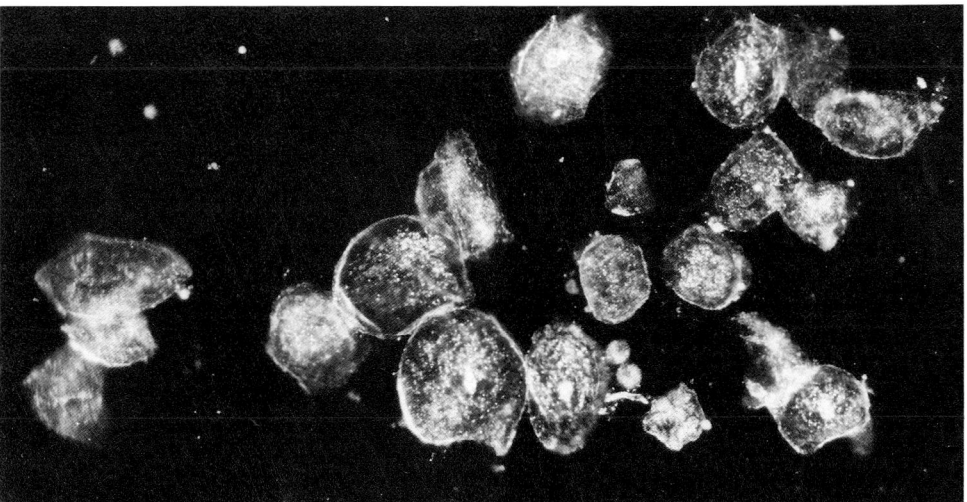

Abb. 70: Plattenepithelzellen im Dunkelfeld.

dann die Bakterien als winzig kleine Pünktchen und Striche, die fast immer auch BROWNsche Molekularbewegung zeigen. Allerdings darf man dabei nur einen sehr kleinen Tropfen auf den Objektträger geben. Denn in einem zu dicken Präparat überlagern sich die hell aufleuchtenden Bakterien und ergeben eine fast einheitlich helle Fläche, in der kaum etwas zu erkennen ist.

Weil kleine Objekte im Dunkelfeld besonders auffallen, kann man sie damit meist schon bei schwächeren Vergrößerungen entdecken als im gewöhnlichen Hellfeld. So fallen z. B. die kleinen, eine bis zwei Wochen nach Ansatz eines Aufgusses auftauchenden

für sehr schwierige Untersuchungen Hervorragendes, trotzdem können wir auf sie zunächst gut und gern verzichten. Für die im nächsten Kapitel zu besprechenden, besonders hochaperturigen Ölimmersionen muß man zur Einstellung von Dunkelfeld besondere Immersionsdunkelfeldkondensoren benutzen. Außerdem muß sich durch eine eingebaute oder nachträglich angebrachte Blende die Objektivapertur vermindern lassen, weil sonst kein Dunkelfeld zustande kommt.

Schiefe Beleuchtung. Eine weitere einfache Möglichkeit zur Verbesserung des Kontrastes durchsichtiger, lebender Objekte ist die schiefe Beleuchtung. Wir schieben dafür in den Spalt zwischen Kondensorunterseite und Filterhalter eine Schwalbenschwanz-

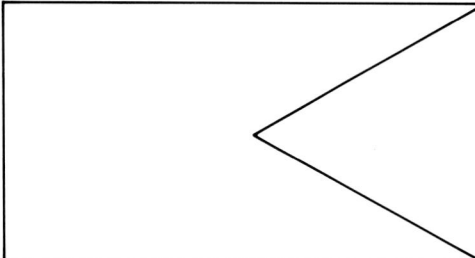

Abb. 71: Schwalbenschwanzblende für schiefe Beleuchtung.

blende. Sie wird gemäß Abb. 71 aus einem alten Heftumschlag zurechtgeschnitten und muß so breit sein, daß sie zwar die ganze Kondensorunterseite bedeckt, sich andererseits aber auch noch bequem in den Spalt schieben läßt. Für alle unsere Objektive genügt eine einzige Schwalbenschwanzblende. Wir stellen zunächst ein Präparat bei ziemlich stark geschlossener Kondensorblende scharf ein, öffnen die Blende dann wieder und schieben die Schwalbenschwanzblende ein. Dabei wird das Gesichtsfeld auf der einen Seite etwas dunkler als auf der andern, und die Objekte bekommen einen reliefartigen Kontrast. Mit dem Objektiv 40:1 tauchen manchmal ähnliche Probleme auf wie bei der Zentralblende zur Erzeugung von Dunkelfeld. Es kann nämlich sein, daß sich beim Einschieben der Schwalbenschwanzblende kein richtiger reliefartiger Kontrast ergibt und das Gesichtsfeld schnell dunkel wird. Dann ist die Kondensorunterseite nicht voll ausgeleuchtet, und man muß das Mikroskopierlicht mit einem Spiegel einspiegeln.

Mit schiefer Beleuchtung lassen sich nicht nur die verschiedenen Lebewesen eines Aufgusses, sondern z. B. auch Zwiebelschuppenzellen oder die Plattenepithelzellen aus unserer Mundschleimhaut sehr gut untersuchen.

Ringförmiges Hellfeld. Pseudophasenkontrast. Abgesehen von Dunkelfeld und schiefer Beleuchtung gibt es noch weitere einfache Kontrastierungsverfahren. Eines davon ist das ringförmige Hellfeld. Dazu ist eine

Zentralblende erforderlich, deren Durchmesser für die Dunkelfeldbeleuchtung etwas zu klein ist. So kann auch direktes Mikroskopierlicht ins Objektiv gelangen, wenn auch nicht soviel wie bei der normalen Hellfeldbeleuchtung. Diese Methode eignet sich ausgezeichnet für die Untersuchung schwach gefärbter Objekte.

Eine weitere Möglichkeit zur Kontrastierung ist der Pseudophasenkontrast. Über den echten Phasenkontrast werden wir im übernächsten Kapitel Näheres erfahren. Für den Pseudophasenkontrast wird der mit Zentralblende versehene Kondensor so in der Höhe verstellt, daß bei herausgezogenem Okular und beim Blick in den Tubus auf dem äußersten Rand der Objektivhinterlinse gerade ein hauchdünner Lichtring zu sehen ist. Wenn wir dann das Okular in den Tubus stecken, sind die ursprünglich fast ganz durchsichtigen Strukturen in einem leichten Hell-Dunkel-Kontrast zu sehen, der etwas an den Phasenkontrast erinnert. Damit sind z. B. die Zellkerne in Zwiebelschuppenzellen oder Plattenepithelzellen besser zu sehen als im normalen Hellfeld.

Kontrastfarbenbeleuchtung. Recht prachtvoll farbige Bilder sind mit der Kontrastfarbenbeleuchtung – auch Rheinbergbeleuchtung genannt – zu erzielen, die wir ebenfalls mit ganz einfachen Mitteln verwirklichen können. Man muß sich dazu nur verschiedene Zentralblenden auf runden Scheiben aus durchsichtiger Plastikfolie herstellen. Allerdings sind sie für diesen Zweck nicht undurchsichtig, sondern farbigtransparent und werden außen von einer andersfarbigen, ebenfalls transparenten ringförmigen Zone umgeben. Bei dieser Methode handelt es sich also um eine Kombination von Hellfeld- und Dunkelfeldbeleuchtung. Das erscheint zunächst etwas verwirrend, wird aber sofort verständlich, wenn wir die erste für diese Methode erforderliche Zentralblende anfertigen. Wir nehmen dazu das Stück Papier mit den konzentrischen Kreisen, das wir für die Zentralblenden benötigen, die für die Dunkelfeldmikroskopie bestimmt waren. Denn auch für die Kontrastfarbenbeleuchtung ist für jedes Objektiv eine eigene Zentralblende erforderlich, deren Durchmesser von der Objektivapertur abhängt. Wir legen auf das Papier wiederum eine runde Scheibe aus durchsichtiger Plastikfolie, und zwar so, daß sie von dem äußeren Kreis umgeben wird. Anschließend malen wir mit einem Schreiber, wie er für Schreibprojektoren benötigt wird, die für das vorgesehene Objektiv passende Scheibe in einer bestimmten Farbe, z. B. blau, an. Dann ziehen wir um diese farbige Scheibe mit einem schwarzen Filzschreiber eine ca. 3 mm breite Kreislinie. Schließlich malen wir noch den verbliebenen äußeren Ring mit einer Farbe an, die am besten zu der Farbe in der Mitte komplementär ist. Das wäre in unserem Beispiel gelb. Dabei sollte die Färbung der Zentralblende stets dunkler sein als die des äußeren Ringes (Abb. 72). Legen wir nun dieses Filter in den Filterhalter des Kondensors, erscheint das Gesichtsfeld blau, während die Ränder der Objekte gelb aufleuchten. Es sind aber noch viele andere Farbkombinationen für die zur Kontrastfarbenbeleuchtung benutzten Filter möglich. Gut bewährt haben sich u. a. die folgenden: Rot (zentral) – Hellgrün (außen); Blau (zentral) – Rosa (außen); Violett (zentral) – Gelb oder Oran-

ge (außen); Rot (zentral) – Hellblau (außen).

So schön bunt die Rheinbergbeleuchtung auch wirken mag – ihr Wert für die Mikroskopie ist umstritten. Manche Mikroskopiker halten sie nur für eine optische Spielerei.

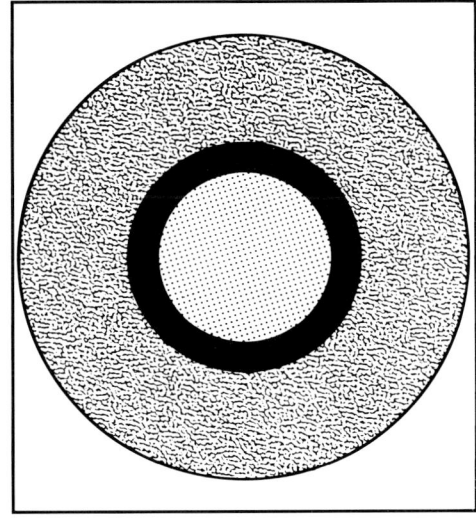

Abb. 72: Zentralblende für die Rheinbergbeleuchtung.

Bakterien.
Untersuchungen mit Ölimmersionsobjektiven

Auf Bakterien sind wir ja bereits im letzten Kapitel bei der Untersuchung der Aufgüsse gestoßen, haben sie dort aber nicht weiter beachtet. Eigentlich denkt man ja beim Hören des Wortes „Bakterien" zunächst mit heimlichem Grauen an verschiedene gefährliche Krankheitserreger, z. B. von Pest,

Cholera oder Tuberkulose. Dabei wird allzu leicht vergessen, daß wir von einer Vielzahl von Bakterien umgeben sind, die für uns entweder vollkommen harmlos oder sogar lebensnotwendig sind. Mit solchen harmlosen bzw. nützlichen Bakterien wollen wir uns im folgenden etwas näher befassen.

Bakterien gehören zu den vielen biologischen Objekten, die von Haus aus so durchsichtig sind, daß sie selbst bei ausreichender Vergrößerung und Auflösung kaum zu erkennen sind. Bakterien ließen sich deshalb routinemäßig im großen Maßstab erst dann untersuchen, als man gelernt hatte, sie durch Färbung sichtbar zu machen. Das ist in erster Linie das Verdienst des deutschen Arztes und Bakteriologen ROBERT KOCH (1843–1910). Zum Färben der Bakterien gibt es eine Vielzahl von Rezepten. Wir wollen uns hier nach einer ganz einfachen Vorschrift richten, nämlich nach der bereits bekannten Färbung mit der Kopierstiftlösung, die gerade bei Bakterien zu ausgezeichneten Resultaten führt.

Bakterien aus Joghurt. Als erstes untersuchen wir die Bakterien, die sich in Joghurt befinden. Dazu wird mit einem Streichholz ein ganz klein wenig Joghurt entnommen und auf einem Objektträger dünn ausgestrichen. Man wartet, bis der Ausstrich trocken geworden ist, und fixiert anschließend. Da Bakterien so klein sind, daß sie außer ihrer äußeren Gestalt kaum feinere Einzelheiten erkennen lassen, kann diese Fixierung auf verhältnismäßig grobem Wege vorgenommen werden, und zwar durch Einwirkung von Hitze. Man zieht daher den trockenen Ausstrich mit der Schichtseite nach oben dreimal durch die Flamme eines Feuerzeuges. Dadurch werden die Bakterien nicht nur abgetötet, sondern ihr Eiweiß wird auch denaturiert, so daß sie gleichzeitig auf dem Objektträger festkleben. Der Objektträger kommt auf ein nicht zu kleines Stück Pappe. Zur Färbung wird nun die violette Kopierstift-Lösung (vgl. S. 30) mit einem Plastiktrinkröhrchen aufgetupft. Damit sie nicht zu schnell verdunstet, gibt man noch einige Tropfen Leitungswasser darauf. Die Lösung bleibt 10 Minuten auf dem fixierten Ausstrich und wird anschließend so lange mit fließendem Leitungswasser abgespült, bis sich das Wasser nicht mehr violett färbt. Nun müssen die Präparate trocknen. Hierzu stellen wir die Objektträger an den Rand einer Schachtel, so daß das Wasser ablaufen

kann. Auf den trockenen Ausstrich gibt man noch einen Tropfen Speiseöl, legt ein Deckglas auf und umrandet es mit Alleskleber. Damit ist das Dauerpräparat fertig und kann sofort untersucht werden.

Mit dem Objektiv 40:1 fallen zunächst viele unregelmäßig geformte violette und schwammig erscheinende Bröckchen auf. Erst nach einigem Hinsehen erkennt man auch die Bakterien. Wir finden davon im wesentlichen zwei Typen, nämlich einmal kugelförmige Bakterien, die zu mehreren in Reihen („kettenförmig") hintereinander angeordnet sind. Es handelt sich dabei um das Milchsäurebakterium *Streptococcus lactis*. Daneben kommen einige stäbchenförmige Bakterien vor.

Meistens ist der Ausstrich so groß, daß er nicht vollständig vom Deckglas bedeckt wird. Nachdem wir das Präparat wie gewöhnlich unter dem Deckglas untersucht haben, verschieben wir es so, daß eine nicht vom Deckglas bedeckte Stelle des Ausstriches unter dem Objektiv liegt. Das Bild hat jetzt seine Klarheit vollständig eingebüßt, und man kann nur einige unscharfe schwarze Schollen erkennen. Das zeigt nochmals, daß das Einschlußmedium – im vorliegenden Fall also das Speiseöl – sowie das Deckglas nicht bloß eine Schutzfunktion haben. Wir haben ja bereits früher bei der Besprechung der Haare gesehen, wie sehr sich das Aussehen eines Objektes allein dadurch ändert, daß man es in ein anderes Einschlußmedium legt. Die Erfahrung hat gelehrt, daß gefärbte Strukturen am besten in einem Medium zu untersuchen sind, das das Licht ziemlich stark bricht. Das Deckglas bewirkt, daß das Bild an Schärfe gewinnt. Man kann sogar sagen, daß das Deckglas die eigentliche Frontlinse des Objektivs sei. Auf die Begründung dieser Aussage muß hier allerdings verzichtet werden.

Im Gegensatz zu den bisher besprochenen tierischen und pflanzlichen Zellen besitzen die Bakterienzellen keinen von einer Membran umgebenen Zellkern und gleichen damit nur den Zellen von Blaualgen. Zwar enthalten auch sie die für die Weitergabe der Erbinformation notwendige chemische Sub-

stanz, die Desoxyribose-Nukleinsäure, abgekürzt DNA nach ihrer englischen Bezeichnung. Sie ist bei den Bakterien jedoch nicht
auf Chromosomen lokalisiert. Deshalb
kommt es hier auch zu keiner Mitose, wenn
sich die Zelle teilt. Vielmehr wird die DNA
nur auf zwei entgegengesetzte Zellhälften
verlagert, die dann voneinander getrennt
werden, indem eine Querwand wie eine sich
schließende Irisblende von außen nach innen einwächst. Außerdem enthalten Bakterienzellen ebenso wie die Zellen von Blaualgen weder Plastiden noch Mitochondrien
und sind von einer Zellwand umgeben, die
anders als bei den übrigen Pflanzen aufgebaut ist. Da Bakterien sehr klein sind, ist
ihre Oberfläche im Verhältnis zum Volumen
sehr groß. Das ermöglicht einen intensiven
Stoffwechsel, was zu einer außerordentlich
schnellen Vermehrung führt.

Ölimmersionen

Da Bakterien sehr klein sind, werden sie
meist mit sehr starken Vergrößerungen untersucht. Die stärksten Objektive mit den
höchsten numerischen Aperturen, also mit
dem besten Auflösungsvermögen, sind die
Ölimmersionen. Wenn man sie benutzt,
muß ihre Frontlinse mit der Oberfläche des
Präparates durch einen Tropfen eines besonderen Öles, des Immersionsöles, verbunden
werden. Deshalb hat man diese Objektive
früher auch als „Eintauchobjektive" bezeichnet. Im Gegensatz dazu grenzen die
Frontlinsen der Objektive, die wir bis jetzt
ausschließlich benutzt haben, stets an Luft,
tauchen also nicht in eine Flüssigkeit und
werden daher als „Trockenobjektive" bezeichnet.
Vielleicht wird jetzt mancher Leser etwas
erstaunt nachdenken. Denn uns allen wurde
ja von Jugend an gepredigt, die „Optik"
stets sauberzuhalten. Jetzt aber sollen wir
mit voller Absicht die Frontlinse der nicht
gerade billigen Ölimmersion in das schmieri-
ge Immersionsöl tauchen; und es wird auch
noch behauptet, durch eine solche unmöglich erscheinende Handlungsweise würde

sich ein besseres Auflösungsvermögen ergeben. Wie kann man einen solchen scheinba-
ren Unsinn verstehen?
Hierzu müssen wir uns daran erinnern, daß
die Lichtstärke der Mikroskopobjektive mit
der numerischen Apertur angegeben wird.
Dieser Begriff soll nun erklärt werden.
Bereits auf Seite 14 wurde erwähnt, daß es
Mikroskopobjektive gibt, die viel Licht, und
andere, die nur wenig Licht aufnehmen können. Außerdem wurde gezeigt, daß das
Licht, das vom Präparat abgeht und ins Objektiv eindringt, die Form eines Kegels hat.
Wir wissen weiterhin, daß die Auflösung
eines Objektivs um so besser wird, je größer
dieser aufgenommene Lichtkegel ist. Ein
praktisches Maß für die Größe dieses Kegels
ist der Winkel an seiner Spitze. Man bezeichnet ihn als Öffnungswinkel. So könnte

Abb. 73: Die Brechung von Lichtstrahlen beim
Übergang aus Luft in ein Medium mit einem
höheren Brechungsindex. Näheres siehe im
Text.

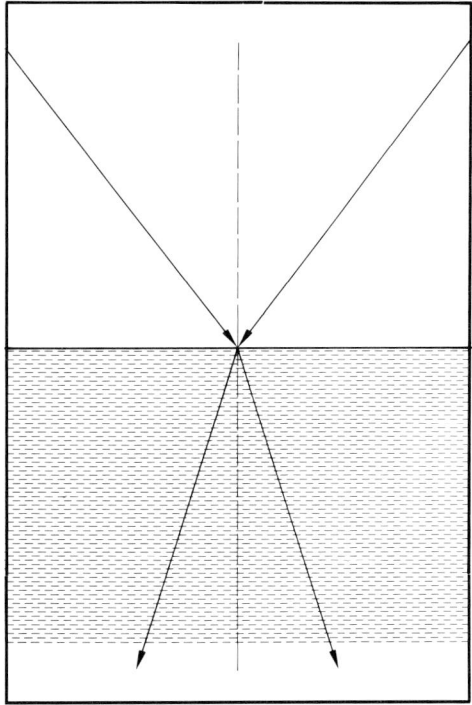

man sich vorstellen, diesen Winkel als Maßeinheit für die Lichtstärke der Mikroskopobjektive zu verwenden.

Trotzdem ist das nicht üblich, und zwar deshalb nicht, weil man in manchen Fällen, z. B.
bei den Ölimmersionen, zwischen Präparatoberfläche und Objektivfrontlinse eine Flüssigkeit plaziert, die das Licht stärker bricht
als Luft oder – wie man auch sagt – die einen
höheren Brechungsindex als Luft hat. Welchen Einfluß hat das auf die Lichtstärke der
Mikroskopobjektive? Dazu müssen wir uns
daran erinnern, was passiert, wenn Licht,
z. B. aus Luft kommend, in eine Flüssigkeit
übertritt, die einen höheren Brechungsindex
hat. Um den dabei ablaufenden Vorgang
leichter zu verstehen, stellen wir uns vor,
das Licht bestünde aus lauter Lichtstrahlen,
die in der Luft geradlinig verlaufen. Wenn
sie nun in die höherbrechende Flüssigkeit
eintauchen, wird ihre Verlaufsrichtung ge-
knickt – oder, wie man sagt, gebrochen.
Abb. 73 zeigt einen derartigen Lichtstrahl
von links kommend, der in eine Flüssigkeit
von höherem Brechungsindex eindringt. Er
wird dabei so gebrochen, daß der Winkel,
der zwischen Strahl und der auf der Flüssig-
keitsoberfläche konstruierten und in sie ein-
tauchenden Senkrechten besteht, in der
Luft größer ist als in der Flüssigkeit. Außerdem kann man sich vorstellen, daß ein weiterer Strahl, unter gleicher Neigung von der
rechten Seite kommend, auf die Flüssigkeits-
oberfläche trifft und nach seinem Eindringen
in gleicher Weise gebrochen wird. Nun
könnte es sein, daß diese beiden Lichtstrahlen einen Lichtkegel begrenzen. Dann sieht
man, daß ein Lichtkegel beim Überwechseln
in eine Flüssigkeit, die einen höheren Brechungsindex aufweist, einen kleineren Öffnungswinkel erhält. Trotzdem ist doch in
dem Kegel mit dem kleineren Öffnungswinkel genauso viel Licht vorhanden wie in dem
mit dem größeren Öffnungswinkel, der sich
in Luft befindet. Das zeigt, daß man für die
Berechnung der Lichtstärke von Mikroskopobjektiven nicht allein den Öffnungswinkel
des vom Objektiv aufgenommenen Lichtkegels, sondern auch den Brechungsindex des
Mediums mit berücksichtigen muß, das sich

zwischen Präparatoberfläche und Objektivfrontlinse befindet. Die Beziehung, die diese Gegebenheiten berücksichtigt, ist eben
die numerische Apertur. Es handelt sich
dabei um ein Produkt, das aus dem Brechungsindex (n) des Mediums, das sich zwischen Präparatoberfläche und Objektivfrontlinse befindet, und dem Sinuswert des hal-
ben Öffnungswinkels des Objektivs gebildet
wird und mit dem Symbol A versehen wurde, also A = n · sin α. Diese Beziehung
wurde von dem deutschen Physiker ERNST
ABBE (1840–1905) aufgestellt.

Der Brechungsindex von Luft beträgt bekanntlich fast 1 und der von Immersionsöl
meist 1,515. Da ist es leicht verständlich, daß
durch eine Vergrößerung von n die numerische Apertur und damit auch das Auflösungsvermögen des Objektivs ansteigen
muß.

Man kann eine Ölimmersion auch nachträglich kaufen und an den Objektivrevolver
schrauben, weil die Objektivgewinde ja genormt sind. Nur sollte das Mikroskop mit
einem Kondensor ausgerüstet sein, der
selbst eine numerische Apertur von
0,9–0,95 aufweist. Zwar läßt sich eine Ölimmersion auch zusammen mit einem schwä-
cheraperturigen Kondensor verwenden; allerdings wird dann ihre Leistungsfähigkeit
nicht voll ausgenutzt. Ein Kondensor muß
aber in jedem Falle vorhanden sein, wenn
sich die Anschaffung der Ölimmersion loh-
nen soll.

Im folgenden werden einige Untersuchungen geschildert, die man mit der Ölimmersion anstellen kann. Wer sich momentan
noch kein derartiges Objektiv leisten will,
sollte dieses Kapitel trotzdem weiterlesen,
weil man sehr viele von den hier beschriebenen Strukturen – wenn auch nicht ganz so
gut – mit dem Objektiv 40:1 sehen kann.

Anwendung einer Ölimmersion

Ölimmersionen haben in der Regel sehr kurze Arbeitsabstände, so daß man bei ihrer
Einstellung besondere Vorsicht walten lassen muß, selbst wenn sie mit einer Federfassung versehen sind (S. 19). Man schraubt

die Ölimmersion am besten neben das Objektiv 40:1 an den Revolver und sucht zunächst mit dem starken Trockenobjektiv in dem Präparat der Joghurt-Bakterien eine geeignete Stelle. Dann wird der Revolver so gedreht, daß der zwischen dem Objektiv 40:1 und der Ölimmersion bestehende Zwischenraum über dem Präparat zu stehen kommt. Jetzt gibt man auf die Präparatoberfläche einen Tropfen Immersionsöl und dreht den Revolver weiter, bis er einrastet und die Ölimmersion mit ihrem unteren Ende in das Immersionsöl taucht. Meist muß der Feintrieb nur noch ganz wenig nachgestellt werden, um ein vollkommen scharfes Bild zu erhalten.

Wir sehen jetzt alle Bakterien wesentlich deutlicher als vorher mit dem Trockenobjektiv 40:1. An den stäbchenförmigen Bakterien erkennen wir, daß sie ebenso wie die Kokken meistens zu mehreren hintereinanderliegen. Die bessere Auflösung ist also offensichtlich. Nun geben wir einen Tropfen Immersionsöl auf eine Stelle des gefärbten Ausstriches, die nicht vom Deckglas bedeckt ist, und untersuchen sie mit der Ölimmersion. Überraschenderweise sind jetzt die Bakterien und die schwammigen Gebilde genauso gut zu sehen wie unter dem Deckglas mit dem Speiseöl als Einschlußmittel. Wir sind hier auf einen weiteren Vorteil der Ölimmersion gestoßen. Während bei den mittleren und stärkeren Trockenobjektiven das Präparat stets mit einem geeigneten Einschlußmedium (z. B. Wasser, Glycerin, Öl oder Euparal) und einem Deckglas bedeckt werden muß, ist das bei der Ölimmersion nicht unbedingt nötig. Wir können also unmittelbar auf den gefärbten und getrockneten Ausstrich einen Tropfen Immersionsöl geben und das Objektiv dort eintauchen.

Nachdem wir die Untersuchung abgeschlossen haben, muß die Objektivfrontlinse gereinigt werden. Dazu genügt es, wenn man das Immersionsöl mit einem Papiertaschentuch abwischt. Für den gleichen Zweck kann auch ein alter, oft gewaschener Leinenlappen benutzt werden.

Bei dem Immersionsöl handelt es sich heute meist um ein synthetisches Produkt. Früher

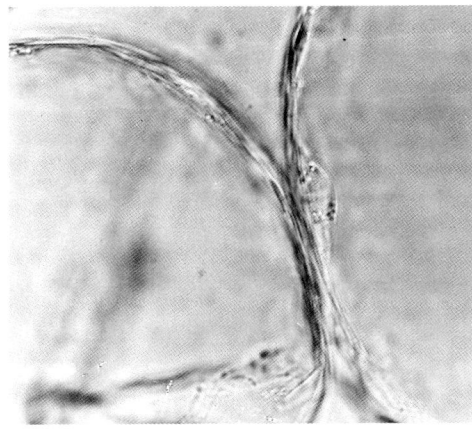

Abb. 74: Zellen aus dem Fruchtfleisch der Schneebeere, untersucht mit der Ölimmersion. Man sieht deutlich den Zellkern, der der Wand der rechten Zelle anliegt.

wurde für diesen Zweck natürliches Zedernholzöl verwendet, das auch heute noch gelegentlich angeboten wird. Synthetisches Immersionsöl ist farblos, während Zedernholzöl gelb aussieht. Letzteres hat den Nachteil, daß es mit der Zeit verharzt und dann unbrauchbar wird, weil der Brechungsindex nicht mehr stimmt. Außerdem muß es nach Abschluß der Untersuchung wesentlich gründlicher von der Objektivfrontlinse entfernt werden, als das beim synthetischen Immersionsöl notwendig ist. Denn wenn Zedernholzöl auf der Frontlinse verharzt, kann es so fest werden, daß es sich kaum noch ohne Beschädigung des Objektivs ablösen läßt. Auf keinen Fall darf man irgendein anderes Öl verwenden!

Wir wissen also, daß das Immersionsöl eine Steigerung der numerischen Apertur und damit auch der Auflösung bewirkt. Trotzdem darf man nicht probieren, die Auflösung eines Trockenobjektivs zu steigern, indem man seine Frontlinse mit der Präparatoberfläche durch Immersionsöl verbindet. Denn ein solches Objektiv ist so konstruiert, daß es nur dann ein scharfes Bild liefert, wenn seine Frontlinse an Luft grenzt. Befindet sich bei einem Trockenobjektiv zwischen Präparat und Frontlinse Immersionsöl, wird das Bild vollkommen unscharf, so daß kaum noch etwas zu sehen ist. Das gleiche Problem kennen wir ja von unseren Augen. Hier grenzt an die Hornhaut Luft, so daß man sagen kann, daß dieser optische Apparat ebenfalls als Trockenobjektiv konstruiert ist. Benutzt man ihn als Wasserimmersion, erscheint alles verschwommen. Das ist der Fall, wenn man beim Tauchen unter Wasser ohne Taucherbrille um sich blickt. Andererseits liefern die Ölimmersionen nur dann brauchbare Resultate, wenn man ihre Frontlinsen und die Präparatoberflächen auch wirklich mit Immersionsöl verbindet. Ohne Immersionsöl ergeben sich unscharfe und kontrastarme Bilder.

Es kann allerdings einmal vorkommen, daß man versehentlich die Frontlinse des Objektivs 40:1 mit Immersionsöl verschmiert. Dann wird das meiste davon mit einem Papiertaschentuch abgewischt. Anschließend befeuchtet man ein anderes, sauberes Papiertaschentuch ein wenig mit Xylol (in Apotheken erhältlich; es genügen für unseren Zweck 10 ml. Vorsicht! Diese Flüssigkeit ist feuergefährlich wie Benzin!) und reibt, ohne stärkeren Druck auszuüben, auf der Frontlinse, bis sie blank ist. Ihr Zustand wird zum Schluß mit einer 10fach vergrößernden Lupe oder einem umgedrehten Okular gleicher Stärke kontrolliert.

Bakterien aus dem Zahnbelag. Viele verschiedene Bakterien kommen in dem weißlichen Belag vor, der sich zwischen unseren Zähnen befindet (Speisereste). Wir stellen davon ein Ausstrichpräparat her und färben es mit der Tintenstiftlösung. Hierzu kratzen wir mit einem Zahnstocher zwischen zwei Backenzähnen. Der dort entnommene weißliche Schleim kommt in einen kleinen Wassertropfen, der sich am einen Ende eines Objektträgers befindet. Davon wird – wie auf S. 107 für Blut geschildert – ein Ausstrich hergestellt, den man an der Luft trocknen läßt. Die weitere Präparation erfolgt wie beim Joghurt-Ausstrich. Wir ziehen also zur Fixierung den Objektträger mit dem Ausstrich nach oben dreimal durch die Flamme eines Feuerzeuges und färben anschließend

mit der Tintenstiftlösung. Nach dem Abspülen mit Leitungswasser läßt man den Ausstrich an der Luft trocknen. Um ihn in ein Dauerpräparat zu verwandeln, kommen ein Tropfen Öl und ein Deckglas darauf, das mit Alleskleber umrandet wird. Ist längere Haltbarkeit nicht erwünscht, tropft man unmittelbar auf den trockenen Ausstrich einen Tropfen Immersionsöl und untersucht sofort mit der Ölimmersion. Natürlich sind solche unbedeckten Ausstriche für eine Untersuchung mit Trockenobjektiven nicht geeignet.

Man sieht jetzt große Massen an Bakterien der verschiedensten Formen. Zuerst fallen besonders lange Stäbchen auf. Daneben finden sich zahlreiche kugelförmige Bakterien – sogenannte Kokken. Weiterhin kommen kommaförmig gekrümmte Bakterien vor. Das sind die Vibrionen. Wenn man ganz genau hinsieht und eine Ölimmersion zur Verfügung steht, fallen auch Spirochaeten auf. Sie erscheinen extrem dünn, jedoch verhältnismäßig lang. Von ihnen gibt es zwei Sorten. Die einen davon sind gleichmäßig korkenzieherartig gewunden, während die anderen ganz unregelmäßige Windungen aufweisen. Es müssen aber nicht im Zahnbelag eines jeden Menschen die gleichen Bakterien vorkommen. Die jeweilige Zusam-

Abb. 75: Zahnbelagbakterien.

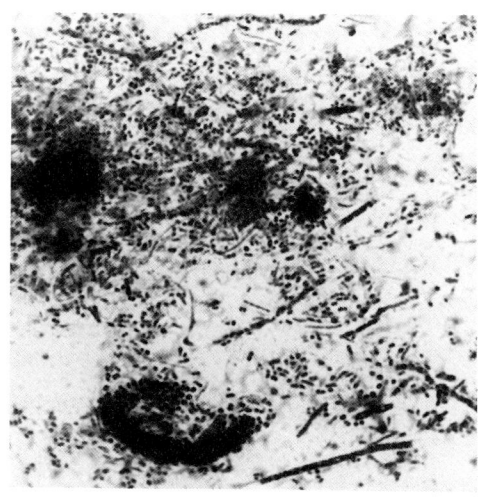

mensetzung hängt u. a. sehr von den Lebens- und Eßgewohnheiten ab. So finden sich z. B. besonders viele Vibrionen und Spirochaeten bei Personen, die kohlenhydratreiche Kost, besonders Süßigkeiten, bevorzugen. Bei starken Rauchern kommen dagegen manchmal nur Kokken und lange Stäbchen vor (Abb. 75).

Allerdings finden sich in dem Zahnbelag nicht nur Bakterien. So entdecken wir u. a. auch Speisereste. Darunter tauchen nach dem Genuß eines Fleischgerichtes nicht selten quergestreifte Muskelfasern auf. Weitere häufige Bestandteile des Zahnbelages sind Plattenepithelzellen und weiße Blutkörperchen.

Bakterien aus Aufgüssen. Bakterien kommen in großen Massen u. a. auch in Aufgüssen vor. Welche Bakterienformen dabei erscheinen, läßt sich meist nicht vorhersagen. Nur bei Heuaufgüssen kommt fast regelmäßig der Heubazillus *Bacillus subtilis* vor. Er entwickelt sich recht bald nach dem Ansetzen des Aufgusses auf der Oberfläche der Flüssigkeit und bildet dort eine ziemlich dicke, zähe, zusammenhängende Schicht. Das ist die Kahmhaut. Die Heubazillen sind mit dem Objektiv 40:1 und noch besser mit der Ölimmersion zu beobachten, wenn man von der Kahmhaut mit einem Streichholz oder Zahnstocher etwas entnimmt, es wie die Joghurt-Probe auf dem Objektträger verstreicht und den Ausstrich nach Hitzefixierung mit der Tintenstiftlösung färbt. Es sind große Mengen von kurzen, gleich großen Stäbchen zu sehen.

Interessant ist es auch, wenn man ein derartiges Ausstrichpräparat von einer sehr alten Kahmhaut herstellt. Dann erscheinen die Stäbchen nicht mehr gleichmäßig violett gefärbt, sondern weisen in der Mitte jeweils einen kleinen weißen, scharf abgegrenzten Fleck auf. Das ist die Spore. Sie wird unter ungünstigen Lebensbedingungen gebildet. Bakterien, die zur Sporenbildung fähig sind, werden als Bazillen bezeichnet. Über sie soll später noch mehr berichtet werden. Man kann Sporen auch an lebenden Bazillen erkennen; allerdings sind sie sehr kontrastarm

und daher schwer auszumachen. Nur bei ziemlich stark zugezogener Kondensorblende erscheinen die Heubazillen als schwach graue Stäbchen, in denen je eine Spore als hell aufleuchtender Punkt zu erkennen ist, falls bereits Sporen ausgebildet werden. Krankheitserregende Bakterien untersuchen wir in käuflichen Dauerpräparaten. Sie sind tot und für den Mikroskopiker vollkommen ungefährlich.

Salmonella. Zur Gattung *Salmonella* gehören verschiedene Arten, die sich im Aussehen nicht unterscheiden und sich daher mikroskopisch nicht bestimmen lassen. Einige davon verursachen Typhus und andere die unter der Bezeichnung „Lebensmittelvergiftung" bekannten unangenehmen Erscheinungen. Alle Salmonellen sehen wie kurze dünne Stäbchen aus und tragen außen fädige Auswüchse. Das sind die Geißeln, mit denen diese Bakterien aktiv im Wasser herumschwimmen. Allerdings können wir diese Geißeln in unseren Präparaten nicht sehen. Salmonellen werden beim Essen und Trinken aufgenommen. Zum plötzlichen Ausbruch der Lebensmittelvergiftung kann es frühestens 8 Stunden und spätestens drei Tage nach der Aufnahme kommen.

Corynebacterium diphtheriae. Es handelt sich dabei um den Erreger der Diphtherie, der in sehr unterschiedlicher Gestalt auftritt. So kann er lange, schlanke, leicht gebogene Stäbchen bilden, deren Enden nicht selten angeschwollen sind, so daß sich Keulen- oder Hantelformen ergeben. Die Stäbchen liegen entweder parallel, V- bis fingerförmig oder ziemlich unregelmäßig („wie chinesische Schriftzeichen") zusammen. Die Corynebakterien können sich aber auch verzweigen oder zu Kokken zerfallen. Ihre Gestalt hängt u. a. vom Alter der Kultur und von der Kulturmethode ab. In jüngeren Kulturen sind sie gleichmäßig gefärbt, während sie in älteren gekörnt erscheinen. – Die Diphtherie-Erreger werden durch Tröpfcheninfektion übertragen, und 3–5 Tage später bricht die Krankheit aus. Dabei besiedeln die Bakterien zunächst die Oberflächen der

Schleimhäute, um danach ein Toxin zu bilden, das zu Gewebsveränderungen führt. Außerdem verursacht das Toxin Schäden in Herz, Leber, Nieren und Nebennieren und führt zu Lähmungen in manchen Muskeln (z. B. Augen-, Arm- und Beinmuskeln).

Mycobacterium tuberculosis. Erreger der Tuberkulose, Präparat aus dem Sputum. Bereits bei der Besprechung der Salmonellen sind wir auf ein Problem gestoßen, mit dem wir es oft bei der Untersuchung von Bakterien zu tun haben. Verschiedene Arten und Gattungen sehen einander oft so ähnlich, daß man sie bei mikroskopischer Untersuchung nur schwer oder überhaupt nicht voneinander unterscheiden kann. Das ist natürlich für den Arzt ein großes Problem, wenn er bei einer Infektionserkrankung die richtige Diagnose stellen soll. Immerhin gibt es einige spezielle Färbungen, mit deren Hilfe man bestimmte Gruppen von Bakterien zusammenfassen kann. Eine dieser Spezialfärbungen ermöglicht die Unterscheidung der sogenannten säurefesten Bakterien von den nichtsäurefesten. Diese Methode ist wichtig, weil zu den säurefesten Bakterien z. B. der Erreger der Tuberkulose gehört. Er färbt sich mit dieser Spezialfärbung rot, während alle anderen, nichtsäurefesten Bakterien blau erscheinen. So läßt sich z. B. in einem Ausstrichpräparat vom Auswurf (Sputum) eines tuberkuloseverdächtigen Patienten feststellen, ob säurefeste Bakterien vorhanden sind oder nicht. Es handelt sich dabei um schlanke, rotgefärbte Stäbchen, die man bereits mit dem Objektiv 40:1 finden kann. Mit der Ölimmersion ist zu erkennen, daß die Stäbchen an einigen Stellen leicht kugelig aufgetrieben und etwas dunkler sind. Man spricht von einem „perligen Aussehen". Einige wenige TBC-Erreger bilden Verzweigungen. Andere liegen in kleinen Gruppen zusammen, wobei sie sich jeweils mit einem ihrer Enden berühren und so einen fächerförmigen Verband bilden. Zu der Säurefestigkeit dieser Bakterien kommt es, weil sich in den Zellwänden bestimmte fettartige Substanzen befinden, die für viele Stoffe, z. B. Säuren, fast undurchlässig sind. So neh-

men solche Bakterien auch nur unter großen Schwierigkeiten Farbstoffe auf. Wenn sie aber einmal gefärbt sind, lassen sie sich selbst unter der Einwirkung verdünnter Säuren nicht so schnell entfärben, während alle anderen Bakterien längst farblos erscheinen. Man kann letztere aber wieder kontrastieren, indem man sie anschließend mit dem uns bereits bekannten Methylenblau nachfärbt. Somit erscheinen die säurefesten Bakterien, z. B. der TBC-Erreger, rot und alle nichtsäurefesten blau (Farbbild 42, S. 142). Unter den in einem Sputumpräparat vorhandenen nichtsäurefesten Bakterien finden sich oft besonders viele kugelförmige, also Kokken. – Zu den säurefesten Bakterien gehört u. a. auch *Mycobacterium leprae*, der Erreger der Lepra. Er kommt jedoch nur im Inneren von Zellen, z. B. der Nasenschleimhaut, vor.

Escherichia coli und Sarcina lutea. Gramfärbung. Eine weitere Färbung, mit deren Hilfe man Bakterien in zwei verschiedene Klassen einteilen kann, ist die Gramfärbung. Man bezeichnet sie so nach ihrem Entdecker, dem dänischen Bakteriologen HANS CHRISTIAN GRAM (1853–1938). Bei der Gramfärbung wird der hitzefixierte Ausstrich zunächst mit der Lösung eines violetten Farbstoffes gefärbt, den wir bereits als Bestandteil der Kopierstiftminen kennen. Danach kommt verdünnte Lugolsche Lösung auf den Ausstrich und anschließend Alkohol. Hier wird der violette Farbstoff aus bestimmten Bakterien herausgelöst, während er in anderen erhalten bleibt. Letztere sind die sogenannten grampositiven Bakterien, während die farblosen als gramnegative bezeichnet werden. Damit die farblosen Bakterien auch einen Kontrast erhalten, färbt man sie mit einer roten Lösung nach. In Bakterienausstrichen erscheinen nach Gramfärbung die grampositiven Bakterien also violett und die gramnegativen rot.
Escherichia coli kommt normalerweise als harmloser Untermieter in unserem Darm vor und bildet kurze, dünne Stäbchen, die sich nur wenig von den Salmonellen unterscheiden. Da *Escherichia coli* in dem gram-

gefärbten Präparat rot erscheint, handelt es sich um ein gramnegatives Bakterium (Farbbild 43, S. 159). Salmonellen verhalten sich bei der Gramfärbung genauso, während Mycobakterien keine eindeutigen Ergebnisse liefern. *Escherichia coli* ist auch von großem wissenschaftlichem Interesse, weil an ihm viele bedeutsame Erkenntnisse der Bakteriengenetik gewonnen wurden.

Sarcina lutea ist kugelförmig und gehört daher zu den Kokken. Diese Art lebt unter natürlichen Bedingungen in der Luft und produziert dort zum Schutz gegen die Sonnenstrahlung einen gelben Farbstoff. Deshalb sind künstliche Kulturen dieses Bakteriums intensiv gelb gefärbt. Bei der Gramfärbung behält *Sarcina lutea* den violetten Farbstoff und ist daher grampositiv (Farbbild 44, S. 159). Es kann aber auch sein, daß diese Zellen nicht violett, sondern scheinbar rötlich aussehen. Zu dieser Täuschung kommt es, wenn die Sarcinen nicht vollkommen scharf eingestellt sind.

Bacillus megaterium mit Sporen. *Bacillus megaterium* ist ein verhältnismäßig großes, stäbchenförmiges Bakterium, das im Gartenboden lebt. Besonderes Merkmal der Bazillen ist es, daß sie zum Überdauern ungünstiger Lebensumstände wie z. B. Trockenheit sogenannte Sporen ausbilden. Wir haben diese Sporen bereits bei der Besprechung des Heubazillus kennengelernt. Die Sporen erscheinen in lebenden Bazillen als hell aufleuchtende Pünktchen, weil ihr Inhalt einen ziemlich hohen Brechungsindex aufweist. Unter ungünstigen Lebensbedingungen werden die Sporen binnen 4–6 Stunden gebil-

det. Sie sind nicht nur mit Reservestoffen angefüllt, sondern enthalten noch einen weiteren Stoff, der die Eiweiße in der Spore selbst dann noch vor der Zerstörung schützt, wenn sie auf ziemlich hohe Temperaturen erwärmt werden. Die Wand der Bazillensporen ist für fast alle Stoffe außerordentlich schlecht durchlässig. Deshalb bleibt die Spore nach einer normalen Bakterienfärbung ungefärbt und erscheint als heller Fleck in der Bakterienzelle. Die Spore muß nicht in allen Fällen wie beim Heubazillus oder *Bacillus megaterium* in der Mitte der Zelle liegen. Manchmal findet sie sich auch an einem Ende. Das ist z. B. beim Erreger des Wundstarrkrampfes der Fall. Er ist ebenfalls stäbchenförmig, trägt aber seine Spore in Form eines Bläschens an einem Ende der Zelle. Diese Form von Bakterien wird – ihrem Aussehen entsprechend – als „Trommelschlegelform" bezeichnet.

Wenn die Lebensumstände wieder günstiger sind, keimt die Spore aus: Der Stoffwechsel wird aktiviert, und ein neues Bakterium entsteht. Allerdings geht bei dieser Keimung, die mit einer Wasseraufnahme verbunden ist, der Stoff verloren, der die Eiweiße vor Zerstörung bei zu starker Erwärmung schützt.

Spirillen aus Faulwasser. Bakterien sind aufgrund ihrer geringen Größe und der damit verbundenen verhältnismäßig großen Oberfläche zu enormen Stoffwechselleistungen fähig. Sie können die verschiedenartigsten Substanzen abbauen. Die allermeisten Bakterien findet man aber dort, wo organisches Material, also Reste von Tieren und Pflan-

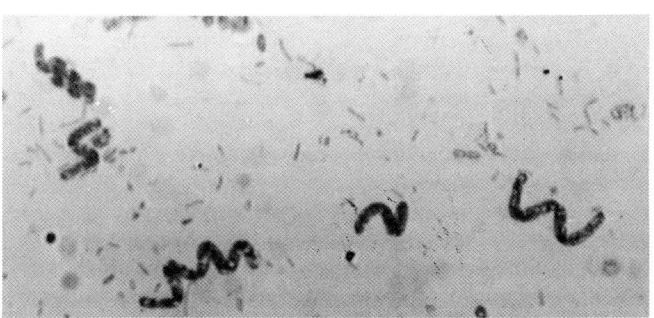

Abb. 76: Spirillen aus Faulwasser. Obj. 100:1, Ok. 10×.

zen, durch Verwesung, Fäulnis oder Gärung abgebaut wird. So ist es nicht verwunderlich, wenn man besonders viele Bakterien im fauligen Wasser findet.

Neben vielen kleinen Stäbchen und Kokken fallen hier besonders große, schraubenförmige Bakterien auf. Man bezeichnet diese Formen als Spirillen. Sie tragen am oberen und unteren Ende der Zelle je einen Schopf von Geißeln, mit denen sie sich aktiv durch die Flüssigkeit bewegen. Allerdings ist von diesen Geißeln in unseren Präparaten gewöhnlich nichts zu sehen. Die Spirillen, mit denen wir es hier zu tun haben, sind so groß, daß man sie bereits mit dem Objektiv 10:1 finden kann. Für ihre weitere Untersuchung reicht das Objektiv 40:1 aus (Abb. 76).

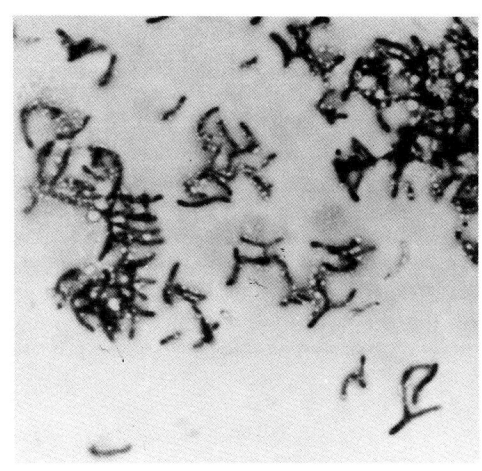

Abb. 77: Rhizobien aus einem Wurzelknöllchen der Lupine.

Wurzelknöllchen einer Lupine, quer. Wir haben es hier wieder mit einem gefärbten Mikrotomschnitt zu tun. Je nachdem, wie das Wurzelknöllchen beim Schneiden getroffen wurde, können die Schnitte bei der Untersuchung im Mikroskop recht verschieden aussehen. Wenn wir uns das Präparat aber zunächst mit der 10fach vergrößernden Lupe oder einem gleich starken umgedrehten Okular ansehen, werden wir auf dem Schnitt fast stets eine heller gefärbte äußere Zone von einem viel dunkleren inneren Bereich unterscheiden können. Bei dem inneren Bereich handelt es sich um den Zellverband, der die Knöllchenbakterien enthält, die in der Lage sind, molekularen Stickstoff aus der Luft in Verbindungen zu überführen, die für die Pflanze verwertbar sind und aus denen sie ihre Eiweiße aufbauen kann. Wir betrachten uns diese bakterienhaltigen Zellen mit dem Objektiv 40:1 und anschließend – wenn möglich – mit der Ölimmersion genauer. Sie enthalten einen Zellkern und sind im übrigen voller Bakterien (Farbbild 45, S. 159). Die Bakterien erscheinen als undeutliche Pünktchen oder Striche; jedenfalls ist ihre genaue Gestalt auf dem Schnittpräparat nicht auszumachen. Das wäre nur in einem Ausstrich möglich.

Einen Ausstrich können wir selbst herstellen. Hierzu muß man eine Lupine oder Bohne im Spätsommer ausgraben. An den Wurzeln einer solchen Pflanze sind dann viele rötliche, rundliche Knöllchen, eben die Wurzelknöllchen, zu sehen. Wir halbieren eines davon mit dem Messer, schaben etwas Gewebe von der Schnittfläche ab und übertragen es auf einen Objektträger in einen Tropfen Wasser. Dann wird, wie auf Seite 107 geschildert, ein Ausstrich hergestellt. Wir lassen ihn wie üblich an der Luft trocknen, fixieren ihn durch dreimaliges Durchziehen durch eine Feuerzeugflamme und färben ihn mit der Tintenstiftlösung. Soll er mit dem Objektiv 40:1 untersucht werden, kommt auf den gefärbten und getrockneten Ausstrich ein kleiner Tropfen Speiseöl sowie ein Deckglas, das mit Alleskleber umrandet wird. Steht eine Ölimmersion zur Verfügung, kann der Öltropfen direkt auf den trockenen gefärbten Ausstrich gegeben und das Objektiv eingetaucht werden. Man sieht dann stäbchenförmige Bakterien, von denen einige verzweigt sind (Abb. 77).

Die Knöllchenbakterien gehören alle zu der Gattung *Rhizobium* und bilden zusammen mit Vertretern der Schmetterlingsblütler Lebensgemeinschaften. Sie sind gramnegativ, leben zunächst im Erdboden und sind noch nicht in der Lage, den Stickstoff in chemische Verbindungen umzuwandeln. Es gibt viele verschiedene Arten der Gattung *Rhizobium*, von denen jede auf eine ganz bestimmte Art von Schmetterlingsblütlern spezialisiert ist. Eingangspforten sind die Wurzelhaare. Hier dringen die Rhizobien ein, umgeben sich mit einer gummiartigen Masse und bilden so den Infektionsschlauch. Die Pflanze reagiert darauf, indem sie den Infektionsschlauch zunächst einmal mit einer Schicht aus Zellulose umhüllt. Der Infektionsschlauch wächst weiter ins Innere der Wurzel, wird dort rissig, so daß die Bakterien frei werden und die Zellen dort besiedeln. Die Zellen werden dadurch zu Teilungen angeregt, so daß die Wurzelknöllchen entstehen. Außerdem bildet die Pflanze einen roten Farbstoff, der wegen seiner Ähnlichkeit mit unserem roten Blutfarbstoff als Leghämoglobin bezeichnet wird. Erst jetzt können die Bakterien den Stickstoff in chemische Verbindungen umwandeln.

Zunächst leben diese Bakterien als reine Schmarotzer in den Wurzeln der Schmetterlingsblütler und werden von ihnen ernährt. Wenn die Wirtspflanze aber erst einmal durch Knöllchenbildung auf die Infektion reagiert hat, sorgt sie dafür, daß sich die Bakterien im Gewebe nicht weiter ausbreiten können. Die Bakterien reagieren ihrerseits und verzweigen sich teilweise. Später werden die Bakterien abgetötet und von der Pflanze verwertet. Allerdings bleiben trotzdem noch viele Knöllchenbakterien am Leben. Auf diese Weise werden nach dem Absterben der Wirtspflanze und dem Verrotten der Wurzelknöllchen immer noch mehr Knöllchenbakterien wieder frei, als vorher in die Wurzel eingedrungen sind. Damit ist gewährleistet, daß im nächsten Jahr erneute Infektionen erfolgen können.

Eitererreger. Eiter kann von ganz verschiedenen Bakterien hervorgerufen werden. Wir besprechen hier nur die kugelförmigen, also die Kokken. Enthält das Präparat einen Ausstrich aus einer künstlichen Kultur, sind natürlich nur Bakterien zu sehen. Im normalen Eiter finden sich darüber hinaus große Mengen weißer Blutkörperchen, die die Bakterien ähnlich wie Amöben umfließen

und auffressen und so für den Menschen unschädlich machen. Wenn weiße Blutkörperchen vorhanden sind, fallen nach den üblichen Bakterienfärbungen in erster Linie die gelappten Kerne auf, die wir bereits früher in dem ungefärbten Blutausstrich wenigstens andeutungsweise gesehen haben. Zwischen den weißen Blutkörperchen tauchen ebenso wie in ihrem Inneren die Kokken als kleine, dunkle Pünktchen auf. Sie können außerhalb der weißen Blutkörperchen große, ungeordnete Haufen bilden. Das ist besonders dann der Fall, wenn der Eiter aus einem Akne-Pickel stammt (Farbbild 46, S. 160). Solche Kokken gehören zu den Staphylokokken. Andere Kokken liegen in Einerreihen hintereinander: Streptokokken. Schließlich gibt es Kokken, die dicht nebeneinander liegende Paare bilden. Sie erscheinen dort, wo sie aneinanderliegen, abgeflacht, so daß man von einer Kaffeebohnenform spricht: Diplokokken.

Krankheitserregende einzellige Tiere

Erreger der Schlafkrankheit. Die Schlafkrankheit wird nicht von Bakterien, sondern von Geißeltierchen verursacht. Es sind einzellige Tiere wie die anderen Geißeltierchen, die Wimpertierchen und die Amöben, die wir in unseren Aufgüssen gefunden haben. Bei unserem Präparat handelt es sich um einen Blutausstrich, in dem die Schlafkrankheitserreger vorkommen. Dieser Ausstrich wurde mit einer besonderen Farblösung gefärbt, der Giemsalösung. Sie wurde von dem deutschen Apotheker GUSTAV GIEMSA (1867–1948) entwickelt. Nach dieser Färbung erscheinen die roten Blutkörperchen entweder rötlich oder bläulich. Außerdem sehen wir die verschiedenen Arten von weißen Blutkörperchen. Darunter kommen die uns schon bekannten Vertreter mit den gelappten, blau bis violett gefärbten Zellkernen vor. Andere weiße Blutkörperchen sind kleiner und enthalten einen Kern, der nur wenig kleiner als die ganze Zelle ist. Konzentrieren wir uns auf die Erreger der Schlafkrankheit, die Trypanosomen (Gattung *Trypanosoma*). Sie sehen spindelförmig aus, sind leicht wellenförmig gewunden und in unseren Präparaten violett gefärbt. Man kann sie bereits mit dem Objektiv 40:1 entdecken, jedoch ist für genauere Untersuchungen eine Ölimmersion zu empfehlen (Farbbild 47, S. 160).

Die Erreger der Schlafkrankheit gehören – wie schon gesagt – zu den Geißeltierchen. Nur ist die Geißel hier nicht frei von der Zelle weggerichtet, sondern legt sich ihr seitlich an und ist mit der Zelle durch eine dünne Zytoplasmaschicht verbunden. Sie beginnt am Hinterende der Zelle und bildet die sogenannte undulierende Membran, mit der der Erreger im Blut herumschwimmt. Das Zytoplasma erscheint im übrigen leicht schaumig und enthält den Zellkern. An der Stelle der Zelle, an der die Geißel angewachsen ist, sieht man manchmal einen kleinen Punkt. Die Trypanosomen vermehren sich im Blut durch Längsteilung und werden durch ein Insekt, die Tsetse-Fliege, übertragen. Nachdem diese einen infizierten Menschen gestochen hat, gelangen die Trypanosomen über den Stechrüssel in den Darm der Fliege und wandeln sich dort in eine Form um, die etwas anders aussieht und keine Geißel besitzt. Anschließend wandern die Parasiten in die Speicheldrüse der Fliege, wo sie sich in die typische Trypanosomen-Form zurückverwandeln und in einen anderen Menschen gelangen können, wenn er von der Fliege gestochen wird. Die Infektion führt zu heftigen Fieberanfällen sowie zu nervösen Störungen wie z. B. starker Schlafsucht und führt ohne Behandlung zum Tode. Schlafkrankheit kommt im tropischen Afrika vor. Abgesehen von den Trypanosomen, die den Menschen befallen und die Schlafkrankheit verursachen, gibt es andere, die Haustiere infizieren können und andere Krankheitsbilder hervorrufen.

Blutausstrich mit Erregern der Malaria. Die Erreger der Malaria (von italienisch: mal aria = schlechte Luft) sind Einzeller der Gattung Plasmodium, die zu den Sporentierchen gehören und durch den Stich weiblicher Malariamücken übertragen werden. Die männlichen Malariamücken sind dagegen harmlos und ernähren sich ausschließlich von süßen Blütensäften. Die durch den Stich übertragenen Malariaerreger entwickeln sich zunächst in bestimmten Organen des Menschen, z. B. der Leber, weiter, bevor sie ins Blut eindringen und die eigentlichen Krankheitserscheinungen auslösen. Im Blut besiedeln die Erreger einzeln, zu zweit oder zu dritt ein rotes Blutkörperchen. Sie bilden dort in der Mitte ihrer Zellen eine große Vakuole aus, so daß das Zytoplasma samt Kern an den Rand gedrängt wird. Unsere Präparate wurden wiederum mit der Giemsalösung gefärbt. Wir sehen – abgesehen von den weißen Blutkörperchen – rötlich oder bläulich gefärbte rote Blutkörperchen, von denen einige Malaria-Erreger enthalten. Der Erreger zeigt sich zunächst in der sogenannten „Siegelringform" mit dem blaugefärbten, ringförmigen Zytoplasma, das die große, runde, mehr oder weniger farblose Vakuole umschließt. Im Zytoplasma befindet sich der meist rot gefärbte rundliche Zellkern, der wie der Schmuckstein eines Ringes leicht aus dem Zytoplasma herausragt. Der Kern teilt sich anschließend viele Male, und die Zelle zerfällt schließlich in einzelne Portionen, die je einen Kern enthalten. Wenn das erfolgt ist, geht das rote Blutkörperchen zugrunde, und die kleinen kernhaltigen Portionen – die sogenannten Merozoiten – werden frei. Das geschieht in allen befallenen roten Blutkörperchen ungefähr zur gleichen Zeit, und der Körper des befallenen Menschen reagiert darauf mit einem heftigen Fieberanfall. Die freigewordenen Merozoiten befallen sofort andere rote Blutkörperchen, bilden dort einen Siegelring, und die ganze Entwicklung beginnt von vorn. Auf diese Weise werden immer nach einer ganz bestimmten Zeit große Mengen an Merozoiten frei, und es ist mit dem damit verbundenen Fieberanfall zu rechnen. Wann dieser auftritt, hängt von der jeweiligen Malaria-Form ab. So gibt es eine, bei der es nach zwei, und eine andere, bei der es nach drei fieberfreien Tagen zum Fieber kommt. Daneben kommt noch eine weitere Malaria-Form vor, bei der die Fieberschübe unregelmäßig auftreten.

Normalerweise sind in den Blutausstrichen malariakranker Patienten in allen befallenen roten Blutkörperchen die Erreger ungefähr auf dem gleichen Entwicklungsstadium zu sehen, wenn die Infektion nur durch einen einzigen Mückenstich erfolgte. Dagegen kann man Labortiere mehrfach infizieren, so daß solche Blutausstriche verschiedene Entwicklungsstadien nebeneinander enthalten (Farbbild 48, S. 160).

Allerdings machen nicht alle Merozoiten den geschilderten Entwicklungsgang durch. Einige von ihnen wandeln sich in andere Gebilde um, aus denen keine Merozoiten entstehen. Außerdem können sie nur dann am Leben bleiben, wenn sie durch einen erneuten Stich in eine weibliche Malariamücke gelangen, in der sie sich geschlechtlich fortpflanzen. Werden sie von keiner Mücke aufgenommen, müssen sie zugrunde gehen. – Malaria kommt in feuchtwarmen Gegenden, also besonders in den Tropen, aber auch in manchen Gegenden mit Mittelmeerklima vor.

Bekannte Präparate unter der Ölimmersion

Ölimmersionen eignen sich nicht nur zur Untersuchung von Bakterien und Einzellern, sondern auch für fast alle anderen mikroskopischen Objekte.

Ergrünte Kartoffeln. Wenn man Kartoffeln längere Zeit dem Licht aussetzt, werden sie bekanntlich grün. Was dabei vor sich geht, wollen wir jetzt näher untersuchen. Dazu wird eine ergrünte Kartoffel quergeschnitten. Von der frischen Schnittfläche stellen wir mit der Rasierklinge einen Handschnitt her. Er kommt auf einen Objektträger in einen Tropfen Wasser oder Glycerin und wird mit einem Deckglas bedeckt. Wir suchen mit dem Objektiv 5:1 in dem Schnitt eine besonders dünne Stelle und untersuchen sie mit dem Objektiv 40:1 genauer. Die Stärkekörner erscheinen jetzt wesentlich kleiner als bei einer nicht ergrünten Kartoffel. Dafür sitzen ihnen jeweils ein bis zwei oder sogar noch mehr Chloroplasten in Form grüner Kappen auf. Sie sind mit der

Ölimmersion am besten zu erkennen und enthalten manchmal sogar selbst Stärkekörner. Für diese Untersuchung eignen sich nur Handschnitte. Wenn man wie bei der Präparation von gewöhnlichen Stärkekörnern nur mit dem Messer auf der frischen Schnittfläche schabt und die so gewonnene Gewebsflüssigkeit auf einen Objektträger in einen Tropfen Wasser überträgt, sind die meisten grünen Kappen von den Stärkekörnern abgelöst und schwimmen frei umher.

Plattenepithelzellen. Man spült nach der Färbung mit der Tintenstiftlösung mit fließendem Leitungswasser ab und läßt den Objektträger trocknen. Das Immersionsöl wird unmittelbar auf das gefärbte Material getropft und die Frontlinse des Objektivs dort eingetaucht. Man sieht dann besonders gut die auf der Oberfläche mancher Zellen sitzenden Bakterien. Sehr häufig begegnet man einer Form, bei der die Zellen meist zu zweit hintereinanderliegen, wobei die einander zugewandten Enden mehr abgeflacht und die entgegengesetzten leicht in die Länge gezogen sind. Man bezeichnet das als Kerzenflammenform. Es handelt sich dabei um *Diplococcus pneumoniae*, der in der Mundhöhle der meisten Menschen vorkommt und normalerweise harmlos ist. Bei besonderen Schwächezuständen kann er jedoch Anlaß für das Auftreten einer Lungenentzündung sein.

Lebende Zwiebelzellen. Auch lebende Zellen lassen sich mit der Ölimmersion untersuchen, was wegen ihres geringen Kontrastes allerdings oft nicht einfach ist. Wir wollen es einmal mit einer Zwiebelschuppenzelle probieren und stellen sie zunächst mit dem Objektiv 40:1 ein. Dann wechseln wir auf die Ölimmersion über und versuchen, den Zytoplasmabelag scharf einzustellen, der sich an der Unterseite der oberen Zellwand befindet. Bei zugezogener Kondensorblende fallen als erstes die hell aufleuchtenden Sphärosomen auf. Später werden wir mit etwas Glück auch die rundlichen Proplastiden und die länglich-biskuitförmigen Mitochondrien entdecken. Besser als die Zellorganellen läßt sich die Zellwand untersuchen. Dabei ist besonders deutlich der Bau der Tüpfel zu sehen.

Hoftüpfel. Die Tüpfel im Holz der Kiefer (S. 90) sind ebenfalls günstige Objekte für die Ölimmersion. Man untersucht Quer- oder Tangentialschnitte, die allerdings ziemlich dünn sein müssen.

Chloroplasten. Dankbare Objekte für eine Untersuchung mit der Ölimmersion sind weiterhin die Chloroplasten vom Spinat (S. 37), von denen wir erneut ein Präparat mit Glycerin als Einschlußmedium herstellen. Dabei erscheinen die Grana erheblich deutlicher als mit dem Objektiv 40:1. Das gilt besonders für solche Fälle, in denen die Chloroplasten in Seitenansicht, also spindelförmig zu sehen sind. Man erkennt ohne weiteres, daß die Grana Stapel von Scheibchen darstellen, die wie in einer Münzrolle übereinanderliegen.

Zupfpräparate. Weiterhin eignen sich Zupfpräparate von Fleisch (S. 110) sowie Ausstriche von Leber (S. 109) für eine Betrachtung mit der Ölimmersion. Natürlich muß das Fleisch für diese Präparate besonders fein zerzupft werden.

Histologische Präparate. Auch die Dauerpräparate, die wir fertig bezogen und bereits besprochen haben, bieten zum Teil beim Durchmustern mit der Ölimmersion noch einige neue Einzelheiten. Das gilt z. B. für die quergestreifte Muskulatur im Querschnitt durch die Zunge. Wir suchen eine längsgeschnittene Muskelfaser heraus, die im erschlafften Zustand fixiert wurde, deren Querstreifen also besonders breit erscheinen. Wenn wir großes Glück haben, können wir an einer besonders dünnen Stelle des Präparates nicht nur in den dunklen Streifen eine feine helle Linie, sondern auch in den breiten hellen Streifen eine feine dunkle Linie erkennen.

Auf der Oberfläche der Epithelzellen, die die Innenwand des Dünndarms auskleiden, werden die kleinen Stiftchen des Bürstensaumes wenigstens teilweise sichtbar.

An besonders dünnen Stellen des Querschnittes durch die Netzhaut eines Auges lassen sich mit der Ölimmersion die rübenförmigen Zapfen von den mehr stiftchenförmigen Stäbchen besser unterscheiden.

Schließlich lohnt es sich, die mit Eisenhämatoxylin gefärbten Längsschnitte durch die Zwiebelwurzelspitzen, die die verschiedenen Kernteilungsstadien enthalten, mit der Ölimmersion zu untersuchen.

Phasenkontrastmikroskopie

Viele kontrastarme biologische Objekte kann man erst durch Färbung, Dunkelfeldbeleuchtung usw. gut sichtbar machen. Es gibt aber ein Verfahren zur Kontrastierung durchsichtiger und farbloser Objekte, das hier noch vorgestellt werden soll, weil es sich so gut bewährt hat. Gemeint ist damit das Phasenkontrastverfahren. Diese erst Anfang der vierziger Jahre unseres Jahrhunderts auf den Markt gekommene Vorrichtung wurde bis vor wenigen Jahren aus Kostengründen fast ausschließlich von professionellen Mikroskopikern benutzt. Inzwischen stehen aber zahlreiche preiswerte

43 *Escherichia coli* nach GRAM-Färbung.
(S. 152)

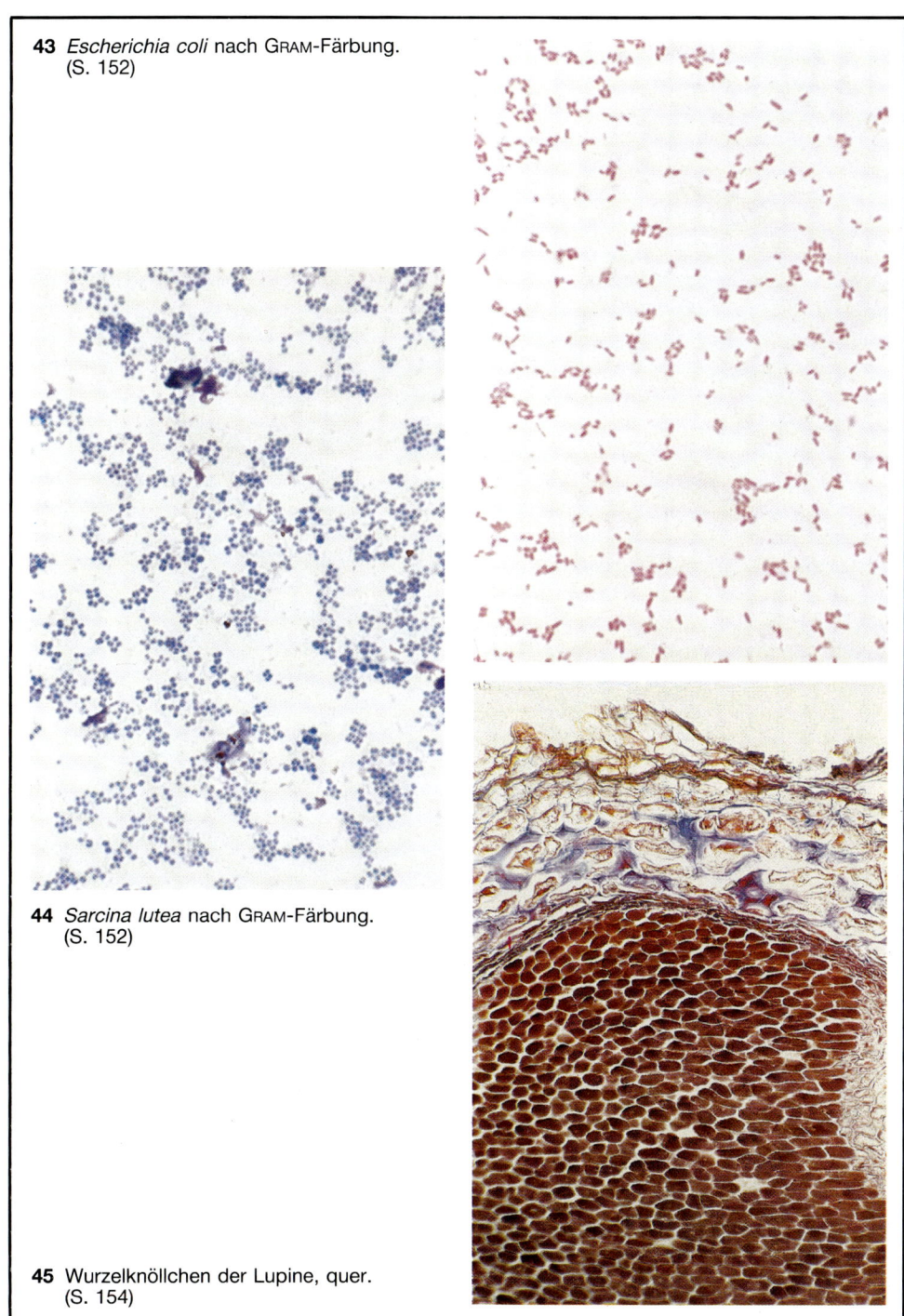

44 *Sarcina lutea* nach GRAM-Färbung.
(S. 152)

45 Wurzelknöllchen der Lupine, quer.
(S. 154)

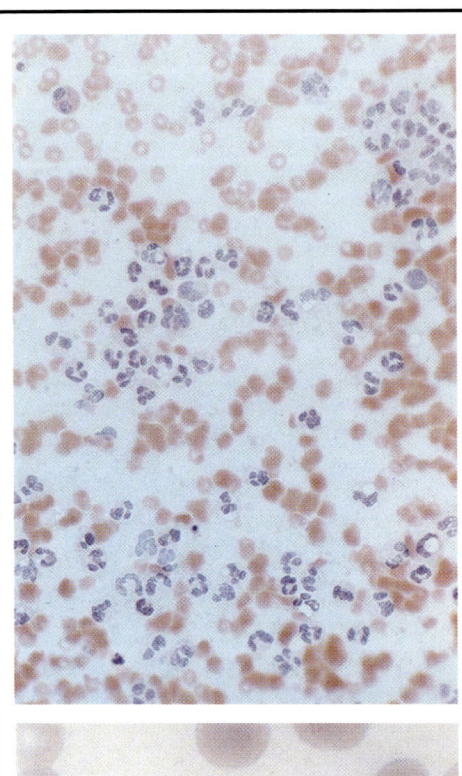

46 Ausstrich von menschlichem Blut aus einem Eiterpickel. Es kommen hier besonders viele weiße Blutkörperchen vor. Bei höherer Auflösung würde man die Eitererreger – hier Staphylokokken – sehen. (S. 155)

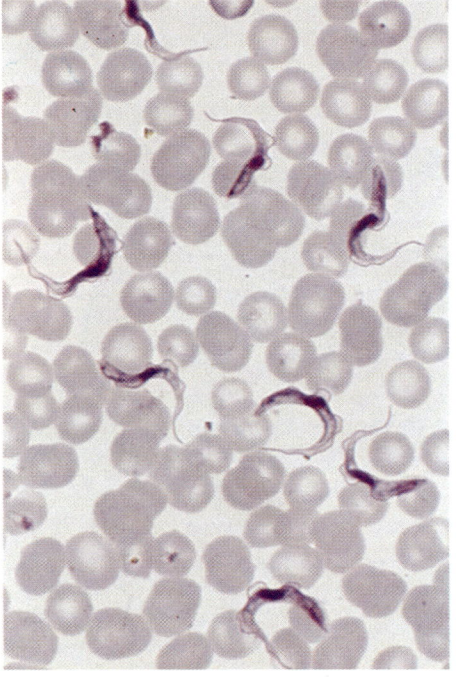

47 Erreger der Schlafkrankheit. (S. 155)

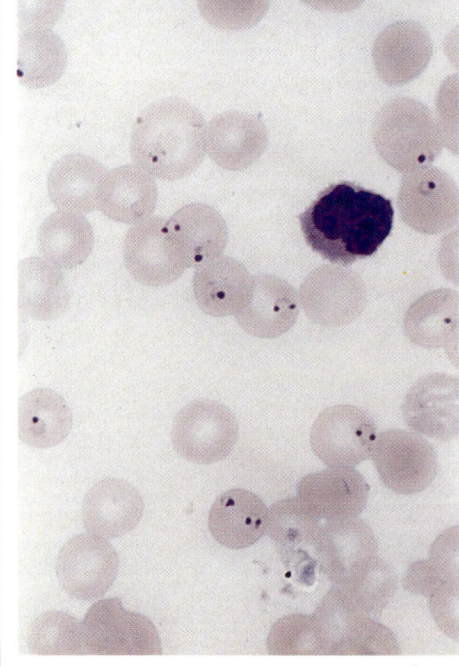

48 Erreger der Malaria. (S. 156)

Phasenkontrasteinrichtungen zur Verfügung, die auch für den Amateur erschwinglich sind.

Fast jedes Mikroskop, das einen Kondensor sowie Objektive mit Normgewinde aufweist, kann man in ein Phasenkontrastmikroskop umwandeln. Dabei ist es günstig, wenn der Kondensor in der Höhe verstellt werden kann.

Man benötigt für dieses Verfahren spezielle Objektive, die mit einem sogenannten Phasenring versehen sind. Das ist ein feiner, auf der Oberfläche einer Linse oder einer besonderen Glasplatte im Objektiv befindlicher grauer Ring, der sichtbar wird, wenn man durch die Hinterlinse eines Phasenkontrastobjektivs in den hellen Himmel blickt. Phasenkontrastobjektive gibt es ebenso wie die normalen Hellfeldobjektive mit verschiedenen Maßstabszahlen, nur nicht mit den allerschwächsten, weil dann der Phasenkontrast kaum Vorteile bietet. Für unsere Zwecke genügt wenigstens am Anfang das Objektiv 40:1. Als nächstes ist ein Kondensor erforderlich, der eine oder mehrere Ringblenden enthält. Eine Ringblende besteht aus einer Glas- oder Kunststoffplatte, die bis auf einen ringförmigen Bereich, der durchsichtig bleibt, schwarz angestrichen oder mit einer Metallschicht belegt wurde. Die Ringblende muß im Kondensor ungefähr an der Stelle angebracht sein, an der sich normalerweise die Irisblende befindet.

Mit Ringblenden versehene Kondensoren – sogenannte Phasenkontrastkondensoren –, die sich für die Verwendung von Objektiven mit unterschiedlichen Maßstabszahlen und numerischen Aperturen eignen, sind leider ziemlich teuer. Sie enthalten verschieden große Ringblenden auf einer Revolverscheibe und sind außerdem mit einer Irisblende versehen, so daß man sie auch für die normale Hellfeldmikroskopie benutzen kann. Wenn man aber ausschließlich das Objektiv 40:1 für die Phasenkontrastmikroskopie benutzt, kann man auf einen solch aufwendigen Kondensor verzichten und mit einfachen Ringblenden arbeiten, die in einen gewöhnlichen Hellfeldkondensor eingelegt werden. Solche Ringblenden werden von einigen Firmen angeboten. Sie lassen sich aber auch problemlos selbst herstellen, wie wir am Ende dieses Kapitels noch sehen werden. Man kann sie passend für das Objektiv 40:1, aber auch für stärkere oder schwächere Phasenkontrastobjektive anfertigen.

Es ist natürlich sehr schade, daß man für die Phasenkontrastmikroskopie eigene Objektive benötigt. So stellt sich sofort die Frage, ob man Phasenkontrastobjektive nicht auch für die normale Hellfeldmikroskopie benutzen und dann die Ausgabe für normale Objektive sparen kann. Diese Frage kann nicht allgemein beantwortet werden. Meistens ist es jedoch so, daß sich Phasenkontrastobjektive der Maßstabszahl 10:1 auch ganz gut für die Hellfeldmikroskopie eignen. Das gilt aber nicht für den Großteil der Objektive mit der Maßstabszahl 40:1. Hier bewirkt der Phasenring bei Hellfelduntersuchungen merkwürdigerweise nicht selten eine deutliche Kontrast- und Auflösungsverminderung: Das Bild wird flau. Hier ist also in den meisten Fällen neben dem Phasenkontrastobjektiv noch ein gewöhnliches Objektiv der gleichen Maßstabszahl für Hellfeld erforderlich. Das gleiche gilt für die Mehrzahl der Ölimmersionen.

Damit man mit dem Phasenkontrastmikroskop den gewünschten Kontrast erhält, muß das Gerät richtig justiert werden. Das geht ziemlich einfach, erfordert jedoch zur genauen Kontrolle ein Einstellfernrohr, das wir uns ebenfalls kaufen müssen.

Einstellen eines Phasenkontrastmikroskops

Wir lernen den Umgang mit der Phasenkontrasteinrichtung am besten an einem praktischen Beispiel kennen. Hierzu stellt man nochmals ein Präparat von den Plattenepithelzellen aus der Mundschleimhaut wie auf Seite 28 geschildert her, das ungefärbt bleibt. Es wird zunächst im Hellfeld mit dem Objektiv 10:1 scharf eingestellt. Man sucht eine Gruppe Plattenepithelzellen und schiebt sie in die Mitte des Gesichtsfeldes. Dann wechseln wir auf das Phasenkontrast-

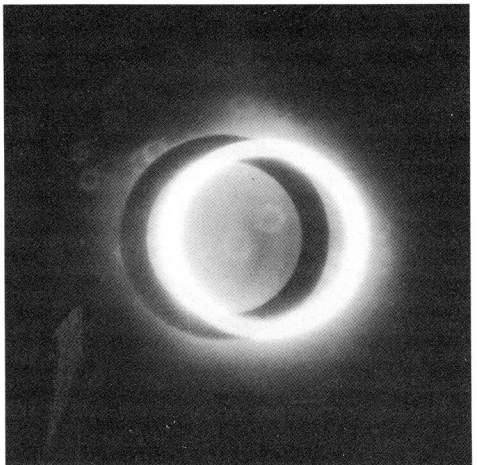
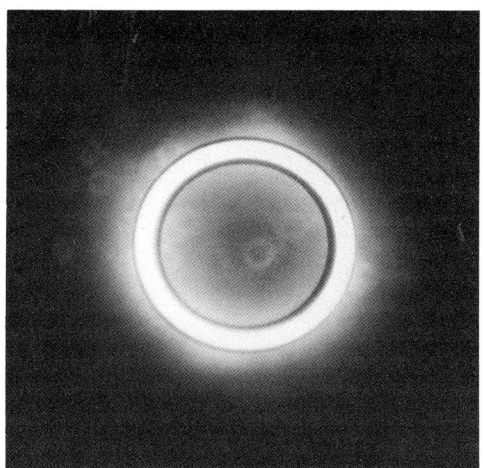

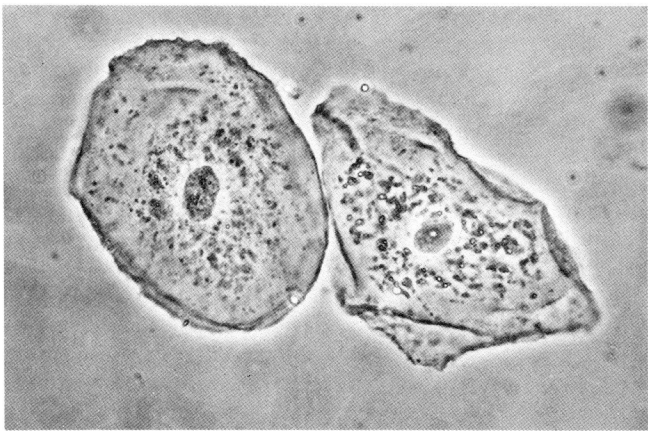

Abb. 78: Einstellen eines Phasenkontrastmikroskops.
a Phasenring und Ringblende nicht richtig zentriert. Blick durch das Einstellfernrohr. **b** Phasenring und Ringblende richtig zentriert. Blick durch das Einstellfernrohr. **c** Blick durch das normale Mikroskopokular: Plattenepithelzellen aus der Mundschleimhaut des Menschen im Phasenkontrast.

objektiv 40:1 über und stellen damit das Präparat scharf ein. Erst danach wird der Kondensor mit der Ringblende versehen, wobei sich meistens zunächst noch kein besonders guter Kontrast ergibt. Die Ringblende muß nämlich erst einmal zentriert werden. Um diesen Vorgang genau kontrollieren zu können, wird – ohne die Scharfeinstellung zu verändern – das Okular aus dem Tubus gezogen und durch das Einstellfernrohr ersetzt. Man verstellt dessen Augenlinse, bis der dunkle, im Objektiv befindliche Phasenring sowie der helle Ring von der Ringblende gleichzeitig scharf zu sehen sind (Abb. 78a). Man muß nun nach der Gebrauchsanweisung durch Verstellen der

Zentriervorrichtung, die sich am Kondensor befindet, den hellen Ring so verstellen, daß er von dem dunklen Phasenring vollständig überdeckt wird (Abb. 78b). Tauscht man dann das Einstellfernrohr gegen das Okular aus, heben sich die Plattenepithelzellen und ihre Kerne in verschiedenen Grau- bis Schwarztönen von einem grauen Untergrund ab (Abb. 78c).

Zu diesem kontrastreichen Bild kommt es aber nur, wenn der helle Ring der Ringblende wirklich vollständig von dem dunklen Phasenring überdeckt wird. Ragt auch nur ein winziges Stück darunter hervor, kommt es bereits zu einer erheblichen Kontrasteinbuße.

Bei der Einstellung der Phasenkontrasteinrichtung treten manchmal Schwierigkeiten auf. So kann es z. B. sein, daß die helle Ringblende für den Phasenring des Objektivs viel zu groß bzw. zu klein ist. Dann befindet sich die falsche Ringblende im Kondensor. Benutzt man einen großen Phasenkontrastkondensor, bei dem mehrere Ringblenden verschiedener Größe auf einer Revolverscheibe angeordnet sind, muß man diese drehen, bis die richtige Ringblende eingestellt ist. Oft ist der helle Ring nur wenig größer oder kleiner als der Phasenring. Dann genügt es, wenn man den Kondensor in der Höhe verstellt. Wird nach dem Einbringen der Ringblende das gesamte Gesichtsfeld vollständig dunkel, ist die im Kondensor befindliche Irisblende noch zu stark geschlossen, und man muß sie nur öffnen. Schließlich kommt es vor, daß beim Blick in das Einstellfernrohr zwar der Phasenring, jedoch nicht die helle Ringblende, sondern nur ein mehr oder weniger einheitlich aufgehellter Untergrund erscheint. Dann ist das Präparat zu dick, und für die Phasenkontrastmikroskopie ungeeignet. In solchen Fällen liefert die normale Hellfeldmikroskopie die besseren Resultate. Aber darüber wird später noch ausführlicher zu berichten sein.

Wenn wir die Plattenepithelzellen im Phasenkontrast untersuchen, erscheinen sie manchmal von vielen kurzen Stäbchen dicht besetzt. Das sind harmlose Bakterien, die in der Mundhöhle aller Menschen vorkommen (S. 150).

Für Phasenkontrast geeignete Objekte

Zahnbelagbakterien. Sehr eindrucksvoll ist die Beobachtung lebender Zahnbelagbakterien im Phasenkontrast. Wir stellen jetzt aber keinen Ausstrich her, sondern bedecken den Wassertropfen, in den wir den Zahnbelag mit dem Zahnstocher eingerührt haben, einfach mit einem Deckglas. Mit dem Phasenkontrastobjektiv 40:1 fallen besonders die beweglichen Bakterien auf. Davon gibt es zwei Sorten. Die einen zeigen nur zittrige Bewegungen, wie wir sie von den Tuscheteilchen kennen. Das trifft für die

Kokken zu, die also nur passiv mit Hilfe der Brownschen Molekularbewegung umhergestoßen werden. Andere bewegen sich dagegen in bestimmte Richtungen. Das gilt z. B. für die Vibrionen, die ziemlich schnell umherschwimmen. Besonders bei Zahnfleischentzündung stößt man nicht selten auch auf Amöben. Es handelt sich dabei um *Entamoeba gingivalis*. Sie zeichnet sich durch eine eigenartige Art der Fortbewegung aus, die mit der Bildung besonderer Scheinfüßchen verbunden ist, die als Bruchsackpseudopodien bezeichnet werden. Dabei platzt die Zelle scheinbar an einer Stelle auf, und das Zytoplasma quillt ein kleines Stück nach vorn. Dieser Vorgang wiederholt sich innerhalb kurzer Zeit an allen möglichen anderen Stellen der Zelle. Deutlich ist auch der Zellkern dieser Amöben zu erkennen. Weiterhin finden sich zwischen den Zahnbelagbakterien oft weiße Blutkörperchen. Sie erscheinen als kugelrunde Zellen, die winzig kleine, schwarze Pünktchen enthalten, die in Brownscher Molekularbewegung begriffen sind. Außerdem enthalten die weißen Blutkörperchen einen Zellkern, der in den meisten Fällen nur undeutlich blaßgrau sowie stark gelappt erscheint.

Hefe. Wir rühren eine winzige Nadelspitze voll Hefe in einen Wassertropfen und bedecken ihn mit einem Deckglas. Mit dem Phasenkontrastobjektiv 40:1 sind große Massen verhältnismäßig kleiner, ovaler Zellen zu erkennen, die in der einen Hälfte ein etwas helleres Bläschen, nämlich eine Vakuole, enthalten. Der Zellkern liegt über der Vakuole, ist aber so klein, daß er mit unserem Objektiv kaum auffällt. Interessant ist die Fortpflanzung der Hefezellen, die durch die sogenannte Sprossung erfolgt. Man kann sie aber nur an einer wirklich guten Hefesorte ohne besondere Kultivierung sofort beobachten. Die Sprossung beginnt mit einer kleinen Beule an der oberen Hälfte des Teiles der Zelle, der keine Vakuole enthält. Der Kern teilt sich, und ein Tochterkern wandert in die Beule ein. Das können wir allerdings in der Regel nicht sehen, weil dazu viel stärkere Vergrößerungen erforderlich

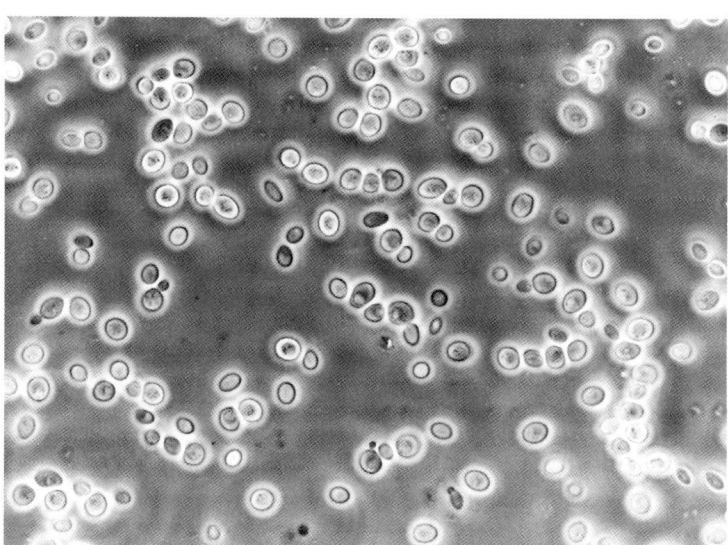

Abb. 79: Bäckerhefe im Phasenkontrast. Obj. 40:1, Ok. 10×.

wären. Die Beule wird größer und größer, nimmt immer mehr die Form einer ausgewachsenen Hefezelle an, bis sie schließlich die Größe der Mutterzelle erreicht hat und von dieser abgeschnürt wird (Abb. 79).

Zwiebelschuppenzellen. Wir setzen eine Küchenzwiebel mit ihrem Wurzelpol in einen mit Wasser gefüllten Teller. Nach einem Tag wird ein Präparat von einer ungefärbten Zwiebelschuppe hergestellt (S. 39). Für eine Untersuchung im Phasenkontrast eignen sich nur solche abgezogenen Häutchen, an denen keine weiteren Zellen haften. Sonst ergibt sich nämlich zusammen mit den darübergelegenen Epidermiszellen ein weiß aufleuchtendes Gebilde, an dem keine weiteren Einzelheiten zu erkennen sind.

Besteht das Häutchen nur aus einer Zellschicht, so fallen im Phasenkontrast an den Zellen als erstes die grauen Zellkerne mit ihren schwärzlichen Kernkörperchen auf. Beim Verändern der Scharfeinstellung sind zahlreiche hellgraue Zytoplasmastränge zu erkennen, die zum Zellkern verlaufen und in denen sich kleine Körnchen in ständiger Vorwärts- und Rückwärtsbewegung befinden. Wir stellen nun die Zytoplasmaschicht ein, die sich unter der obersten Zellwand befindet. Auch hier bewegt sich das Plasma, die darin schwimmenden körnchenartigen Gebilde sind aber deutlicher zu sehen als in den Plasmasträngen, die das Zellinnere durchziehen. Zunächst fallen zahlreiche hell aufleuchtende Pünktchen auf, die Sphärosomen. Graue, längliche bis biskuitförmige Gebilde sind Mitochondrien, die sich manchmal leicht verbiegen. Schließlich finden sich die rundlichen Proplastiden (Abb. 80).

Wenn wir uns an das Bild erinnern, das ungefärbte Zwiebelzellen im Hellfeld geliefert haben, und es mit den Beobachtungen vergleichen, die der Phasenkontrast ermöglicht, wird die Leistungsfähigkeit dieser Methode richtig klar.

Abb. 80: Zwiebelschuppenzellen im Phasenkontrast. Obj. 40:1, Ok. 10×.

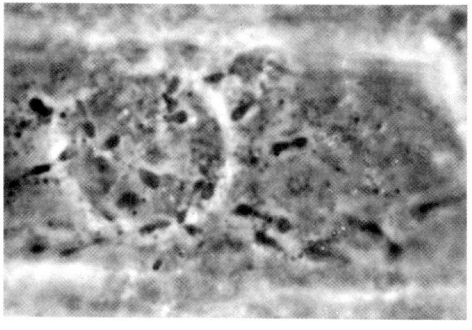

Abb. 81: Amöben
und Bakterien aus
einem Wasserhahn
im Phasenkontrast.
Obj. 40:1, Ok. 10×.

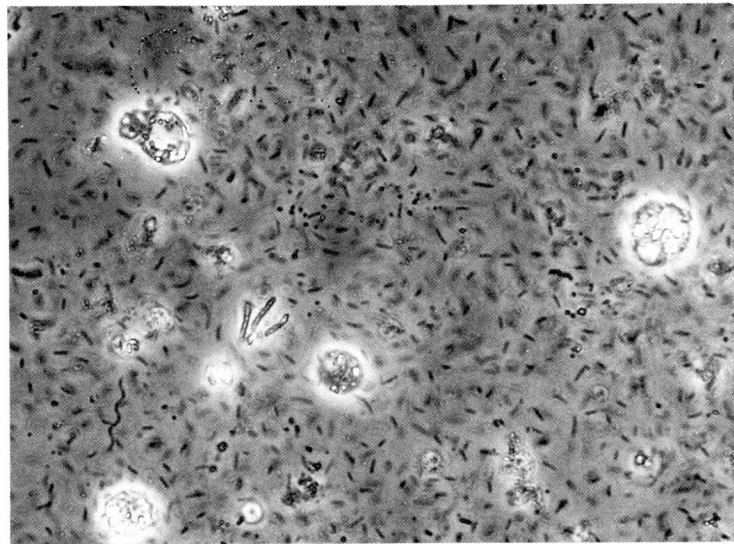

Das Leben im Wasserhahn. Eine interessante Lebensgemeinschaft entwickelt sich nicht selten auf der Innenwand ständig tropfender Kaltwasserhähne. Man kratzt mit dem Streichholz oder einer Nadel etwas von dem dort anhaftenden schleimigen Belag ab und tupft ihn auf einen Objektträger in einen Wassertropfen. Mit dem Phasenkontrastmikroskop fallen als erstes viele verschieden gestaltete Bakterien auf, darunter gelegentlich auch relativ große, vielfach gewundene Spirillen. Zwischen den Bakterien leben manchmal Amöben. Bei einigen davon sind Zellkern und Vakuolen deutlich zu sehen, während andere von Inhaltsstoffen vollgestopft sind und keine weiteren Einzelheiten erkennen lassen (Abb. 81).

Manchmal erscheinen längliche, schmale, schwärzliche Gebilde, die ganz erheblich breiter sind als die Bakterien. Das sind Pilzhyphen, die aus Zellen bestehen, die in Einerreihen hintereinanderliegen (Abb. 82). In diesen sind, abgesehen von einigen hellen Vakuolen, keine weiteren Strukturen festzustellen. Schließlich kommen auch in Wasserhähnen gelegentlich Hefen vor, an denen verschiedene Stadien der Sprossung zu erkennen sind. Alle hier geschilderten Bakterien, Amöben und Pilze sind für den Menschen in der Regel harmlos. Es empfiehlt

sich aber, das Tropfen abzustellen und damit diesen nicht unbedingt erwünschten Organismen die Lebensgrundlage zu entziehen.

Aufgüsse. Für eine Untersuchung mit dem Phasenkontrastmikroskop eignen sich auch einige der Lebewesen, die wir in den verschiedenen Aufgüssen entdecken können. So lassen Wimpertierchen die Bewegung der Wimpern am Rande der Zellen sehr schön erkennen. Auch die Zellkerne und die pulsierenden Vakuolen erscheinen mit der Phasenkontrasteinrichtung manchmal deutlicher als bei normaler Hellfeldbeleuchtung.

Abb. 82: Pilzhyphe aus einem Wasserhahn. Obj. 40:1, Ok. 10×.

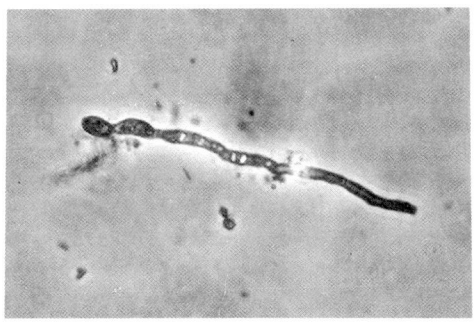

Quetschpräparate von Zwiebelwurzelspitzen. Der große Vorteil des Phasenkontrastverfahrens besteht ja darin, daß man an den zu untersuchenden Objekten keinerlei Eingriffe vornehmen muß und trotzdem zu dem gewünschten Kontrast kommt. Deshalb bietet diese Methode beträchtliche Vorteile bei der Betrachtung lebender Zellen. Selbstverständlich kann man die Phasenkontrastmikroskopie auch zur Untersuchung fixierten Materials benutzen. Ein Beispiel dafür sind die Vorgänge bei der Kernteilung in Wurzelspitzen der Küchenzwiebel, die wir ja bereits an den mit Eisenhämatoxylin gefärbten Mikrotomschnitten betrachtet haben und die wir jetzt an einem selbst hergestellten Präparat mit dem Phasenkontrastmikroskop zum zweitenmal untersuchen wollen.

Zu diesem Zweck sind zunächst einmal Zwiebelwurzelspitzen erforderlich, die man aus Küchenzwiebeln selbst heranziehen kann. (Voraussetzung ist, daß die verwendete Zwiebel nicht mit einem keimungshemmenden Mittel behandelt worden ist.) Wir setzen eine Zwiebel auf ein wassergefülltes Trinkglas. Der Zwiebelboden soll gerade in das Wasser eintauchen. Das Glas stellen wir an eine Stelle der Wohnung, die nicht zu hell ist, und füllen verdunstetes Wasser immer nach. Nach 1–3 Tagen haben sich am Zwiebelboden viele Wurzelspitzen gebildet. (Garantiert treiben die kleinen Steckzwiebelchen, die man im Frühjahr in Samenhandlungen kaufen kann. Man setzt sie auf wassergefüllte Tablettenröhrchen.)

Natürlich sind die Wurzelspitzen für eine Lebenduntersuchung zu dick, so daß man sie künstlich durchsichtig machen und dazu leider zunächst fixieren muß. Das geschieht mit einem Gemisch aus drei Teilen Brennspiritus und einem Teil Eisessig (in Apotheken erhältlich). Wir geben dazu in ein Tablettenröhrchen 3 cm hoch Brennspiritus und darüber noch eine 1 cm hohe Schicht Eisessig, verschließen es mit dem Stopfen und schütteln gut um. Dann werden die Wurzelspitzen abgeschnitten und in das Gemisch im Tablettenröhrchen geworfen.

Kernteilungen sind nur kurz vor dem äußersten Ende der Wurzelspitze zu beobachten. Trotzdem schneiden wir ein größeres, ca. 5 mm langes Stück von der Wurzel ab, damit es sich später bequem mit der Pinzette fassen läßt. Die Wurzelspitzen bleiben in dem Brennspiritus-Eisessig-Gemisch mindestens einen Tag, können jedoch auch jahrelang darin aufbewahrt werden.

Will man eine derartig fixierte Wurzelspitze zu einem Präparat verarbeiten, wird sie zunächst 2 Minuten lang in 50%iger Essigsäure oder Essigessenz gekocht (Vorsicht! Gefahr des Herausspritzens. Starke Essigsäure ätzt. Schutzbrille aufsetzen). Dann überträgt man die Wurzelspitze auf den Objektträger in einen Tropfen 50%iger Essigsäure. Man bedeckt das Ganze mit einem Deckglas und drückt leicht mit dem Hinterende eines Bleistiftes darauf. Dadurch wird die Wurzelspitze zerquetscht und breitet sich im Idealfall unter dem Deckglas in einer einzellschichtigen Lage aus. Man bezeichnet ein solches Präparat als Quetschpräparat. Es ist einige Zeit haltbar, wenn man das Deckglas mit Nagellack oder Alleskleber umrandet.

Dort, wo die Zellen nur in einer Schicht vorliegen, lassen sie sich gut mit dem Phasenkontrastmikroskop untersuchen. Man sieht mit dem Objektiv 40:1 die Kerne samt Kernkörperchen und sucht in dem Präparat eine Stelle, an der die Zellen würfelförmig erscheinen, deren Kerne sich also teilen können. Dort kann man mit etwas Glück sämtliche Teilungsstadien ähnlich wie in dem ge-

Abb. 83: Kernteilungen in der Wurzelspitze einer Küchenzwiebel. Quetschpräparat im Phasenkontrast. Obj. 40:1, Ok. 10×. Stärkere Ausschnittvergrößerung.

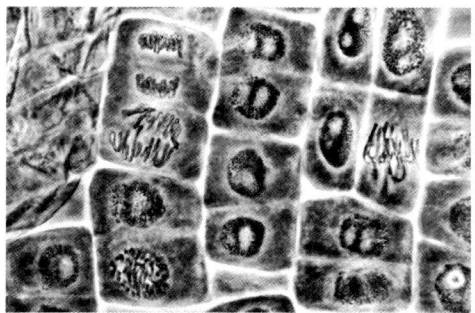

färbten Mikrotomschnitt entdecken. Sehr gut läßt sich auch die Querwandbildung bei der Zellteilung verfolgen (Abb. 83).

Anwendungsbereich des Phasenkontrastmikroskops

Das Phasenkontrastmikroskop ist ein sehr nützliches Gerät, besonders wenn es gilt, lebende Objekte zu untersuchen. In diesem Kapitel wurden nur einige wenige Beispiele genannt, für die man dieses Verfahren anwenden kann. Es gibt aber noch viele weitere Objekte, die sich genauso kontrastieren lassen. Trotzdem liefert das Phasenkontrastmikroskop nicht bei jedem Präparat optimale Ergebnisse, wie der folgende Versuch zeigen soll. Man untersucht dazu einen mit der Rasierklinge hergestellten Querschnitt durch Kiefernholz zunächst im gewöhnlichen Hellfeld und dann im Phasenkontrast jeweils mit dem Objektiv 40:1. Dabei ist festzustellen, daß das Bild im Hellfeld wesentlich deutlicher ausfällt. Im Phasenkontrast sind viele Strukturen stark aufgehellt und außerdem von weißen Linien umgeben, was einen sehr verwirrenden Eindruck hinterläßt.

Das Phasenkontrastmikroskop ist eben ein Spezialgerät, das sich nur zur Untersuchung sehr dünner, durchsichtiger und farbloser Objekte eignet. Handelt es sich um dickere Präparate wie den Querschnitt durch das Kiefernholz, sind die Ergebnisse viel schlechter als mit einem gewöhnlichen Hellfeldmikroskop.

Daß das Phasenkontrastmikroskop nur für die Untersuchung ziemlich dünner Objekte vorgesehen ist, kann man auch an einem ungefärbten Ausstrich von Leberzellen sehen. An dünnen Stellen des Präparates erscheinen mit dem Phasenkontrastobjektiv 40:1 die Leberparenchymzellen deutlich mit ihren Zellkernen. Außerdem kommen zahlreiche rote Blutkörperchen vor, die hier als graubraune Scheibchen auffallen, die erheblich kleiner als die Leberparenchymzellen sind und außerdem keinen Zellkern enthalten. Dort, wo die Leberzellen noch in dicke-

ren Verbänden zusammenliegen, sind dagegen nur undeutliche helle und dunkle Massen zu erkennen.

Außerdem eignet sich das Phasenkontrastverfahren nicht zur Untersuchung von Objekten, die sehr dunkel gefärbt sind, weil dann der Kontrast merkwürdigerweise stark herabgesetzt wird. Das läßt sich gut mit dem Objektmikrometer demonstrieren, das wir zur Eichung des Meßokulars benötigt hatten. Mit einer Phasenkontrasteinrichtung sind die schwarzen Striche und Zahlen nur hellgrau zu sehen.

Wenn wir Präparate mit einem Phasenkontrastmikroskop untersuchen, fällt auf, daß dunkle Strukturen von weißen Streifen umgeben sind. Diese Erscheinung kommt sogar bei ziemlich dünnen Objekten vor, die für eine Untersuchung im Phasenkontrast eigentlich geeignet sind. Die weißen Streifen müssen in Kauf genommen werden; sie sind unter der Bezeichnung „Haloerscheinung" bekannt. Sie stören aber nicht, wenn man nicht zu dicke Objekte untersucht.

Herstellung einer Ringblende. Es ist kein Problem, einen normalen Hellfeldkondensor mit einer selbst hergestellten Ringblende in einen Phasenkontrastkondensor umzuwandeln. Hier benutzt man den Kondensor ohne Frontlinse. Es wird zunächst mit dem Phasenkontrastobjektiv, für das die Ringblende hergestellt werden soll, ein Präparat scharf eingestellt. Dabei wird der Kondensor so hoch wie möglich gestellt, falls das Mikroskop mit einer Kondensorhöhenverstellung versehen ist. Dann entfernen wir das Okular aus dem Tubus und ersetzen es durch ein Einstellfernrohr. Seine Augenlinse verstellen wir so lange, bis der dunkle Phasenring im Phasenkontrastobjektiv scharf zu sehen ist. Nun müssen wir die genauen Ausmaße für die Ringblende bestimmen. Dazu wird in den zwischen Kondensorunterseite und Filterhalter gebildeten Zwischenraum ein Streifen Millimeterpapier geschoben, dessen Linien dann zusammen mit dem Phasenring im Einstellfernrohr zu sehen sind. Man zählt, wieviele von diesen Linien vom dunklen Phasenring über-

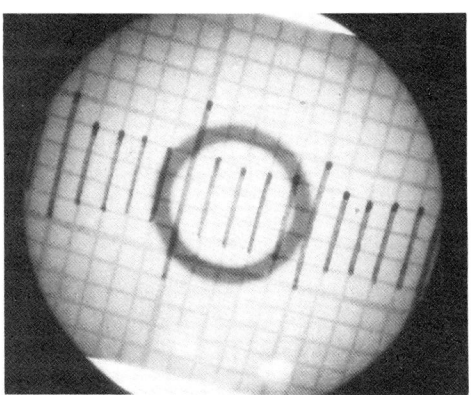

Abb. 84: Herstellung einer Ringblende für Phasenkontrast.

deckt werden, und findet so unmittelbar die Werte für den inneren und äußeren Durchmesser der Ringblendenöffnung. Man kann die Linien auf dem Millimeterpapier noch deutlicher sichtbar machen, wenn man sie mit schwarzer Tusche nachzieht (Abb. 84). Die Ringblende läßt sich auf verschiedenen Wegen herstellen. Im einfachsten Fall benutzt man einen Streifen Transparentpapier, der so zurechtgeschnitten werden muß,

Abb. 85: Fertige Ringblende für einen selbstgebauten Phasenkontrastkondensor.

daß er sich zwischen Filterhalter und Kondensorunterseite einschieben läßt und dabei die untere Kondensorlinse vollständig überdeckt. Als nächstes zeichnet man auf die Mitte des Streifens mit einem Zirkel zwei konzentrische Kreise mit dem inneren und äußeren Durchmesser der Ringblende, die wir soeben mit dem Millimeterpapier und dem Einstellfernrohr ermittelt haben. Dann wird der Streifen mit schwarzer Tusche bemalt, wobei der durch die beiden konzentrischen Kreise umgrenzte Ring frei bleibt (Abb. 85). Wenn die Tuscheschicht trocken geworden ist, kann der Transparentpapierstreifen sofort in den Kondensor geschoben und als Ringblende benutzt werden, wobei die mit Tusche bestrichene Seite nach oben weisen muß. Ein Nachteil einer solchen Ringblende ist, daß sich durch das Ein- und Ausschieben mit der Zeit die Tusche vom Transparentpapier abwetzt, so daß man hin und wieder neue Tusche auftragen muß.

Dauerhafter ist die folgende Konstruktion, bei der die Ringblende aus Haushalts-Aluminiumfolie besteht. Zunächst wird eine Seite einer solchen Folie gleichmäßig mit schwarzem Filzschreiber bestrichen. Dann schneidet man mit dem Stechzirkel eine Scheibe heraus, deren Durchmesser dem inneren Ringblendendurchmesser entspricht. Ebenso gewinnt man eine zweite Scheibe, die den äußeren Ringblendendurchmesser aufweist. Der Teil der Folie mit der größeren ausgeschnittenen Scheibe wird auf ein Format von etwa 24 × 28 mm zurechtgeschnitten (wobei der scheibenförmige Ausschnitt ungefähr in der Mitte liegen muß) und mit Alleskleber auf ein Stück farblose Schreibprojektorfolie gleichen Formats geklebt. Anschließend kleben wir die kleinere ausgeschnittene Scheibe genau in die Mitte des großen Ausschnittes. Zur besseren Haltbarkeit wird über die Alufolie noch ein zweites Stück Schreibprojektorfolie gleicher Größe geklebt. Die so entstandene Ringblende wird zur Vermeidung von Reflexen mit der schwarzbemalten Seite nach oben in den Kondensor geschoben.

Das Zentrieren dieser selbstgebauten Ringblenden erfolgt durch Verschieben des

Transparentpapierstreifens bzw. der zusammengeklebten Folie in dem zwischen Kondensorunterseite und Filterhalter gebildeten Spalt. Das geht zwar etwas mühsamer als mit einem industriell gefertigten Phasenkontrastkondensor, die mikroskopischen Bilder sind aber genauso gut.

Übrigens ist das Einstellfernrohr, das zum Justieren einer Phasenkontrasteinrichtung erforderlich ist, auch für andere Zwecke sehr nützlich. So kann man damit z. B. die richtige Öffnung der Kondensorblende viel besser kontrollieren, wenn man sie etwa für die Ermittlung des Durchmessers der Zentralblenden bestimmen muß, die für die Dunkelfeld- oder Kontrastfarbenbeleuchtung erforderlich sind.

Mikroprojektion

Wer das, was im Mikroskop zu sehen ist, mehreren Betrachtern gleichzeitig zeigen und erläutern will, kann sich der Mikroprojektion bedienen. Bei diesem Verfahren wird das mikroskopische Bild auf einer Projektionswand entworfen. Dafür bestehen zwei Möglichkeiten. Im einfachsten Fall wird zunächst das Okular aus dem Tubus entfernt und dann die Scharfeinstellung so verändert, daß der Abstand zwischen dem Mikroskopobjektiv und dem Präparat kleiner wird. Dadurch kommt das Zwischenbild ziemlich bald aus dem Tubus hervor und entfernt sich immer weiter vom Mikroskop. Man muß Grob- und Feintrieb nur so weit nachstellen, bis das Zwischenbild genau auf die Projektionswand zu liegen kommt und dort scharf erscheint. Da das Bild dabei allein vom Objektiv entworfen wird, resultiert nur eine einstufige Vergrößerung.

Für die andere Möglichkeit zur Mikroprojektion kann das Okular im Tubus verbleiben. Man muß dann aber durch Veränderung der Scharfeinstellung den Abstand zwischen Präparat und Objektiv vergrößern. Das projizierte Bild fällt jetzt größer aus, als wenn man das Mikroskopobjektiv allein zur Mikroprojektion benutzt, da die Vergrößerung zweistufig ist. Gleichzeitig erscheint das Bild jedoch erheblich dunkler, da das vom Objektiv aufgenommene Licht durch das Okular auf eine größere Fläche verteilt wird.

Damit kommen wir zu einem großen Problem. Die Bilder sind bei der Mikroprojektion meistens ziemlich dunkel. Deswegen müssen die Präparate mit sehr hellen Lichtquellen beleuchtet werden, bevor man überhaupt etwas sehen kann. Die gewöhnlichen Niedervoltlampen sowie die mit normaler Netzspannung gespeisten Ansteckleuchten liefern zu geringe Lichtintensitäten und eignen sich daher nicht für die Mikroprojektion, wenn sie z. B. in einem Klassenzimmer erfolgen soll. Für die allerhöchsten Ansprüche sind sogar Gasentladungslampen wie z. B. Xenonbrenner erforderlich, die meist zusammen mit besonderen Mikroprojektionsgeräten benutzt werden. Damit kann man in einem Vortragssaal selbst einer größeren Anzahl von Personen mikroskopische Präparate demonstrieren. Andere Mikroprojektionsgeräte benutzen lichtstarke Halogenlampen als Lichtquelle und sind für die Arbeit in Klassenzimmern vorgesehen.

Soll die Vorführung in einem nicht zu großen Raum erfolgen, kann man auf ein besonderes Mikroprojektionsgerät ganz verzichten und eine Behelfseinrichtung benutzen. Als

Lichtquelle genügt dabei ein Kleinbildprojektor, besonders wenn er mit einer möglichst hellen Halogenlampe ausgerüstet ist. Für das Mikroskop eignet sich am besten ein Stativ vom älteren Bautyp, dessen Tubusträger sich mit Hilfe eines im Fuß befindlichen Gelenks um 90° kippen läßt.

Man rückt in einem verdunkelten Raum zunächst einen Tisch in die Nähe der Wand, auf die das mikroskopische Bild projiziert werden soll. Dann stellt man einen Kleinbildprojektor auf die Tischplatte und davor das Mikroskop. Der Tubusträger wird um 90° gekippt und der Beleuchtungsspiegel entfernt. Der Projektor selbst kommt auf einen Bücherstapel (alte Telefonbücher eignen sich dafür besonders gut), der so hoch sein muß, daß das aus dem Projektor kommende Licht direkt in den Kondensor fallen kann; die Kondensorblende wird voll geöffnet. Das Präparat muß mit zwei Präparateklemmen auf dem Objekttisch festgeklemmt werden. Das Mikroskop wird nun gegen die Projektionswand ausgerichtet, bis dort ein heller Fleck zu sehen ist. Dann muß das Raumlicht ausgeschaltet werden. Anschließend wird so lange am Grob- und Feintrieb gedreht, bis aus dem Lichtfleck an der Wand ein scharfes Bild geworden ist.

Falls das Mikroskop eine Vorrichtung zur Höhenverstellung des Kondensors aufweist, stellt man sie so ein, daß der Abstand zwischen Kondensorfrontlinse und Präparat so kurz wie möglich ist. Dann erscheint das Bild an der Wand optimal. Bei Verwendung des Objektivs 10:1 wird das gesamte Gesichtsfeld von dem hochstehenden Kondensor nur dann ausgeleuchtet, wenn man seine Frontlinse entfernt hat. Besteht er aus drei Linsen, muß auch die auf die Frontlinse folgende Linse abgeschraubt werden, wenn noch schwächere Objektive benutzt werden.

Meistens sind noch weitere Maßnahmen erforderlich, um die Helligkeit des projizierten Bildes zu steigern. So sollte zunächst einmal die Entfernung zwischen Mikroskop und Projektionswand so kurz wie möglich sein. Zwar werden die Bilder um so kleiner, je näher sich die Projektionseinrichtung vor der Wand befindet. Mit kürzerem Projek-

tionsabstand nimmt aber die Bildhelligkeit zu. Deshalb ist oft ein Kompromiß zwischen Bildhelligkeit und Bildgröße erforderlich. Außerdem werden die Bilder mit ansteigender Okularvergrößerung dunkler. Für die Mikroprojektion sollten also ausschließlich die allerschwächsten Okulare mit Eigenvergrößerung zwischen 4× und 6× verwendet werden.

Die Bildhelligkeit läßt sich außerdem dann beträchtlich steigern, wenn man das Okular aus dem Tubus entfernt und das vom Objektiv entworfene Zwischenbild auf die Projektionswand verlagert. Zur Beleuchtung des Präparates genügt dann nicht selten bereits die im Mikroskop eingebaute Lichtquelle. Allerdings ist das so projizierte Bild in der Regel so klein, daß nähere Einzelheiten nur aus ziemlich kurzer Entfernung zu erkennen sind und deshalb nur von wenigen Zuschauern auf einmal betrachtet werden können. Damit Personen, die sehr nahe vor dem projizierten Bild stehen, nicht das aus dem Mikroskop kommende Licht abdecken, benutzt man als Projektionswand am besten ein Blatt Transparentpapier, das in einem Holz- oder Papprahmen befestigt ist. Die Zuschauer können dann hinter das Transparentpapier treten und das Bild aus sehr kurzem Abstand betrachten, ohne in den aus dem Mikroskop kommenden Lichtkegel zu gelangen. Der Vorführende bleibt am besten vor der transparenten Projektionswand, wo er das Bild ebenfalls sehen kann, darüber hinaus aber die Möglichkeit hat, das Präparat zu verschieben oder sonstige Verstellungen am Mikroskop vorzunehmen. Eine Projektionswand aus Transparentpapier empfiehlt sich immer dann, wenn die Bilder so dunkel sind, daß der Abstand zwischen Mikroskop und Projektionswand extrem klein gehalten werden muß.

Noch einfacher ist es, wenn man den Schrägtubus vom Mikroskop entfernt und in etwa 30 cm Höhe über dem Objektiv ein Blatt Schreibmaschinenpapier als Projektionswand hält. So kann das projizierte Bild von zwei bis drei Personen bequem beobachtet und besprochen werden.

Die Bildhelligkeit nimmt auch mit steigender Objektiv-Maßstabszahl ab. So ergeben Objektive der Maßstabszahl 5:1 und 10:1 zusammen mit einem Okular 6× und einem Abstand von 1–2 m zur Projektionswand in einem völlig verdunkelten Raum mit unserer Behelfsvorrichtung noch genügend lichtstarke Bilder, was mit dem Objektiv 40:1 nicht immer gelingt.

Trotz all dieser Maßnahmen zur Steigerung der Bildhelligkeit sind bei der Mikroprojektion selbst mit schwächeren Vergrößerungen feinere Farbabstufungen nur zu erkennen, wenn die Vorführung in einem völlig verdunkelten Raum erfolgt. Eine „Tageslicht-Mikroprojektion" ist selbst mit teuren Mikroprojektionsgeräten kaum befriedigend möglich.

Bei beiden Mikroprojektionsmethoden (also mit oder ohne Okular) muß die Schärfe anders als beim gewöhnlichen Mikroskopieren eingestellt werden, das heißt, der Abstand zwischen Objektiv und Präparat ist größer bzw. kleiner, und die Optik wird somit anders benutzt als vom Hersteller berechnet. Deshalb sind die Objektive in beiden Fällen nicht mehr untereinander abgeglichen. Beim Umschalten des Revolvers auf ein anderes Objektiv bleibt das Bild nicht wie beim gewöhnlichen Mikroskopieren einigermaßen scharf, sondern erscheint vollkommen verschwommen, so daß die Scharfeinstellung mit dem Grobtrieb beträchtlich nachgestellt werden muß. Dabei entsteht die Gefahr, daß das stärkere und gewöhnlich auch längere Objektiv beim Drehen des Revolvers auf das Präparat stößt und das Deckglas beschädigt. Man muß deswegen in solchen Fällen zunächst den Mikroskoptubus mit dem Grobtrieb etwas anheben, damit es beim Objektivwechsel zu keinem Kontakt zwischen Objektiv und Präparat kommen kann.

Zur Größe des projizierten Bildes: Wenn man das Mikroskopobjektiv allein zur Projektion benutzt, entsteht meistens ein größeres Bild, als aufgrund der Objektiv-Maßstabszahl zu erwarten wäre. Das läßt sich leicht zeigen, wenn man ein Objektmikrometer projiziert und den Abstand zwischen den Teilstrichen auf der Projektionswand

ausmißt. Bei einem solchen Versuch ergab es sich z. B., daß eine Strecke von 100 μm mit dem Objektiv 10:1 auf einer 50 cm entfernten Wand 4,5 mm lang abgebildet wurde, was einem Abbildungsmaßstab von 45:1 entspricht.

Zu dieser zusätzlichen Bildvergrößerung kommt es, weil das projizierte Bild meist in einer viel größeren Entfernung als bei normaler Benutzung des Mikroskops entsteht. Denn die Maßstabszahl des Objektivs stimmt nur dann mit den Ausmaßen des Zwischenbildes überein, wenn das Zwischenbild genau in der vorausberechneten Ebene liegt. Ist es weiter entfernt, muß es größer werden.

Steckt ein Okular im Tubus, errechnet sich die Gesamtvergrößerung bekanntlich aus dem Produkt der Maßstabszahl des Objektivs und der Eigenvergrößerung des Okulars. Für die Mikroprojektion gilt diese Formel nur dann, wenn die Entfernung zwischen Projektionswand und Mikroskop 25 cm beträgt. Nimmt dieser Abstand zu, wird das Bild größer. Sein Ausmaß läßt sich dann nach der folgenden Formel berechnen:

$$M = V \cdot \frac{a}{25}$$

(M: Abbildungsmaßstab des Bildes auf der Projektionswand; V: Gesamtvergrößerung des Mikroskops bei normaler Anwendung; a: Abstand zwischen der Augenlinse des Okulars und der Projektionswand in cm).

Beispiel: Das Mikroskop sei 100 cm von der Projektionswand entfernt, und man benutzt das Objektiv 10:1 zusammen mit dem Okular 6×, so daß sich für die Gesamtvergrößerung V 60× ergibt. Der Abbildungsmaßstab des projizierten Bildes beträgt dann:

$$M = 60 \cdot \frac{100}{25} = 240$$

Allerdings muß das aus dieser Formel errechnete Ergebnis nicht immer hundertprozentig mit den tatsächlich zu beobachtenden Verhältnissen übereinstimmen. Da die auf dem Objektiv aufgravierte Maßstabszahl aus fertigungstechnischen Gründen um einige Prozent vom realen Wert abweichen kann, fallen die projizierten Bilder nicht selten etwas größer oder kleiner aus.

Die Mikroprojektion ist besonders dann zu empfehlen, wenn Präparate im kleinen Kreis untersucht und diskutiert werden sollen. Zwar gibt es – wie gesagt – auch aufwendige Mikroprojektionsgeräte, mit denen sogar in großen Sälen projiziert werden kann. Dazu müssen aber die Präparate mit extrem hellen Lichtquellen bestrahlt werden, was nicht alle Färbungen vertragen. Unsere Behelfseinrichtung ist in dieser Beziehung viel harmloser. Trotzdem sollte man besonders wertvolle Präparate selbst damit nicht projizieren. Es ist besser, über den Weg der Mikrofotografie ein Farbdiapositiv herzustellen und dieses vorzuführen. Von den lebenden Objekten sind natürlich alle diejenigen für die

Mikroprojektion ungeeignet, die eine zu starke Einwirkung von Licht nicht vertragen und sich dabei zusammenziehen oder sonstige vom Normalfall abweichende Formen annehmen. Außerdem muß man auf die Mikroprojektion verzichten, wenn mikroskopische Spezialverfahren zur Anwendung kommen, bei denen sich Bilder ergeben, die zu dunkel sind. Das gilt z. B. für die Dunkelfeld- oder Phasenkontrastmikroskopie.

Unsere einfache Vorrichtung zur Mikroprojektion kann man auch als Hilfsmittel zum Zeichnen mikroskopischer Bilder benutzen. Zu diesem Zweck wird auf die Projektionswand mit Tesafilm ein Blatt Papier geklebt, auf das man das Bild projiziert, so daß sich die Konturen leicht mit einem Bleistift umfahren lassen.

Mikrofotografie

Von der Mikroprojektion ist es nur ein ganz kleiner Schritt zur Mikrofotografie. Denn man muß dazu das mikroskopische Bild nur in einem abgedunkelten Raum auf eine lichtempfindliche Schicht projizieren. In der Tat entstanden so im vorigen Jahrhundert die ersten Mikrofotos. Nur war das Arbeiten in dem verdunkelten Zimmer natürlich sehr umständlich. Deshalb erfand man die mikrofotografische Kamera. Hierfür ist nicht unbedingt ein Spezialgerät erforderlich. Man kann auch mit einer einäugigen Spiegelreflexkamera ausgezeichnete Ergebnisse erzielen. Als Notbehelf eignet sich aber auch eine einfache Sucherkamera.

Wenden wir uns zunächst der Mikrofotografie mit der Spiegelreflexkamera zu. Die Kamera hat zwei Voraussetzungen zu erfüllen,

um für diesen Zweck geeignet zu sein. Einmal muß sich ihr Objektiv vollständig aus dem Gehäuse entfernen lassen, was wohl inzwischen alle moderneren Modelle erlauben. Zum anderen sollte der Sucher eine auswechselbare Einstellscheibe enthalten. Die für die gewöhnliche Fotografie vorgesehene Scheibe ist für die Mikrofotografie meist zu grobkörnig, so daß sich damit zumindest schwächer kontrastierte Objekte bei schwachen Vergrößerungen kaum einstellen lassen. Man entfernt also zunächst einmal die normale Einstellscheibe und setzt dafür eine speziell für Mikrofotos angefertigte ein. Leider sind nicht alle Einstellscheiben auswechselbar, so daß sich nicht jede einäugige Spiegelreflexkamera für die Mikrofotografie eignet.

Als nächstes wird die Kamera am Mikroskop befestigt. Hat das Mikroskop einen Schrägtubus, tauscht man ihn am besten gegen einen einfachen Senkrechttubus aus. Grundsätzlich läßt sich die Kamera auch am Schrägtubus befestigen, nur ist dann die ganze Vorrichtung etwas instabil. Zunächst wird anstelle des Objektivs ein besonderes mikrofotografisches Ansatzstück (Adapter) an der Kamera befestigt. Das andere Ende des Adapters klemmt man an den Mikroskoptubus. Adapter bezieht man am besten vom Kamerahersteller. Es lassen sich aber auch die Ansatzstücke anderer Hersteller benutzen, wenn man sie zur Anpassung an die unterschiedlichen Objektivgewinde mit einem Zwischenring versieht (z. B. von Soligor). Schließlich kommt an die Kamera noch ein nicht zu kurzer Drahtauslöser.

Benutzt man ein Mikroskopstativ älteren Bautyps, dann wird der Tubusträger ganz einfach senkrecht gestellt und die Spiegelreflexkamera mit dem Ansatzstück festgeklemmt. Hier kann es aber zu Schwierigkeiten kommen, wenn die Kamera durch ihr Eigengewicht den Tubus langsam nach unten drückt, so daß die Scharfeinstellung laufend verändert wird. Manchmal läßt sich an derartigen Mikroskopen die Gängigkeit des Grobtriebes verändern, so daß eine solch ungewollte Schärfenverstellung verhindert wird. Man kann aber den Tubusträger auch um 90° kippen, also waagrecht stellen. Die Kamera wird dann auf einen Bücherstapel passender Höhe gestellt und mit dem Tubus wie üblich durch das Ansatzstück verbunden. Die Präparate müssen dabei mit zwei Präparateklemmen auf dem Objekttisch festgeklemmt werden. Zu ungewollter Verstellung der Schärfe durch das Eigengewicht der Kamera kann es auch bei Mikroskopstativen des neueren Typs kommen, wenn der Grobtrieb eine Höhenverstellung des Tubusträgers bewirkt. Allerdings gibt es auch hier Modelle, bei denen sich die Gängigkeit der Scharfeinstellung verstellen läßt.

Nun wird das mikroskopische Bild auf die Filmebene projiziert, wofür ebenso wie bei der Mikroprojektion zwei Möglichkeiten bestehen. So kann man einmal das Mikroskop ohne Okular benutzen und das Zwischenbild fotografieren. Es kommt dann nur zu einer einstufigen Vergrößerung und einem entsprechend kleineren Bild, das allerdings heller ist als bei Verwendung eines Okulars. Trotzdem ist diese Methode in den meisten Fällen für die Mikrofotografie nicht zu empfehlen. Denn die Mehrzahl der neueren Objektive ist so konstruiert, daß die von ihnen entworfenen Zwischenbilder noch einen bestimmten Abbildungsfehler aufweisen, der von den Okularen behoben wird. Wenn man also auf Okulare verzichtet, ergeben sich zwangsläufig Bilder, die besonders an den Rändern Farbsäume bzw. Unschärfen aufweisen. Deshalb sollte man Mikrofotos in der Regel mit Objektiven und Okularen anfertigen. Allerdings muß dann die Optik etwas anders als vom Hersteller vorausberechnet angewendet werden. Die Objektive sind also nicht mehr abgeglichen, das heißt, die Schärfe muß nach jedem Objektivwechsel stärker als sonst üblich nachgestellt werden. Weiterhin ist das Bild auf dem Film unscharf, wenn man es beim Blick ins Mikroskop scharf sieht und umgekehrt, und die Bilder weisen eine gewisse Randunschärfe auf. Das bereitet aber in der Praxis keine Probleme, wenn man Okulare mit einer Eigenvergrößerung von 10× oder stärker benutzt. Dann sind die Bilder nämlich so groß, daß sie nicht mehr vollständig auf das Negativformat passen; die unscharfen Ränder liegen dann außerhalb der fotografierten Fläche.

Schwarzweißfotos

Die meisten fotografischen Aufnahmen werden von Amateuren inzwischen auf Farbfilmen hergestellt. Für die Mikrofotografie hat aber die Schwarzweiß-Fotografie immer noch die allergrößte Bedeutung. Deswegen wollen wir auch mit diesem Thema beginnen, und wir benutzen dazu einen Film der Empfindlichkeit 15 DIN (ISO 25/15). Bei der Wahl des Bildausschnittes ist zu bedenken, daß die Tiefenschärfe der Mikroskopobjektive sehr gering ist. Während man beim normalen Mikroskopieren durch Drehen am Feintrieb nacheinander die verschiedenen Schärfenebenen durchmustert, wird bei der Mikrofotografie stets nur eine einzige Ebene aufgenommen. Wichtig ist, daß der Kondensor und seine Blende richtig eingestellt sind. Eine zu stark geschlossene Kondensorblende wirkt sich bei der Mikrofotografie besonders unangenehm aus, weil dann die Strukturen von störenden dunklen Säumen umgeben sind und Staubteilchen im Mikroskop auf den Bildern als dunkle Flecken erscheinen. Andererseits darf man die Kondensorblende nicht zu weit öffnen, weil dann der Bildkontrast herabgesetzt wird. Zur Kontrolle der richtigen Kondensorblendenöffnung eignet sich sehr gut das zum Justieren der Phasenkontrasteinrichtung erforderliche Einstellfernrohr.

Okular und förderliche Vergrößerung. Bevor wir mit der Anfertigung der Mikrofotos beginnen, sind noch ein paar Worte zur Mikroskopoptik erforderlich. Die wichtigste Leistung des Mikroskops besteht nicht in der Vergrößerung, sondern in der Auflösung des Präparates. Dabei läßt das Mikroskopobjektiv das Zwischenbild entstehen, in dem die Strukturen bereits aufgelöst sein müssen. Alles, was hier nicht aufgelöst ist, kann selbst durch das teuerste Okular nachträglich nicht mehr aufgelöst werden. Warum benützt man dann eigentlich überhaupt noch Okulare, wenn sie doch nicht zur Auflösung beitragen?
Wir können das Auflösungsvermögen unserer Augen auch ohne optische Instrumente verbessern, wenn wir an den Gegenstand, der gerade betrachtet wird, näher herantreten. So ist ein Sandhaufen aus einer Entfernung von einigen Metern als fast einheitlicher ockerfarbener Kegel zu sehen, während man die einzelnen Sandkörnchen nur aus der Nähe unterscheiden kann, also aufgelöst sieht. Wir wissen aber auch, daß man nicht zu nahe an einen Gegenstand herantreten darf, wenn man ihn betrachten will, weil dann alle Einzelheiten wieder verschwimmen. Das Auflösungsvermögen unserer Augen ist also beschränkt und beträgt ungefähr 0,1–0,4 mm, wenn man nahe genug an den

Gegenstand herantreten kann. Das heißt, wenn zwei Details näher als 0,1–0,4 mm nebeneinanderliegen, verschmelzen sie scheinbar zu einer einheitlichen Masse.
Kehren wir zurück zum Mikroskop und der Rolle des Okulars. Wir stellen uns vor, es würde mit dem Objektiv 10:1 ein Präparat untersucht werden, das bestimmte Strukturen enthält, die einen Abstand von 5 µm voneinander haben. Dann entsteht ein Zwischenbild, in dem eben diese Strukturen 50 µm weit auseinanderliegen und aufgelöst sind. Nur können wir davon nichts sehen, weil wir nur solche Einzelheiten als aufgelöst erkennen können, die mindestens 0,1–0,4 mm oder umgerechnet 100–400 µm voneinander entfernt liegen. Wir benötigen also noch ein Instrument, das die an sich schon aufgelösten Einzelheiten so weit auseinanderrückt, daß wir sie aufgelöst sehen. Daraus wird klar, daß eine bestimmte Mindest-Okularvergrößerung erforderlich ist, damit die Auflösung, die das Objektiv liefert, von uns auch registriert werden kann. Eine Okularvergrößerung, die wesentlich darüber hinaus geht, braucht man dagegen nicht, weil sie ja keine weiteren Details zutage bringt. Deshalb ist es sinnlos, zu starke Okulare zu benutzen. Welche Okularvergrößerung ist nun richtig? Sie sollte so gewählt werden, daß sich zusammen mit dem Mikroskopobjektiv eine Gesamtvergrößerung ergibt, die zwischen dem 500fachen und dem 1000fachen der numerischen Apertur eben dieses Objektivs liegt. Das klingt ziemlich unverständlich und soll durch zwei Beispiele erläutert werden.
Wir nehmen zunächst einmal an, es würde ein Objektiv mit der Maßstabszahl 10:1 und der numerischen Apertur 0,25 benutzt werden, und fragen uns, welche Okulare sich dafür eignen. Aus der eben erwähnten Regel ergibt sich, daß in diesem Falle Gesamtvergrößerungen zwischen dem 500- und 1000fachen der Objektivapertur, also zwischen 500 · 0,25 = 125x und 1000 · 0,25 = 250x erlaubt sind. Demnach wäre mit diesem Objektiv die schwächste Gesamtvergrößerung mit einem Okular 12,5x (12,5 · 10 = 125x) und die stärkste mit einem Okular 25x zu erzielen.

Man bezeichnet den Vergrößerungsbereich zwischen dem 500fachen und dem 1000fachen der Objektivapertur als förderliche Vergrößerung. Für das zweite Beispiel wollen wir eine Ölimmersion mit einer Maßstabszahl von 100:1 und einer numerischen Apertur von 1,25 heranziehen. Hier liegt der Bereich der förderlichen Vergrößerung zwischen 625x (500 · 1,25) und 1250x (1000 · 1,25), so daß Okulare mit Vergrößerungen zwischen 6x und 12,5x zu benutzen wären. Diese beiden Beispiele zeigen, daß in der Regel die schwächeren Objektive mit den stärkeren Okularen und die stärkeren Objektive mit den schwächeren Okularen zu kombinieren sind. Wenn man zunächst nur mit einem Okular arbeiten will, sollte es die Eigenvergrößerung 10× haben. Wir sehen, daß man damit sowohl bei den starken als auch bei den schwachen Objektiven ungefähr in den Bereich der förderlichen Vergrößerung kommt.

Bei der förderlichen Vergrößerung handelt es sich um eine Regel und um kein Gesetz, das unumstößlich wäre. Es kommt sogar oft vor, daß sie ganz bewußt unterschritten wird, z. B. wenn man sich bei schwächster Vergrößerung zunächst nur einen Überblick über das gesamte Präparat verschaffen will. Dann ist ein großes Gesichtsfeld viel wichtiger als eine gute Auflösung, so daß ein sehr schwaches Okular vorgezogen wird. Es kann zwar nicht alles zeigen, was im Zwischenbild bereits aufgelöst ist, hat aber in der Regel eine höhere Sehfeldzahl als stärkere Okulare, was bekanntlich zu einem größeren Gesichtsfeld führt. Umgekehrt kann es vorkommen, daß man den Bereich der förderlichen Vergrößerung auch überschreiten muß. Das ist der Fall, wenn in einem Präparat kleine Teilchen ausgezählt werden müssen, was leichter geht, wenn sie weiter auseinander liegen. Daß sie dabei unscharf erscheinen und das ganze Bild gleichzeitig dunkler wird, muß man leider in Kauf nehmen. Nur sollte gerade in der Mikrofotografie die förderliche Vergrößerung, wenn es irgend geht, nicht überschritten werden. Die Bilder werden bei kleineren Gesamtvergrößerungen immer schärfer als bei stärkeren.

Belichtungszeit. Die nächste Schwierigkeit bereitet das Finden der richtigen Belichtungszeit. Sie hängt von verschiedenen Faktoren ab: von der Art des Präparats, von der Helligkeit des Mikroskopierlichts, von der Öffnung der Kondensorblende, von der Gesamtvergrößerung und der Art der Entwicklung. Man probiert mit dem 15-DIN-Film am Anfang am besten Belichtungszeiten zwischen 1/10 und 5 Sekunden aus. Nach einiger Übung wird man ein gewisses „Gefühl" für die richtigen Belichtungszeiten erhalten, so daß zumindest bei Schwarzweiß-Aufnahmen auch ohne weitere Hilfsmittel Fehlbelichtungen immer seltener vorkommen.

Problemloser ist das Finden der richtigen Belichtungszeit dann, wenn eine Spiegelreflexkamera mit Innenmessung und Zeitautomatik zur Verfügung steht. Nur muß man anhand eines Probefilmes zunächst einmal herausfinden, welche DIN-(ISO-)Zahl an der Kamera einzustellen ist, da sich die Empfindlichkeit des Films je nach Art der Entwicklung etwas ändern kann. Es gibt Spiegelreflexkameras, bei denen die Belichtungsautomatik die Helligkeit auf dem gesamten Negativformat gleichzeitig mißt und aus den dort vorhandenen verschiedenen Helligkeitsabstufungen einen Mittelwert für die Belichtungszeit bildet. Man spricht von „integrierender Belichtungsmessung". Bei diesen Geräten muß die vom Automaten ermittelte Belichtungszeit nicht selten von Hand korrigiert werden. Das ist immer dann der Fall, wenn es sich um ein Objekt handelt, das das Gesichtsfeld nicht gleichmäßig ausfüllt. Denn wenn z. B. einige dunkel gefärbte Bakterien auf einem hellen Untergrund vorliegen, ergibt sich bei integrierender Belichtungsmessung eine zu kurze und bei Aufnahme im Dunkelfeld eine zu lange Belichtungszeit.

Schließlich läßt sich die Belichtungszeit bei der Mikrofotografie auch mit einem von der Kamera getrennten Belichtungsmesser bestimmen, den man mit einem Zwischenstück auf den Mikroskoptubus steckt (z. B. Lunasix, Gossen). Dabei handelt es sich meist um integrierende Belichtungsmessung.

Kontrast. Bei der Mikrofotografie taucht ein weiteres wichtiges Problem auf, nämlich der verhältnismäßig schwache Kontrast, den selbst gefärbte Objekte aufweisen. Das mag zunächst verwundern, aber die meisten Präparate sind ja so dünn, daß sie nur wenig von dem Mikroskopierlicht, das durch sie hindurchgeht, absorbieren. Der Helligkeitsunterschied zwischen der hellsten und dunkelsten bildwichtigen Stelle ist daher oft erheblich kleiner, als wenn wir etwa eine Landschaft oder ein Gebäude fotografieren. Wir müssen deshalb den Kontrast meistens dadurch verbessern, daß der Film kontrastreicher – man sagt auch „härter" – entwickelt wird. Bei der üblichen Fotografie werden die Filme dagegen gewöhnlich „normal" oder sogar kontrastschwächer („weich") entwickelt. Deshalb ist es in der Regel nicht zu empfehlen, die Filme zum Entwickeln in ein Fotogeschäft zu geben, weil dort normale oder weiche Entwicklung üblich ist. Daher sollte man seinen Schwarzweißfilm mit den Mikroaufnahmen selbst entwickeln. Wir benutzen dazu am besten einen Einmalentwickler (z. B. Rodinal, Agfa) und befolgen die Richtlinien der Gebrauchsanweisung, die für eine harte Entwicklung gelten. Die Positive werden auf weiß glänzendem Papier hergestellt, das mit der Hochglanzfolie in der Trockenpresse getrocknet wird.

Aufnahmeprotokoll. Bei der Mikrofotografie muß ein Aufnahmeprotokoll geführt werden. Man verzeichnet darauf die Art des Filmes sowie seine Entwicklung und dann für jede Aufnahme das Objekt, das Objektiv, das Okular, eventuell die Art des Filters und die Belichtungszeit.

Filter. Bei der Mikrofotografie werden gelegentlich Lichtfilter benutzt. Dabei wird für die Schwarzweißfotografie besonders gern ein Grünfilter verwendet, weil die Mikroskopobjektive, mit denen Amateur-Mikroskope normalerweise ausgerüstet sind, die besten Bilder liefern, wenn man die Präparate mit grünem Licht beleuchtet. Manchmal nimmt man aber auch Filter mit anderen Farben, um den Kontrast eines gefärbten Objektes auf dem Foto zu verbessern. Dazu muß das Filter die sogenannte Komplementärfarbe des Objektes haben; der Kontrast blauer Objekte wird also durch ein Gelbfilter verstärkt.

Größe des Mikrofotos. Bei der Mikroprojektion stimmt die Bildgröße, die man auf der Projektionswand ermitteln kann, nur selten mit der Formel zur sonst üblichen Berechnung der Mikroskopvergrößerung überein. Mit dem gleichen Problem haben wir es bei der Mikrofotografie zu tun. Denn wenn man von einem Objektmikrometer eine Mikrofotografie anfertigt und anschließend auf dem Negativ den Abstand zwischen zwei Teilstrichen mit der Schieblehre ausmißt, dann ist er meist größer oder kleiner, als es nach der aus dem Produkt von Objektiv-Maßstabszahl und Okularvergrößerung errechneten Gesamtvergrößerung der Fall sein müßte. Das heißt also, daß die Gesamtvergrößerung des Mikroskops und der tatsächliche Abbildungsmaßstab eines Mikrofotos auf dem Negativ selten übereinstimmen. Beide sind nämlich nur dann gleich, wenn sich die Filmebene in der Kamera in einem Abstand von 25 cm über dem Okular befindet. Ist das nicht der Fall, errechnet sich der Abbildungsmaßstab auf dem Negativ folgendermaßen:

$$M_{Neg} = V_M \cdot k$$

(M_{Neg}: Vergrößerung auf dem Negativ; V_M: Gesamtvergrößerung des Mikroskops; k: Kamerafaktor). Der Kamerafaktor ergibt sich, wenn man den Abstand zwischen dem oberen Rand des Okulars und der Filmebene (in cm) durch 25 dividiert, also:

$$k = \frac{\text{Auszugslänge in cm}}{25}$$

Beispiel: Wir benützen ein Objektiv 40:1 und ein Okular mit der Eigenvergrößerung 10×. Die Spiegelreflexkamera wird ohne Fotoobjektiv benutzt und ist mit einem Ansatzstück am Tubus befestigt, wobei sich die Filmebene in einer Entfernung von 12,5 cm vom oberen Rand des Okulars befindet.

Dann ergibt sich für das Negativ eine Vergrößerung von:

$$M_{Neg} = 40 \cdot 10 \cdot \frac{12,5}{25} = 200:1$$

Wenn man Mikrofotos mit einer Spiegelreflexkamera herstellt, aus der das Fotoobjektiv entfernt ist, kann also die Vergrößerung auf dem Negativ nicht nur durch Wechsel der Mikroskopobjektive und Okulare, sondern auch durch Verlängerung oder Verkürzung des Abstandes zwischen dem oberen Rand des Okulars und der Filmebene – der sogenannten Auszugslänge – verändert werden. Manche Mikroskopiker nutzen diese Möglichkeit aus, schrauben die Kamera an ein Reprostativ und verbinden sie mit dem Mikroskoptubus über ein Balgengerät, so daß sich die Auszugslänge durch Heben und Senken der Kamera innerhalb eines bestimmten Bereiches stufenlos verändern läßt. Allerdings darf die Auszugslänge nicht zu kurz sein, weil dann die Bildränder mit auf das Negativ kommen, an denen sich die bereits erwähnten Bildfehler als Unschärfe bemerkbar machen. Andererseits besteht bei einer zu langen Auszugslänge die Gefahr, daß die förderliche Vergrößerung überschritten wird.

Zusammenfassung. Für manchen Leser, der Mikrofotos herstellen will, mögen die bisherigen Ausführungen vielleicht etwas verwirrend gewesen sein. Die wichtigsten Handgriffe sollen daher nochmals zusammengefaßt werden. Dabei wird angenommen, daß ein Mikroskop mit Schrägtubus zur Verfügung steht, der sich auswechseln läßt.

1. Interessante und präparatorisch einwandfreie Stelle aus dem Präparat heraussuchen.
2. Mikroskop richtig einstellen (Kondensorblende!).
3. Schrägtubus abnehmen und Senkrechttubus aufsetzen.
4. Kamera mit dem Ansatzstück am Senkrechttubus befestigen.
5. Bild im Kamerasucher scharf einstellen (nachdem dort vorher die richtige Einstellscheibe eingelegt worden war).
6. Eventuell ein Farbfilter auf die Lichtaustrittsöffnung des Mikroskopfußes oder in den Filterhalter des Kondensors legen.
7. Belichtungszeit abschätzen oder messen.
8. Verschluß mit nicht zu kurzem Drahtauslöser auslösen.

Mikrofotos mit einer Sucherkamera. Wenn keine einäugige Spiegelreflexkamera, sondern nur eine Sucherkamera zur Verfügung steht, können trotzdem Mikrofotos angefertigt werden. Man stellt dazu das Objektiv auf unendlich, schraubt die Kamera auf ein Stativ und plaziert es so, daß das Kameraobjektiv genau über dem Mikroskopokular steht. Beide werden zur Ausschaltung von Streulicht mit einem dunklen Rohr aus Pappe oder schwarzem Tuch verbunden.

Natürlich taucht jetzt die Frage auf, warum man das Kameraobjektiv ausgerechnet auf unendlich einstellen muß. Mit der Sucherkamera und dem Fotoobjektiv erfolgt die Mikrofotografie nicht nach dem Prinzip der Mikroprojektion. Um diese neue Methode verstehen zu können, muß man wissen, daß unsere Mikroskope so konstruiert sind, daß das vom Okular entworfene Endbild zur Schonung der Augen beim normalen Mikroskopieren und bei richtiger Scharfeinstellung sehr weit von uns entfernt entsteht. Man sagt, das Bild liegt im Unendlichen. Der optische Apparat unserer Augen stellt sich dann unwillkürlich auf „unendlich" ein, wenn wir ins Mikroskop blicken. Durch die Einstellung auf „unendlich" wird das mikroskopische Bild auf die Netzhaut verlagert. Wenn wir einen Fotoapparat benutzen, dessen Objektiv auf „unendlich" eingestellt ist, und über das Mikroskopokular halten, passiert im Prinzip das gleiche, das heißt, das Fotoobjektiv verlagert das mikroskopische Bild auf den Film. Dabei muß man natürlich ganz sicher sein, daß die Scharfeinstellung des Mikroskops richtig vorgenommen wurde, daß also das mikroskopische Bild wirklich im Unendlichen liegt. Diese Kontrolle hat zu erfolgen, bevor die Kamera über das Mikroskop montiert wird. Das Bild muß scharf sein, wenn man es mit entspanntem (auf „unendlich" eingestelltem) Auge betrachtet. Die Scharfeinstellung bereitet weniger Probleme, wenn man das Objektiv 40:1 oder ein noch stärkeres benutzt. Anders verhält es sich mit dem Objektiv 10:1 oder einem noch schwächeren. In diesen Fällen sollte die Scharfeinstellung mit einem Fernrohr kontrolliert werden. Hierzu kann ein gewöhnlicher Feldstecher benutzt werden. Man stellt ihn zunächst auf „unendlich", indem man damit einen mindestens 200 m entfernten Gegenstand scharf einstellt. Dann wird das Objektiv des Feldstechers über das Mikroskopokular gehalten. Man blickt ins Okular des Feldstechers und sieht wenigstens die Mitte des mikroskopischen Bildes, die jetzt mit dem Feintrieb scharf eingestellt werden kann.

Die einfachen Sucherkameras sind meistens mit einem Objektiv der sogenannten „Normalbrennweite" ausgerüstet, die beim Kleinbildformat bekanntlich 50 mm beträgt. Benutzt man eine solche Kamera zur Herstellung von Mikrofotos, ist nur eine Kreisfläche in der Mitte des Negativs belichtet. Man spricht von einer Vignettierung. Das gesamte Negativformat wird nur dann ausgefüllt, wenn die Kamera ein Objektiv mit längerer Brennweite hat (beim Kleinbild ca. 12–13 cm).

Für diese Art der Mikrofotografie sind Kameras mit Objektiven, die aus nur wenigen Linsen bestehen und ziemlich lichtschwach sein können, besonders gut geeignet. Denn bei viellinsigen Objektiven kann es leichter zu Reflexen kommen, die sich auf den Positiven als störende helle Flecke bemerkbar machen.

Benutzt man eine mit Objektiv versehene Sucherkamera zur Mikrofotografie, stimmt die Vergrößerung auf dem Negativ ebenfalls nicht mit der Gesamtvergrößerung des Mikroskops überein. Die Gesamtvergrößerung muß also mit einem Kamerafaktor multipliziert werden, der sich jetzt aber folgendermaßen errechnet:

$$k = \frac{\text{Objektivbrennweite in cm}}{25}$$

Farbfotos

Ebenso wie schwarzweiße können natürlich auch farbige Mikrofotos hergestellt werden. Nur sollte man damit erst dann anfangen, wenn entweder ein Belichtungsmesser zur Verfügung steht, der sich an das Mikroskop adaptieren läßt, oder eine Spiegelreflexkamera benutzt werden kann, die Innenmessung ermöglicht. Als Aufnahmematerial dient ein Farbdiafilm. Da man meist mit künstlichem Mikroskopierlicht arbeitet, käme natürlich ein Kunstlichtfilm in Frage. Man kann aber auch ein blaues Konversionsfilter auf die Lichtaustrittsöffnung des Mikroskopfußes legen und dann mit einem Tageslichtfilm arbeiten. So geht man in der Regel vor, denn erstens werden nur noch sehr wenige Kunstlichtfilme angeboten, und zweitens möchte man seine Spiegelreflexkamera vielleicht zwischendurch auch für normale Aufnahmen ohne Mikroskop benützen.

Neben den Farbdiafilmen werden bekanntlich auch Farb-Negativfilme angeboten. Sie sind für die Herstellung von Mikrofotos aber weniger gut geeignet. Denn bei der Herstellung der Papierbilder müssen geeignete Farbfilter eingeschaltet werden, damit die richtigen Farbtöne entstehen. Wenn man damit ein einschlägiges Fachlabor betraut, kann der dort tätige Laborant aber nur dann die richtigen Filter auswählen, wenn er den Farbton des Motivs genau kennt, das auf dem Bild dargestellt ist. Da man nicht erwarten kann, daß allgemein bekannt ist, in welchen Farben Objekte erscheinen, die im Mikroskop zu sehen sind, kann es leicht passieren, daß durch falsche Filterung Papierbilder mit verfälschten Farben entstehen.

Benutzt man ein Mikroskop, das mit einer Niedervoltlampe versehen ist, läßt sich ihre Helligkeit durch Verstellen eines Regeltrafos steigern oder abschwächen. Allerdings ändert sich dabei auch die Farbtemperatur des Mikroskopierlichtes, und zwar wird sie bei schwächerer Spannung geringer, das heißt, in diesem Licht ist dann besonders viel rote Strahlung enthalten. Bei Verwendung eines blauen Konversionsfilters liefert ein Tageslicht-Diafilm gewöhnlich farbstichfreie Bilder, wenn man am Regeltrafo die Spannung auf den höchstzulässigen Wert einstellt. Dreht man ihn zur Verminderung der Helligkeit auf eine schwächere Spannung, ergeben sich gelb- bis orangestichige Bilder.

Aufnahmen bei besonders schwachen Vergrößerungen. Das schwächste Objektiv unserer Mikroskope hat meist die Maßstabzahl 5:1. Damit können kaum brauchbare Mikrofotos hergestellt werden, wenn ihre Vergrößerung erheblich unter 40:1 liegen soll. Oft sind aber so geringe Vergrößerungen wün-

schenswert, z. B. wenn man für Übersichtsaufnahmen sehr große Gesichtsfelder braucht. Zwar kann man mit extrem schwachen Mikroskopobjektiven, die von manchen Firmen mit Maßstabzahlen bis herab zu 1:1 geliefert werden, große Gesichtsfelder einstellen, nur kosten diese Objektive nicht wenig und sind außerdem mit einem speziellen Kondensor, der nicht an jedes Mikroskop paßt, zusammen zu benutzen. Man kann sich aber mit der auf Seite 78 geschilderten Anordnung behelfen, die ja recht schwache Vergrößerungen liefert und die auch die Anfertigung von Mikrofotos ermöglicht.

Anhang

Methoden zur Herstellung weiterer Dauerpräparate

An verschiedenen Stellen dieses Buches finden sich Hinweise zur Herstellung von Dauerpräparaten. Wer die Absicht hat, sich intensiv mit dem Mikroskopieren zu beschäftigen, wird mehr darüber wissen wollen. Der Aufwand an Chemikalien und Glassachen wird dann allerdings etwas größer, als die Ausführungen im einleitenden Kapitel dieses Buches versprochen haben. Dabei muß aber nochmals betont werden, daß unglaublich viele interessante Beobachtungen zu machen sind, auch wenn man auf die im folgenden geschilderten Methoden verzichtet.
Bereits im Kapitel über die Haare wurde gesagt, daß man für jedes Präparat das richtige Einschlußmedium auswählen muß. Wir haben zu diesem Zweck verschiedene Flüssigkeiten wie Wasser, Glycerin, Speiseöl

oder Euparal benutzt. Euparal erwies sich für die Herstellung von Dauerpräparaten als besonders vorteilhaft, weil das Mittel nach wenigen Tagen vollkommen erstarrt. Wir wollen im folgenden größtenteils Einschlußmedien verwenden, die nach einer gewissen Zeit von selbst fest werden und somit ein Umranden mit Alleskleber oder Nagellack überflüssig machen. Solche Einschlußmedien („Einschlußharze") bestehen aus Kunststoffen oder Naturharzen und sind unter den verschiedensten Handelsnamen bekannt, z. B. Depex, Entellan, Eukitt, Malinol (künstlicher Kanadabalsam), werden aber alle ähnlich verarbeitet. Malinol eignet sich gut für dickere Totalpräparate, Euparal ist alkohollöslich und spart daher Zeit. Eukitt, Entellan und Depex trocknen sehr rasch, neigen aber zur Bildung nicht mehr entfernbarer Gasblasen. Alle genannten Einschlußmedien sind wasserunlöslich. Deshalb können darin nur Objekte eingeschlossen werden, die vollkommen wasserfrei sind. Da aber Teile von Tieren und Pflanzen meistens sehr viel Wasser enthalten, müssen sie vor dem Einschluß entwässert werden. Dazu darf man sie nicht einfach auf den warmen Ofen legen und eintrocknen lassen. Die Folgen wären starke Schrumpfungen in den Strukturen, so daß das ganze Präparat einen völlig unnatürlichen Anblick böte. Die Entwässerung muß ganz vorsichtig erfolgen, und das geschieht, indem man die Objekte für bestimmte Zeit in Alkohol einlegt. Zum Schluß benutzt man wasserfreien Alkohol, um auch die allerletzten Wasserspuren zu entfernen.

Die meisten der genannten Einschlußmedien mischen sich aber auch nicht mit Alkohol. Deswegen müssen die Objekte noch in eine Flüssigkeit gelegt werden, die sowohl in Alkohol als auch im Einschlußmedium löslich ist. Dafür wird meistens Xylol benutzt. Die Entwässerung mit Alkohol und die anschließende Behandlung mit Xylol erfolgt am besten in kleinen, flachen Glasschälchen, den sogenannten Uhrgläsern.

Insektenteile

Am einfachsten lassen sich Teile von Insekten zu Dauerpräparaten verarbeiten. Dazu werden die Insekten wie gewöhnlich in 70%igem Alkohol aufbewahrt, die gewünschten Teile (z. B. Fühler, Beine oder Flügel) mit einer Pinzette vom Körper getrennt und in Brennspiritus übertragen. Nach zwei Stunden kommen sie für weitere zwei Stunden in 100%igen Alkohol. Man benutzt für diesen Zweck nicht absoluten Äthylalkohol, sondern absoluten Isopropylalkohol. Er ist nicht nur billiger, sondern hält sich auch viel länger wasserfrei als der Äthylalkohol. Nach dem Entwässern in 100%igem Alkohol kommen die Insektenteile noch für weitere zwei Stunden in Xylol, bevor sie auf einen Objektträger in einen Tropfen Malinol übertragen werden. Da die meisten Einschlußharze beim Festwerden mehr oder weniger stark an Volumen verlieren, muß man einen erheblich größeren Tropfen davon auf den Objektträger geben, als das z. B. bei Glycerin oder Speiseöl erforderlich ist. Am besten wird die richtige

Menge Einschlußmedium zunächst einmal an einigen Probepräparaten mit nicht allzu kostbaren Objekten wie z. B. Fliegenbeinen ausprobiert. Wichtig ist außerdem, daß beim Auflegen des Deckglases die Bildung von Luftblasen unterbleibt (S. 23).

Algen und kleine Krebstiere

Im Sommer finden wir nicht selten an der Wasseroberfläche von Teichen, aber auch am Grunde von Bächen Algen, von denen viele Fäden bilden. Man angelt sich solche Algen mit einem Holzstock heraus und überträgt sie zusammen mit etwas Wasser aus dem gleichen Teich oder Bach in ein sauberes Marmeladenglas. Es ist sehr interessant, diese Algen lebend zu untersuchen. Dazu kommt nur ein Tropfen des Wassers aus dem Marmeladenglas auf den Objektträger, in den wir dann ganz wenige Algenfäden übertragen. Nach dem Auflegen des Deckglases wird sofort untersucht.

Man kann von den gleichen Algen aber auch Dauerpräparate herstellen, wozu sie allerdings zunächst fixiert werden müssen. Als Fixiermittel dient am besten Formol (= Formalin). Das ist eine 35%ige wäßrige Lösung von Formaldehyd, die man in Apotheken kaufen kann. Diese Flüssigkeit ist giftig und muß deshalb so aufbewahrt werden, daß sie von Kindern nicht erreicht werden kann. Man darf die aus dieser Flüssigkeit aufsteigenden, stechend riechenden Dämpfe nicht einatmen und die Flüssigkeit selbst nicht auf die Schleimhäute gelangen lassen.

Zur Fixierung kommt auf 9 Volumteile des Teich- oder Bachwassers, in dem die Algen schwimmen, ein Volumteil der Formollösung. Man beläßt die Algen etwa einen Tag in der verdünnten Formollösung. Sie können aber genausogut auch jahrelang darin aufbewahrt werden. So besteht die Möglichkeit, sich nach und nach eine umfangreiche Algensammlung anzulegen. Am besten bewahrt man die Sammlung im Keller auf, wo eventuell austretende Formaldehyddämpfe noch am wenigsten schaden.

Soll von den so fixierten Algen ein Dauerpräparat hergestellt werden, kann man verschieden vorgehen. In jedem Fall muß aber zunächst einmal die in den Zellen noch befindliche Fixierlösung herausgelöst werden, was mit gewöhnlichem Leitungswasser geschieht. Zu diesem Zweck füllt man Leitungswasser in ein Uhrglas und gibt eine ganz geringe Menge der fixierten Algen hinzu. Sie bleiben dort etwa 15 Minuten lang und kommen danach für die gleiche Zeit in eine frische Portion Leitungswasser.

Um die Chloroplasten, die Zellkerne und das Zytoplasma besser zu kontrastieren, kann man die Algen anfärben. Hierfür empfiehlt sich die Chromalaun-Alizarinviridinlösung, die fertig bezogen werden kann. Man gibt einige Tropfen davon in ein Uhrglas und überträgt mit einer Pinzette die fixierten und ausgewaschenen Algen. Sie bleiben etwa einen Tag lang in der Lösung. Anschließend kommen sie in Leitungswasser, werden dort durch Hin- und Herneigen des Glases leicht geschaukelt, so daß grüne Farbwolken abgehen. Nach einigen Minuten übertragen wir die Algen in frisches Leitungswasser und „schaukeln" erneut, bis keine Farbwolken mehr erscheinen.

Nun kann der Einschluß vorgenommen werden. Da die meisten Algen selbst bei Entwässerung mit Alkohol sehr leicht schrumpfen, ist es besser, sie in eine Flüssigkeit einzuschließen, die sich mit Wasser mischt. Gut geeignet für diesen Zweck ist Glycerin, wobei allerdings das Deckglas mit Nagellack oder Alleskleber umrandet werden muß. Außerdem gibt es spezielle Umrandungslacke in verschiedenen Farben.

Zum Einschluß gibt man also einen kleinen Tropfen Glycerin auf einen Objektträger, überträgt die gefärbten Algen in den Tropfen und bedeckt sie mit einem Deckglas, wobei natürlich die Bildung von Luftblasen zu vermeiden ist.

Zytoplasma, Zellkern und Chloroplasten der Algen erscheinen in verschiedenen Grüntönen. Auch die kleinen Krebstierchen, die eventuell zwischen den Algenfäden gefangen waren, sind grün gefärbt.

Wer keine besonders hohen Ansprüche an seine Algenpräparate stellt, kann auf eine Färbung mit der Chromalaun-Alizarinviridinlösung auch verzichten. In solchen Fällen

kommen die im verdünnten Formol fixierten und mit Leitungswasser ausgewaschenen Algen auf einen Objektträger in einen Tropfen Glycerin und werden wie üblich mit einem Deckglas bedeckt, das man anschließend umrandet.

Wimpertierchen

Wenn wir Dauerpräparate von Wimpertierchen herstellen wollen, ist eine besondere Farblösung erforderlich, nämlich die Opalblau-Phloxinrhodaminlösung. Man muß abwarten, bis im Heuaufguß besonders viele Wimpertierchen herumschwimmen. Auf den Objektträger kommt dann ein kleiner Tropfen aus dem Aufguß und anschließend ein etwa gleich großer Tropfen der Farblösung. Beide werden mit einem Streichholz oder einer Nadel gründlich umgerührt und danach mit einem zweiten Objektträger ausgestrichen (S. 107). Zur Weiterverarbeitung bestehen zwei Möglichkeiten. Man kann einmal den Ausstrich sofort eintrocknen lassen. Dabei ist es wichtig, daß dies schnell geschieht. Am besten trocknet man den Ausstrich im Luftstrom eines Föns. Dann gibt man einen kleinen Tropfen Euparal oder Malinol darauf und bedeckt mit einem Deckglas.

Die Wimpertierchen sind nun ähnlich wie bei der Dunkelfeldmikroskopie in negativem Kontrast zu sehen, das heißt, sie erscheinen selbst hell, während die Umgebung dunkelblau ist. In solchen Präparaten sind die Strukturen der Zelloberfläche sowie die Wimpern besonders deutlich zu sehen.

Wer darüber hinaus noch einige Information über den Zellinhalt gewinnen will, darf den Ausstrich nicht sofort eintrocknen lassen, sondern muß ihn zunächst für eine halbe Stunde in die feuchte Kammer (S. 101) legen. Danach wird wiederum mit dem Fön schnell getrocknet, ein Tropfen Einschlußharz aufgetragen und zum Schluß ein Deckglas aufgelegt.

Man sieht jetzt nicht nur die Strukturen der Zelloberfläche und die Wimpern, sondern auch einiges aus dem Zellinnern, z. B. die rotgefärbten Zellkerne. Wimpertierchen haben meist zwei Zellkerne, einen großen nierenförmigen und einen kleineren punktförmigen, den man meist in der Ausbuchtung des großen Kernes entdecken kann.

Bakterien

Zur Herstellung von Dauerpräparaten von Bakterien wird zunächst, wie auf Seite 107 geschildert, auf einem Objektträger ein Ausstrich hergestellt, den man durch dreimaliges Durchziehen durch eine Flamme fixiert, nachdem er vorher an der Luft getrocknet wurde. Von solchen Ausstrichen haben wir ja nach Färbung mit Tintenstiftlösung bereits schöne Präparate erhalten.

In den bakteriologischen Labors benutzt man allerdings nicht unsere Tintenstiftlösung, sondern andere Farbstofflösungen. Die bekanntesten davon sind: Karbolfuchsin (färbt die Bakterien rot), Karbolgentianaviolett (färbt die Bakterien ähnlich wie die Tintenstiftlösung dunkelviolett) sowie Methylenblau nach LÖFFLER (färbt die Bakterien blau; LÖFFLER war ein Schüler von ROBERT KOCH und hat u. a. den Erreger der Diphtherie gefunden).

Die Anwendung dieser drei Lösungen ist gleich. Man legt den Objektträger zum Schutz des Arbeitstisches auf ein genügend großes Stück Pappe und tropft dann eine der Farblösungen auf den durch die Flamme fixierten Ausstrich. Nach ca. 10 Minuten gießt man die Lösung in ein Waschbecken und läßt anschließend Leitungswasser darüberlaufen, bis dieses farblos abläuft. Danach trocknet man den so gefärbten Ausstrich an der Luft, gibt einen kleinen Tropfen Einschlußharz darauf und bedeckt mit einem Deckglas. Damit ist das Dauerpräparat fertig.

Man kann aber auch auf einen besonderen Einschluß verzichten, auf den trockenen, gefärbten Ausstrich einen Tropfen Immersionsöl geben und die Untersuchung unmittelbar mit der Ölimmersion vornehmen (S. 154).

Mit Karbolfuchsin lassen sich alle Bakterien anfärben. Karbolgentianaviolett ist ebenfalls für alle Bakterien brauchbar, färbt aber meist noch etwas klarer als Karbolfuchsin. LÖFFLERS Methylenblau kann grundsätzlich ebenfalls für alle Bakterien benutzt werden; die schönsten Ergebnisse erzielt man jedoch bei Kokken, z. B. den verschiedenen Eitererregern.

Leber, Blut und Muskeln

Über Dauerpräparate z. B. von kleinen Stückchen aus einem Gehirn, einem Rückenmark oder einer Leber wurde schon berichtet. Eine Färbung, die in Medizin und Zoologie häufig zur Untersuchung von Gewebeproben benutzt wird, ist die mit Hämatoxylin-Eosin. Man braucht zwei Farblösungen, eine Hämatoxylinlösung und eine Eosinlösung. Es gibt eine Vielzahl von Hämatoxylinlösungen. Wir benutzen das Hämalaun nach MAYER, das die Zellkerne blau färbt. Eosin ist ein roter Farbstoff, der z. B. in roter Tinte enthalten ist. In der Mikroskopie benutzt man Eosin zur Färbung des Zytoplasmas. Aufgrund der Anfangsbuchstaben der hier benutzten Farbstoffe ist diese Färbung in Medizin und Zoologie unter der Bezeichnung „H-E-Färbung" bekannt.

Ausstrichpräparat von einer Leber. Wir stellen, wie auf Seite 109 geschildert, einen Ausstrich von einem kleinen Stück Leber her. Vorher benötigen wir aber noch Formol, das im Verhältnis 1:9 mit Leitungswasser verdünnt wurde (in ein Tablettenröhrchen aus Glas zunächst eine 5 mm hohe Schicht Formol einfüllen und 45 mm hoch Leitungswasser darüberschichten). Das Gemisch wird mit einem oben abgeknickten Trinkröhrchen gut umgerührt und anschließend auf den noch feuchtfrischen Ausstrich getropft. Nach ca. 1 Stunde läßt man die Fixierlösung in ein Waschbecken ablaufen und spült anschließend ca. 30 Minuten lang mit Leitungswasser. Das erfolgt in einem Wasserglas, in dem während dieser Zeit das Leitungswasser mehrfach gewechselt wird. Vor der Färbung muß das Leitungswasser durch destilliertes Wasser oder entmineralisiertes Wasser ersetzt werden.

Nun kann gefärbt werden. Man beginnt mit der Hämalaunlösung und tropft etwas davon auf den noch feuchten Ausstrich, so daß er vollständig von der Farblösung bedeckt ist. Sie wird nach ca. 10 Minuten wieder abgegossen und mit Leitungswasser abgespült. Der Ausstrich erscheint jetzt rötlich gefärbt. So ist aber die Färbung nur kurze Zeit haltbar und bleicht sehr schnell aus. Um sie dauerhaft zu machen, muß sie in eine Blaufärbung umgewandelt werden. Das geschieht, indem der Ausstrich für 20 Minuten in ein Wasserglas gestellt wird, das mit Leitungswasser gefüllt ist. Das Wasser wechselt man während dieser Zeit mehrfach.

Als nächstes folgt die Eosinfärbung. Hierzu muß man die 1%ige wäßrige Eosinlösung (die so im Handel erhältlich ist) zunächst mit destilliertem Wasser verdünnen, so daß eine ungefähr 0,1%ige wäßrige Farbstofflösung entsteht. Das geschieht in einem sauberen Tablettenröhrchen, in das man zunächst 5 Tropfen der Eosinlösung gibt. Darüber kommen 45 Tropfen destilliertes Wasser. Wir schütteln gut um und gießen dann die so verdünnte Eosinlösung auf den Ausstrich, bis er vollständig davon bedeckt ist. Man läßt sie 5 Minuten lang einwirken, gießt sie danach ab und spült anschließend mit destilliertem Wasser.

Nun muß entwässert werden. Dazu kommt auf den gefärbten Ausstrich mit einem Trinkröhrchen zunächst 70%iger Alkohol, danach Brennspiritus und schließlich 100%iger Isopropylalkohol, die man alle jeweils 3 Minuten lang darauf beläßt und anschließend abgießt. Zuletzt wird der entwässerte Ausstrich mit Xylol bedeckt, das ebenfalls 3 Minuten lang einwirkt. Schließlich gießt man auch das Xylol ab, und auf den noch ganz feuchten Ausstrich kommt ein kleiner Tropfen Malinol (verwendet man Euparal, kann man auf das Xylol verzichten). Nach Auflegen eines Deckglases ist das Dauerpräparat fertig. Nach einigen Tagen ist das Einschlußmedium fest geworden, so daß sich das Deckglas nicht mehr verschieben läßt.

Die Kerne der Leberparenchymzellen sind jetzt blau, und ihr Zytoplasma ist rötlich-violett gefärbt. Daneben sind aber noch weitere Einzelheiten zu sehen. Besonders fallen viele dunkelblaue, runde Scheiben auf. Das sind die Kerne von Zellen, die zu einer besonderen Gruppe der weißen Blutkörper-

chen gehören. Wer Glück hat, findet auch Zellen mit je einem Kern, der in der Mitte liegt und deren Zytoplasma zu 2 oder 3 Zipfeln ausgezogen ist. Das sind die Kupferschen Sternzellen, die in der Wand von Kapillaren liegen, die von der Pfortader ausgehen und die Schadstoffe aufnehmen.

Blut. Mit Hämalaun und Eosin kann auch ein Blutausstrich gefärbt werden, den wir zunächst wie auf Seite 107 herstellen. Er muß erst einmal mindestens 2 Stunden lang trocknen, kann aber vor der Färbung auch monatelang staubgeschützt in einer Schachtel aufbewahrt werden. Der Blutausstrich wird nun ausnahmsweise nicht fixiert, sondern man kann sofort die Hämalaunlösung drauftropfen. Die weitere Verarbeitung dieses Präparats erfolgt wie beim Leberausstrich.

Man sieht die mit Eosin rot gefärbten, kernlosen roten Blutkörperchen und die in wesentlich geringerer Zahl vorkommenden weißen Blutkörperchen, von denen die meisten größer sind als die roten. Viele von ihnen haben gelappte, blaugefärbte Zellkerne, andere sind besonders groß, jedoch blaß gefärbt, und wieder andere viel kleiner, aber mit tief dunkelblau gefärbten Kernen. Letztere konnten wir bereits im Leberausstrich erkennen. Ganz selten kommen weiße Blutkörperchen mit gelappten Zellkernen vor, die auf ihrer Zelloberfläche viele kleine rote Pünktchen aufweisen.

Fleisch. Wir zerzupfen, wie auf Seite 110 geschildert, ein ganz kleines Fleischstückchen auf dem Objektträger in einem Tropfen Wasser und saugen anschließend das meiste Wasser mit einem Papiertaschentuch ab. Nun kommt auf das noch feuchte Präparat wie beim Leberausstrich die verdünnte Formollösung, die man dort ca. 1 Stunde lang einwirken läßt. Beim anschließenden Auswaschen mit Leitungswasser schwimmen viele der Fleischfasern vom Objektträger ab. Das stört aber nicht. Denn alles, was abschwimmt, ist für die nachfolgende Untersuchung sowieso zu dick. Dagegen bleiben die genügend fein zerzupften Fasern fast alle am

Glas haften. Anschließend wird dieses Zupfpräparat wie der Leberausstrich gefärbt und zu einem Dauerpräparat verarbeitet. In solchen Präparaten sind die länglichen Zellkerne besonders deutlich zu sehen, während die Querstreifung der Muskelfasern nicht in jedem Fall klar genug hervortritt.

Blütenpflanzen und Farne
Wenn Teile von Blütenpflanzen oder Farnen mit dem Mikroskop untersucht werden sollen, konzentriert man sich in vielen Fällen auf die Zellwände, während auf den Zellinhalt oft weniger Wert gelegt wird. Deshalb kommen kleine Stücke von Sproßachsen, Blättern oder Wurzeln zur Fixierung einfach in ein Gefäß, das mit Brennspiritus gefüllt ist. Sie können bereits nach einem Tag weiterverarbeitet werden, jedoch auch monate- oder jahrelang darin aufbewahrt werden.
In der Regel müssen von den so fixierten Teilen Handschnitte hergestellt werden (S. 55). Dabei entstehen Probleme, wenn es gilt, ziemlich dünne Objekte wie z. B. Laub- oder Nadelblätter in Querschnitte zu zerlegen. Das geht leichter, wenn man die Blätter zunächst in eine aufgespaltene Möhre klemmt und zusammen mit dieser schneidet.
Für die Weiterverarbeitung der Handschnitte bestehen verschiedene Möglichkeiten. Man kann die Schnitte auf einem Objektträger in einen Tropfen Glycerin einschließen, mit einem Deckglas bedecken und dieses anschließend mit Nagellack oder Alleskleber umranden.
Die Schnitte lassen sich aber auch färben und nach der Entwässerung in Euparal einschließen. Zur Färbung eignet sich in solchen Fällen am besten eine Lösung, die ET-ZOLD angegeben hat. Man löst in 100 ml destilliertem Wasser 0,05 g Astrablau sowie 0,02 g Diamantfuchsin und gibt dazu noch 2 ml Eisessig. Diese Lösung ist lange Zeit haltbar. Die Handschnitte kommen ca. 10 Minuten lang in diese Farblösung und werden dann mit Leitungswasser abgespült, bis keine Farbwolken mehr hervortreten. Man überträgt sie anschließend nacheinander für jeweils 5 Minuten in Brennspiritus und 100%igen Isopropylalkohol und schließt sie

zum Schluß in Euparal ein. Will man in ein anderes Einschlußharz einschließen, muß man zwischen Isopropylalkohol und Harz noch 5 Minuten mit Xylol behandeln.
Die aus reiner Zellulose bestehenden Zellwände erscheinen nun blau und die verholzten rot gefärbt.
Natürlich ist in diesem kurzen Kapitel nur eine ganz kleine Auswahl an Methoden aufgeführt worden, die sich für die Herstellung von mikroskopischen Dauerpräparaten eignen. Wer mehr über diese Problematik sowie über die Untersuchung der Präparate erfahren will, sollte einige der Bücher um Rat fragen, die im nun folgenden Literaturverzeichnis aufgeführt sind.

Wie geht's weiter?

Wer bis zu dieser Seite vorgedrungen ist, hat sicherlich viele interessante Beobachtungen angestellt und will jetzt weitermachen. Es tauchen dann aber Fragen auf, die dieses Buch nicht mehr beantworten kann. Im folgenden wird daher eine Auswahl weiterführender Literatur zu den Themenbereichen, die in diesem Buch angesprochen wurden, aufgeführt.

Einführung in die Mikroskopie

Für jedes Fachgebiet gibt es Bücher, die als „Standardwerke" angesehen werden. Das trifft auch für die Amateur-Mikroskopie zu. Hier war es jahrzehntelang die „Mikroskopie für Jedermann" (Franckh, Stuttgart), ursprünglich verfaßt von GEORG STEHLI und nach dessen Tod weitergeführt von DIETER KRAUTER. Auch der Verfasser des vorliegenden Buches hat unter Anleitung des ‚Stehli-Krauter' seine ersten mikroskopischen Gehversuche unternommen. Inzwischen ist dieses Werk vergriffen. Es wird aber von DIETER KRAUTER vollständig neu bearbeitet und soll unter anderem die verschiedenen Präparationstechniken, wie Fixierungs-, Schneide- und Färbemethoden behandeln. Eine speziell für Amateure gedachte, jedoch kürzere Anleitung zur Herstellung mikroskopischer Präparate ist: ZBÄREN, D. und J. ZBÄREN: „Mikroskopieren", Hallwag, Bern und Stuttgart 1979.

Präparationsanleitungen, Sammlertips und nützliche Hinweise für die mikroskopische Untersuchung der verschiedensten Pflanzen und Tiere gibt: SCHLÜTER, W.: „Mikroskopieren. Eine Einführung in die biologische Arbeit mit dem Mikroskop", Aulis, Köln 1976. Dieses Werk leistet nicht nur dem Amateur, sondern auch dem Biologie-Lehrer wertvolle Hilfe. Ein weiteres Buch, das sich speziell an den Schulmikroskopiker wendet, ist: DIETLE, H.: „Das Mikroskop in der Schule", 5. Auflage, Franckh, Stuttgart 1983. Dieses Buch enthält auch viele Anregungen für den Amateur.

Bau und Funktion des Mikroskops

Wer genauer wissen will, wie das Mikroskop funktioniert, wie man es am zweckmäßigsten ausrüstet, wie man seine Leistungsfähigkeit wirklich sinnvoll ausschöpfen kann, worauf die Spezialverfahren, wie Dunkelfeld-, Phasenkontrast- und Polarisationsmikroskopie beruhen, kann sich im folgenden Taschenbuch informieren: GERLACH, D.: „Das Lichtmikroskop. Eine Einführung in Bau, Funktion und Handhabung für alle Benutzer aus Biologie und Medizin." 2. Auflage, Thieme, Stuttgart 1985.

Über einzelne hier angesprochene Probleme geben auch verschiedene Firmendruckschriften Auskunft, die meist gegen eine geringe Schutzgebühr erhältlich sind. Aus der Fülle des Angebots seien hier die folgenden genannt: DETERMANN, H. und F. LEPUSCH: „Das Mikroskop und seine Anwendung", Leitz, Wetzlar 1973. MÖLLRING, F. K.: „Mikroskopieren von Anfang an", Zeiss, Oberkochen 1984.

Es gibt aber auch Firmenschriften, die sich auf ganz bestimmte lichtmikroskopische Spezialverfahren konzentrieren. So wird die Polarisationsmikroskopie in folgender Broschüre behandelt: PATZELT, W. J.: „Polarisationsmikroskopie. Grundlagen, Instrumente, Anwendungen", Leitz, Wetzlar 1974. Diese Werkschrift wendet sich zwar mehr an den Besitzer eines aufwendig ausgerüsteten Polarisationsmikroskops, ist aber auch für Amateure interessant, die einmal wissen wollen, was man mit solch einem teuren Gerät alles anfangen kann.

Ähnliches gilt für die Firmendruckschriften über die Fluoreszenzmikroskopie, ein mikroskopisches Spezialverfahren, das hier nicht beschrieben wurde. Genauere Informationen hierzu geben: BECKER, E.: „Fluoreszenzmikroskopie. Grundlagen, Instrumente, Anwendungen", Leitz, Wetzlar 1983 und HOLZ, H. W.: „Was man von der Fluoreszenz-Mikroskopie wissen sollte", 3. Auflage, Zeiss, Oberkochen 1982.

Ein anderes, sehr wichtiges mikroskopisches Verfahren wurde hier ebenfalls nicht behandelt: die Auflichtmikroskopie. Dabei werden undurchsichtige Objekte, wie z. B. Bauelemente der Halbleitertechnik oder Anschliffe von Metallen von oben beleuchtet und untersucht. Eine Werkschrift, die dieses Thema behandelt, ist: CEBULLA, W.: „Einführung in die Auflichtmikroskopie", Zeiss, Oberkochen 1977.

Mit der Phasenkontrastmikroskopie befaßt sich näher: ANONYM: „Einführung in die Phasenkontrastmikroskopie", Jenoptik, Jena 1978.

Über die Mikrofotografie informiert: ANONYM: „Praktische Makro- und Mikrofotografie", Wild, Heerbrug/Schweiz 1979.

Die Wirkung von Farbfiltern behandelt: ANONYM: „Lichtfilter für die Mikroskopie und Mikrofotografie", Jenoptik, Jena 1982.

Mikroskopische Untersuchung von Pflanzen

Die Untersuchung des Feinbaus von Pflanzen bietet im Vergleich zum Feinbau der menschlichen und tierischen Organe zwei Vorteile. Präparate von pflanzlichen Organen lassen sich in der Regel einfacher herstellen, und der Bau von Pflanzen ist nicht so kompliziert und daher leichter verständlich. Deshalb ist die mikroskopische Untersuchung von Pflanzen ein bevorzugtes Arbeitsfeld vieler Amateure. Die mikroskopische Untersuchung von Blütenpflanzen wird in dem weit verbreiteten Taschenbuch von NULTSCH, W. und A. GRAHLE: „Mikroskopisch-Botanisches Praktikum für Anfänger", 7. Auflage, Thieme, Stuttgart, 1983 geschildert. Es ist bei Biologie-Studenten sehr beliebt und eignet sich auch ausgezeichnet als Anleitung für Amateure. In diesem Taschenbuch findet man nicht nur gründliche Anleitungen zur Herstellung von Frischpräparaten, sondern gleichzeitig ausführliche Beschreibungen dessen, was im Mikroskop zu sehen ist. Alles wird durch Mikrofotos illustriert.

Wer seine Handschnitte selbst färben und zu Dauerpräparaten verarbeiten sowie über sonstige botanisch-mikroskopische Präparationsmethoden etwas erfahren will, erhält die notwendigen Anweisungen dazu in: GERLACH, D.: „Botanische Mikrotechnik", 3. Auflage, Thieme, Stuttgart 1984.

Eine ausgezeichnete Anleitung zur mikroskopischen Untersuchung von Pflanzen ist ein von W. BRAUNE, A. LEMAN und H. TAUBERT verfaßtes und in zwei Bänden erschienenes Werk. Der erste Band: „Pflanzenanatomisches Praktikum I", 4. Auflage, Fischer, Stuttgart 1983, befaßt sich mit dem Bau von Blatt, Sproß und Wurzel der Blütenpflanzen, während im 2. Band: „Pflanzenanatomisches Praktikum II", 2. Auflage, Fischer, Stuttgart 1982, die Fortpflanzung der Blütenpflanzen sowie Bau und Fortpflanzung der Blütenlosen Pflanzen behandelt werden. Beide Bände sind mit Fotos und Zeichnungen reich illustriert und enthalten auch viele Hinweise zum Sammeln und Kultivieren von Pflanzen sowie zur Herstellung von Dauerpräparaten.

Was an fertig gekauften oder selbst hergestellten Dauerpräparaten sowie an Frischpräparaten zu sehen ist, zeigen die beiden Taschenatlanten von GERLACH, D. und J. LIEDER: „Taschenatlas zur Pflanzenanatomie. Der mikroskopische Bau der Blütenpflanzen in 120 Farbfotos", 2. Auflage Franckh, Stuttgart 1986, sowie: „Anatomie der Blütenlosen Pflanzen. Bakterien, Algen, Pilze, Flechten, Moose und Farnpflanzen in 128

Farbfotos", Franckh, Stuttgart 1982. In beiden Bändchen werden die Farbfotos an Hand von Text und Zeichnungen erläutert.

Ein spezielles Kapitel bei der mikroskopischen Untersuchung von Pflanzen ist die Pilzmikroskopie. Viele Speise- und Giftpilze lassen sich nur nach bestimmten, allein im Mikroskop sichtbaren Merkmalen mit letzter Sicherheit identifizieren. Deshalb haben so viele Pilzfreunde den Weg zur Mikroskopie gefunden. Allerdings sind die Merkmale z. T. nur nach besonderen Präparationsverfahren zu sehen. Sie werden von ERB, B. und W. MATHEIS in: „Pilzmikroskopie. Präparation und Untersuchung von Pilzen", Franckh, Stuttgart 1983, beschrieben.

Feinbau des Menschen und der Tiere

Im Kapitel über den Feinbau des Menschen und der Tiere wurden auch einige Dauerpräparate besprochen, die man fertig kaufen kann. Sie enthalten teilweise Strukturen, die beim ersten Hinsehen recht verwickelt erscheinen, so daß man unbedingt auf entsprechende Erläuterungen angewiesen ist. Einige davon hat bereits das vorliegende Buch geliefert. Mikroskopiker, die sich für dieses Gebiet interessieren, finden Rat in dem Taschenbuch: FIEDLER, K. und J. LIEDER: „Taschenatlas der Histologie", 8. Auflage, Franckh, Stuttgart 1986. Das Buch enthält 120 Farbaufnahmen von Präparaten, die durch Zeichnungen und Text erläutert sind.

Bei der Untersuchung gefärbter Mikrotomschnitte durch menschliche und tierische Organe sind oft so viele Strukturen zu sehen, daß man zunächst nicht weiß, wo man anfangen soll. Hier hilft die folgende Anleitung weiter: ROHEN, J.: „Histologische Differentialdiagnose", 4. Auflage, Schattauer, Stuttgart, New York 1983. Es wird erläutert, wie man feststellt, aus welchem Organ ein Schnitt stammt und welche Verwechslungsmöglichkeiten bestehen. Von den zahlreichen weiteren Lehrbüchern und Atlanten seien hier noch erwähnt: KÜHNEL, W.: „Taschenatlas der Zytologie und mikroskopischen Anatomie", begründet von E. v. HERRATH, 5. Auflage, Thieme, Stuttgart 1981.

LEONHARDT, H.: „Histologie, Zytologie und Mikroanatomie des Menschen", 6. Auflage, Thieme, Stuttgart 1981. Über Parasiten des Menschen und der Tiere informiert: FRANK, W. und J. LIEDER: „Taschenatlas der Parasitologie, Franckh, Stuttgart 1986.

Zur Herstellung von Schnitten von menschlichen und tierischen Organen sind – wie bereits mehrfach erwähnt – Mikrotome erforderlich. Diese Schneidemaschinen kosten ungefähr so viel wie fünf oder noch mehr Spiegelreflexkameras und werden schon aus diesem Grund von Amateuren nur selten beschafft. Aber es ist sicherlich für den einen oder anderen interessant zu erfahren, wie solche Geräte aussehen, wie man mit ihnen arbeitet und wie die Schnitte schließlich zu Dauerpräparaten weiterverarbeitet werden. Für pflanzliche Objekte wird das in dem bereits erwähnten Buch: GERLACH, D.: „Botanische Mikrotechnik", 3. Auflage, Thieme, Stuttgart 1984, geschildert.

Über die Präparation menschlicher und tierischer Objekte gibt es viele Werke. Das bekannteste ist: ROMEIS, B.: „Mikroskopische Technik", Oldenbourg, München 1968.

Zu empfehlen ist auch: BURCK, H. C.: „Histologische Technik. Leitfaden für die Herstellung mikroskopischer Präparate in Unterricht und Praxis", 5. Auflage, Thieme, Stuttgart 1982.

Ein Werk, in dem nicht nur die Verarbeitung biologischer, sondern auch technischer Objekte wie z. B. Gummi, Textilien, Papier oder Kunststoffe beschrieben wird, ist die folgende Werkschrift: WALTER, F. und W. SCHMITT: „Das Mikrotom. Leitfaden der Präparationstechnik und des Mikrotomschneidens", 2. Auflage, Leitz, Wetzlar 1981.

Kleinlebewesen aus dem Wasser

Die Untersuchung der im Wasser herumschwimmenden, winzig kleinen Lebewesen ist natürlich faszinierend. Die Bestimmung dieser Tiere und Pflanzen ist jedoch oft problematisch. Denn sie haben nur eines gemeinsam, daß sie eben sehr klein sind. Sonst gehören sie den unterschiedlichsten Pflanzen- und Tiergruppen an, so daß sie gewöhn-lich in verschiedenen Büchern aufgeführt, beschrieben und abgebildet sind. Da bietet sich folgendes Werk als Hilfe an: STREBLE, H. und D. KRAUTER: „Das Leben im Wassertropfen", 7. Auflage, Franckh, Stuttgart 1985. Hier werden die wichtigsten dieser so unterschiedlichen Gesellen beschrieben und in zahlreichen Zeichnungen sowie einigen Fotos vorgestellt. Dieses Buch ersetzt für viele Zwecke eine umfangreiche Fachbibliothek und kann jedem, der Wasserproben untersucht, als Standardwerk empfohlen werden.

Mit Einzellern kann man interessante Versuche anstellen. Anleitungen dazu liefert: VATER-DOBBERSTEIN, B. und G. HILFRICH: „Versuche mit Einzellern. Experimentierbuch für Lehrer und Schüler", Franckh, Stuttgart 1982.

Eine große Zahl von Geißeltierchen, Wechseltierchen und Wimpertierchen wird an Hand eindrucksvoller Farbaufnahmen vorgestellt in: HAUSMANN, K. und D. J. PATTERSON: „Taschenatlas der Einzeller, Protisten. Arten und mikroskopische Anatomie", Franckh, Stuttgart 1983. Wie in allen anderen vorher erwähnten Kosmos-Taschenatlanten aus dem Franckh-Verlag werden auch hier die Fotos durch Zeichnungen und Text erläutert.

Ölimmersion, Bakterien

Die Untersuchung von Bakterien ist auch für den weniger erfahrenen Amateur ein dankbares Betätigungsfeld. Denn der Lehrmittelhandel führt eine große Zahl entsprechender Präparate, und außerdem sind die Bakterien so einfach gebaut, daß man die mikroskopischen Bilder, die diese Präparate liefern, leicht verstehen kann. Wer sich Präparate z. B. von verschiedenen Krankheitserregern kauft, will aber sicherlich genauer wissen, wie diese aussehen und wie der Arzt solchen Plagegeistern auf die Schliche kommt. Zu diesem Thema gibt es eine Vielzahl von Büchern. Eines davon ist: SEELIGER, H. P. R.: „Taschenbuch der medizinischen Bakteriologie unter Einbeziehung der Viren, Protozoen und Pilze", Urban und Schwarzenberg, München, Wien, Baltimore 1978. Wie aus dem Untertitel hervorgeht, informiert dieses Buch nicht nur über Bakterien, sondern auch über ganz andere Krankheitserreger, wie z. B. die der Schlafkrankheit und Malaria oder über Hautpilze.

Mikrokosmos

Die Amateur-Mikroskopiker haben auch ihre eigene Zeitschrift: Der MIKROKOSMOS erscheint monatlich im Kosmos-Verlag und informiert über neue Beobachtungen und Methoden in der Mikroskopie, Mikrobiologie und -chemie sowie der mikroskopischen Technik. Der Amateuer kann auch selbst Aufsätze an die Redaktion schicken und hat so die Möglichkeit, eigene Erfahrungen zu veröffentlichen und seinen Hobbykollegen mitzuteilen.

Microthek-Wettbewerb des Verbandes Deutscher Biologen

Ein Fotowettbewerb für Mikrofotografie wird jährlich einmal ausgeschrieben. Einzelheiten sind von Herrn Eckart Klein, Fraunhoferstraße 9, 3000 Hannover 1, zu erfahren.

Anschriften von Lieferanten

Im folgenden werden einige Firmen in alphabetischer Reihenfolge genannt, die Mikroskope sowie verschiedene zum Mikroskopieren notwendige Dinge herstellen bzw. vertreiben. Die Aufstellung ist aber unvollständig und mit keiner Wertung verbunden.

A. CHOMS, Laboratorium für Biologie, Königsturmstraße 31, 7070 Schwäbisch Gmünd (Mikroskopische Dauerpräparate, Mikrodias).

CHROMA-Gesellschaft Schmid GmbH & Co., Küferstraße 2, 7316 Köngen (Farbstoffe und andere Chemikalien).

EUROMEX, Mühlheimer Straße 74, 4030 Ratingen (Mikroskope).

R. GÖKE, Bahnhofstraße 27, 5800 Hagen (Mikroskope, Mikroskopische Präparate).

HERTEL und REUSS, Quellhofstr. 67, 3500 Kassel (Mikroskope).

W. JÄHNERT, Weender Landstr., 3400 Göttingen (Mikroskope der Firma Jenoptik, Jena, DDR).

K. KAPS, Ringstr. 2, 6334 Aßlar-Wetzlar (Mikroskope).

Kosmos-Service, Pfizerstr. 5–7, 7000 Stuttgart 1 (Mikroskope, Glasgeräte, Farbstoffe und andere Chemikalien).

E. LEITZ GmbH., Postfach 2020, 6330 Wetzlar/Lahn (Mikroskope).

J. LIEDER, Solitudeallee 59, 7140 Ludwigsburg (Mikroskopische Präparate, Mikrodias).

MICROTHEK GmbH., Blücherstr. 11, 2000 Hamburg 50 (Mikroskope, Mikroskopische Präparate).

NIKON-Vertriebsgesellschaft mbH. Uerdinger Str. 96–102, 4000 Düsseldorf 30 (Mikroskope).

OLYMPUS Optical Co. (Europa) GmbH, Wendenstr. 14–18, 2000 Hamburg 1 (Mikroskope).

C. REICHERT, Hernalser Hauptstr. 219, A-1171 Wien XVII (Mikroskope).

WILL-WETZLAR GmbH, Wilhelm-Will-Str. 7, 6330 Wetzlar 21 (Nauborn) (Mikroskope).

CARL ZEISS, Postfach 35/36, 7082 Oberkochen (Mikroskope).

Auflösung der Frage auf S. 28:
Folgende Stärkearten finden sich in häufig verwendeten Koch- und Backzutaten: in Mondamin Maisstärke; in Puddingpulver Maisstärke, manchmal aber auch Weizenstärke; in Soßenbinder Kartoffelstärke; in Knödelmehl ebenfalls Kartoffelstärke und in Backpulver Weizenstärke (allerdings gibt es auch manche Backpulversorten, die keine Stärke enthalten).

Register

MIKROKOSMOS

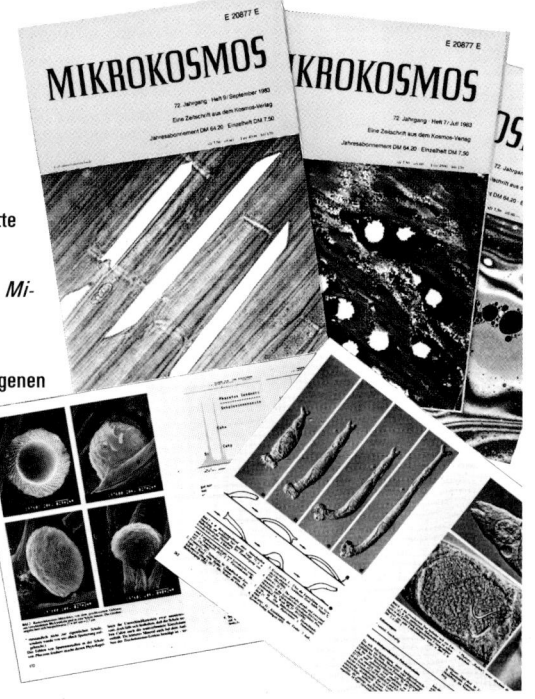

Die Zeitschrift für den Mikroskopiker

Wir halten ein kostenloses Probeheft für Sie bereit. Bitte beim Verlag anfordern.

Mikrokosmos

Zeitschrift für angewandte Mikroskopie, Mikrobiologie, Mikrochemie und mikroskopische Technik.

Herausgeber: Dr. Dieter Krauter

Redaktion: Iris Kick und Dr. Dieter Krauter

Mikrokosmos gibt dem Mikroskopiker Anregungen zu eigenen Untersuchungen, berichtet über neue und bewährte Verfahren der mikroskopischen Technik (Färbungen, Optik), veröffentlicht neue mikroskopische Methoden und beschreibt interessante Objekte aus dem Pflanzen- und Tierreich. Zahlreiche Illustrationen unterstützen die Texte, gute Fotografien zeigen den Formenreichtum und die Schönheit der Welt im mikroskopischen Bereich.

Mikrokosmos dient allen, die mit dem Mikroskop arbeiten, vor allem Amateuren, Lehrern, Schülern und Studenten.

76. Jahrgang. Erscheint monatlich.